U0225297

古代纪历文献丛刊②

象吉通书

[清]魏明远 撰

闵兆才 编校

(第四册)

华龄出版社

第四册目录

新镌历法便览象吉备要通书卷之十六

新镌历法便览象吉备要通书卷之十七

新镌历法便览象吉备要通书卷之十八

新镌历法便览象吉备要通书卷之十九

新镌历法便览象吉备要通书卷之二十

新镌历法便览象吉备要通书卷之二十一

新镌历法便览象吉备要通书卷之二十二

新镌历法便览象吉备要通书卷之二十三

新镌历法便览象吉备要通书卷之二十四

新镌历法便览象吉备要通书卷之二十五

新镌历法便览象吉备要通书卷之二十六

新镌历法便览象吉备要通书卷之二十七

新镌历法便览象吉备要通书卷之二十八

新镌历法便览象吉备要通书卷之二十九

新镌历法便览象吉备要通书卷之十六

潭阳后学　魏　鉴　汇述

前朝公规

（谓官员拜正迎春、劝农、祝庭、致祭等事）

正月朔日为元日，各衙门官吏于公厅设位，率士庶僧道，称贺立春节。先一日各府州县官吏、士庶耆老、社稷鼓乐，出东郊迎春，即春牛也。

勾芒神至衙前，各安位官吏，香灯花烛，拜勾芒神。次日立春时，官吏公服行礼毕，各执采杖，鞭春牛，谓十二月建丑属牛，寒将极为其像以送之。二月十五日，花朝各府州县长官出郊劝农。

洪武八年，钦天监奏降春牛经式，礼部案卷通行天下，遵依牛式，校正春牛颜色。

诗曰：年干为头身属支，纳音为腹不差移。春日天干角耳尾，

支为膝胫纳音蹄。阳年牛口开为的，牛尾左缴不须疑。

阴年牛口端然合，牛尾右缴与人知。

年干：甲乙木青色，丙丁火红色，庚辛金白色，壬癸水黑色，戊己土黄色。

年支：亥子水黑色，寅卯木青色，巳午火红色，申酉金白色，辰戌丑未土黄色。

纳音：如甲子日，立春纳音属金，用白色，音属木用青色，音属水用黑色，音属土用黄色，音属火用红色。

笼头拘索：以立春日支为笼头色，孟日用麻，仲日用苎，季日用丝，拘子用桑柘木。孟日寅申巳亥，仲日子午卯酉，季日辰戌丑未。

芒神服色：以立春日支辰受克，为衣色。克衣色为系腰色，日支辰受克。如立春子日属水，衣用土，取黄色，克衣色为系腰色。用木取青色，其法亥水

日黄衣青系腰,寅卯日白衣红系腰,巳午日黑衣黄系腰。申酉日红衣黑系腰,辰戌丑未日青衣白系腰。

芒神闲忙:以每年正旦前后各五日内,立春者是农忙,芒神与牛并立在正旦日前五辰外。立春者是农早忙,芒神在牛前立,在正旦后五辰外。立春者是农晚忙,芒神在牛后立,阳年在左边立,阴年在右边立。阳年子寅辰午申戌,阴年丑卯巳未酉亥。

策牛人:即芒神罨耳,以立春时为法,从卯至戌八时,芒神用手提罨耳,辰午申戌阳时,左手提;卯巳未酉阴时,右手提。八时见日温和,寅时芒神戴罨耳,揭起左边。亥时芒神戴罨耳,揭起左边。寅亥时为通气,故揭起一边。子丑时芒神全戴罨耳,为凝时故全掩也。

芒神头髻:以立春日纳音为法,金日平梳两髻在耳前。木日平梳两髻在耳后。水日平梳两髻,左髻在耳前,右髻在耳后。火日平梳两髻,左髻在耳前,右髻在耳后。土日平梳两髻,在项直上。

芒神鞋裤行缠:以立春纳音为法,金日系行缠,鞋裤俱全,火日行缠在腰,在木日行缠鞋裤全,右开行缠在腰,右悬水日行缠鞋裤俱全,火日行缠鞋裤俱无,土日着裤无行缠鞋。

芒神老少高低鞭结:以立春年为法,如寅申巳亥,孟年立春,芒神老像,子午卯酉。仲年立春,芒神少壮像,辰戌丑未。季年立春,芒神孩童像,芒神身高三尺六寸,按一年三百六十日,鞭子柳枝长二尺四寸,按二十四气,上用结子,其结子以立春为法,孟日立春用麻,仲日立春用苎,季日立春用丝,俱用五彩蘸染。

造春牛取土方位胎骨木植长短法:以冬至节后辰日于岁德方取水土,用桑柘木为胎骨,牛头至尾,椿八尺按八节,又云八卦,牛尾一尺二寸,按十二时。高四尺,按四时。踏板用县衙门扇子,寅辰午申戌,阳年用左扇。丑卯巳未酉亥,阴年用右扇。

牛头朝向祭拜方位:以牛头向东祭拜东方、木神方位,月令云东方太皞子木位其神,勾芒此神,太皞子于春,故朝于东方也。

春牛取土水方图式

年	甲	乙	丙	丁	戊	己	庚	辛	壬	癸
岁德方	甲	庚	丙	壬	戊	己	庚	丙	壬	戊
	东	西	南	北	东南	东	西	南	北	东南

四时杂占
（谓岁有占天时气候等事）

正月一日，天气晴朗，人安国泰，四夷来宾；二日狗，无风雨大熟。三日猪，天气晴明熟安。四日羊，天气晴，臣顺君命。五日马，晴明，四望无怨气。六日牛，日月光明，大熟。七日人，日夜晴，人民安，君臣和悦。八日谷，夜见星，五谷丰。

占风

正月一日平旦，西风发虫，北风豆收秋风多，东风麦收秋潦，东北风小收民疫，东南风五谷平收，六月多风南风旱，五月谷贵西南风宜禾牛羊瘴民病。

占云

正月一日平旦至午，无风宜早禾，午至暮无风宜晚禾。东风黑云春雨多，青云民饥多刑狱。白云丧服南方黑云，夏雨多，赤云旱，五月见六月雨，足西方墨云秋雨多间，白云秋民不宁静。

岁中三朔

三甲朔，热三伏，大热三乙朔，小麦大豆熟。三丙朔，麻黑。三丁朔，小豆熟。三戊朔，大豆熟。三巳朔，大麦熟。三庚朔，小麦熟。不静。三辛朔，田少收。三壬朔,旱。三癸朔,涝。

正月一日得干,正月二日甲为上岁,四日甲为中岁,五日甲为下岁。

正月一日得支,子日涝,高田熟。四月米贵,瓜麦收,蚕不收。丑日高田收,牛羊马麻谷贵。寅日先旱后雨,不静。三四月,人病。卯日春旱秋雨,田生大豆,收五六月,人病。辰日高田蚕麻少,收五六月,大水。巳日北人不安,少收,牛瘴,四月米贵,燕赵虫生灾。午日旱蚕少,布帛贵。八月雨,吴灾未日,六畜人病。酉日米牛贵,布帛贱,三九月鲁不安。戌日少收,人牛灾宋郑。亥日田蚕折收,春雨夏不宁,宋主女灾。

正月一日,日未出时至晚。

自旦至昼,无风云,大收。风若飞沙走石,丝贵田不收,黄云百物收,青云发虫。雨多民病,赤云旱,黑云涝,白云不宁,黄云大收,东风米贵,西北小豆收。西风米贵民病,南风夏旱,北风涝,东北风,民病。一日立春,民不安。一日至三日有云无风,大收。一日霞映日,有雨大收,至六日亦大收。一日值甲子,半收。见丙丁,米贵。

一日北风云涝大收,赤云人畜疾。东青云,民不安。白云孝服,南赤云旱在五月,白云禾枯失位,黑云不静西,黑云白云秋不宁。

立春日旦观云色

东风青云小麦收,南方赤云小豆收。夏旱,西方白云糯谷收,北方黑云小麦贵,黄云黍收,中央,黄云禾半收至晚不见日色大收有风半收。

立春日,天气晴明万物成。阴则涝。东有积云丰,东风谷贱,西风旱,谷贵。又云:大风人难过,无风万民欢。天阴岁多涝,雨雪国民安。

诗曰:阴阳一气先,造化总由天。

常看立春日,甲乙是丰年。

丙丁遭大旱,戊己损伤田。

庚辛人不静,壬癸水盈川。

四立占

立春日,雨四时雨均,其日属金,三伏温和,民多疫。三月:三日是龙王生日,若晴,主旱。麦熟,雨一日主大水,雨下半日主旱,连下三昼,夜主木渺茫。

三月七日南风而晴岁旱,北风而雨年丰。春甲子晴,夏至后,有六十日大雨。

立夏日,蛙鸣,稻缺收。夏前鸣,来年丰。四月八日是泉涌日,有雨主旱。夏至日是雨分路日,有雨雨寻旧路,其夜天河中星、密有雨,旱疏雨多。五月二十五日谓龙王会日,下雨旱二十六日,雨雨寻旧路,年丰。六月有甲子旱晚禾无半分收,无壬子晚禾半收,六月六日蛙鸣旱,下雨多雨,夏甲子晴,秋有六十旱。

立秋日,雷鸣禾缺收,其日雨菜熟,无雨多霜,属金火。霜降一日下霜,冬至后主风雨寒冻。八月无壬子,晚禾缺收。八月朔日明暗,来年丰。赤霞来年旱。果木开花来年旱,秋甲子雨,秋有六十日雨,一次小雨,低田耕三次雨,低田莫种。九月九日是雨归路日,有雨来年熟。

立冬日,属火无雨,雪主暖,来年旱。属水木来年春雨多。果木开花来年旱。

八节风候云气占

元旦日,东风耀贵,南风耀贱,主旱。西风夏米贵,豆熟。北风水灾,四方黄云五谷丰,青云杂黄云主蝗,赤云主旱,黑云主大水。

春分日,东风麦贱年丰,南风五日,先水后蝗。西风麦贵一倍,东方青云,宜麦岁丰。无云万物不实,人疫其日晴明,万物不成。

立夏日,东风雷电,五谷丰,人瘟疫。东南风年丰民安,西风虫起人灾,北风泉涌,地动人疫,鱼盐广。若巳时,东南青云气,年丰。如无青云,岁多灾,应在十月。

夏至日东风,八月人病,南风大热。西风秋大雨,北风山水出午时,南方赤气百谷丰。无云气,日月无光,五谷不成,人病目疾。

立秋日,东风人疫,草木更荣。南风秋旱,西风大雨,北风冬多雪,其日申时,西南赤黄云宜谷如无,万物不成。地震牛羊死,应在来年正月。

秋分日,东风万物不实,谷贵。南风凶,北风民安年丰,北风冬酷寒。日没西风白云,其年稻熟,不至多霜,人民疥疾,应在来年二月。

立冬日,东风冬雷凶,南风来年五月人疫,西风凶,北风冬雪冻杀兽。西北白云如龙马,宜麻。如不至,大寒伤物,人疫应在来年四月。

冬至日,东风人灾,南风谷贵,北风年丰,西风禾熟人安,北方青云来年丰,无凶。赤云主旱,黑云主大水,白云疾,黄云工兴。

问答刻应

东方朔文于孙子,岁有丰歉,来价若何先知之否?答曰:夏至在五月初二三四,主米贵。一云:上旬初七八米价平。一云:中在末旬米贵。

水旱若何?答曰:正月有三亥,大水。三巳三午,天旱。三卯豆麦全收。朔日东风、北风,大水。南风旱,西风丰。

桑麻若何?答曰:三月三西风、北风叶少。东风平,其夜蛙鸣,主旱伤。

雨水若何?答曰:但是正月朔日得甲寅雨,在春多丙寅。夏至后,雨戊寅,雨在秋多,若壬寅雨在冬多。

朔晦占

正月朔日,疾风盛雨,发屋扬沙,主丝贵蚕败,五谷不成。

二月朔日,雨稻恶耀贵,晦日雨人多疾。

三月朔风,雨民疾虫生,晦日麦不熟。

四月朔日,风雨麦米恶,米贵,晦日同。

七月朔日,风雨米贵人不安。

八月朔日,阴雨豆麦布贵芝麻贵。

九月朔日,雨风来春旱夏水,麻贵。

十月朔日,雨夏旱,芝麻极贵。

十一月朔日,大雪民灾,月内雪冬春米平。

十二月朔日,风雨春旱,夏雨多,米价长。

六甲晴雨占

四时甲申风雨,五谷暴贵,小雨小贵,大雨大贵。若沟渎涨满,急备防饥。

春甲申至己丑,雨耀贵,甲寅乙卯,雨夏米贵。庚寅至癸巳,雨耀贵夏。庚辰辛巳,雨主蝗,大雨大虫。丙寅丁卯,雨主秋米贵。夏三月辰日,雨发虫,未日,雨杀虫,秋庚寅辛卯,雨冬谷贵冬。壬寅癸卯,雨来春谷贵。庚寅至癸卯,雨耀来折本。

甲子日占云色

东方青云甲乙日雨,南方赤云丙丁日雨,
西方白云庚辛日雨,北方黑云壬癸日雨,
中央黄云戊己日雨。

甲子雨

春甲子雨赤地千金,夏甲子雨撑船入市,
秋甲子雨禾头生耳,冬甲子雨牛羊冻死。

丙寅晴日

春丙易易无水散秧,夏丙易易干死禾娘,
秋丙易易干晒入仓,冬丙易易无雪无霜。

己卯风(一景或雨犯)

春己卯风树头空,夏己卯风禾头空,
秋己卯风塘里空,冬己卯风栏里空。

日月食法

子丑寅逢夏旱多,卯辰丰稔万民歌。
巳午必定人不静,未申一样见奔波。
酉逢红日光天德,戌亥连年水浸禾。

岁时纪事

（谓永定岁候历数等事）

求龙治水

自岁旦数去,遇辰日为龙治水。如正月一日得辰,便为一龙治水也。

求牛耕地、求得辛日

自岁旦数去,遇丑日为牛耕地。如正月一日得丑,便为一牛耕地也。

求得辛日法,自岁旦数去,遇辛日为得辛。如正月一日得辛,为一日得辛,祈谷祖上帝。

求二社日、定霉日

求二社日

自立春、立秋第五个戊字便为社。又云:春秋分前后,近戊者为社。又有六戊为社者,何也? 曰:其立春、立秋便见戊子,取得节时刻,在牛前定五戊为社。如在牛后定六戊为社,故春社常在二月内。春社祈谷之生,秋社常在八月内,秋祭社,极谷之熟。按《礼记·祭仪》云:共工氏之子曰:勾为后土能平水土,故祀为社。春社日雨,年丰,果少。秋社日雨、来年丰稔。

定霉日

定霉雨,江南三月为迎雷雨,五月为送霉雨。埤雅云:闽人以立夏后逢庚日入霉,芒种后逢壬日出霉。得雨及宜耕。祥枢云:芒种后逢丙人,小暑后逢未出,亦曰霉。碎金云:芒种后壬日入,夏至后逢庚日出,亦曰霉天。按:芒种逢丙之说,近是其时,雨班衣之验。

定三伏日、求腊日

定三伏日

夏至后三庚日为初伏,四庚为中伏。立秋后逢庚为末伏。若五庚在立秋前,不为末伏,须用见秋方是,如夏至日遇庚,便为庚数起。定液雨,立冬后十日为入液,至小雪为出液。得雨谓之液雨,亦曰乐雨。百虫饮下雨,则蛰至。来春二月,雷鸣起蛰,闽地俗说。

求腊日

求腊日法自冬至日去后第三戊为鼠也,如冬至值戊日,自此便为一戊之数,或三戊日在十一之内,须用第四戊日,在十二月之内,定系国音暮日为腊。

求姑把蚕法

凡四孟年,一姑把蚕。四仲年二姑把蚕。四季年三姑却以岁日数去,见木日为蚕食之叶。如正月一日,纳音属木,便是蚕食一叶,余仿此。

庄子云:四孟寅申巳亥年,四仲子午卯酉年,四季辰戌丑未年,是也。

占雷起方

乾天艮鬼巽风门,东木西金人户坤。

南火北水依次第,若雷初起定灾凶。

金木门熟鬼多病,天门疫定损田风。

正北水灾南大旱,人门人疾为伤虫。

地母经占

（谓年岁丰欠分野所属等事,又附太岁值年名姓）

甲子年,太岁姓金名辨,水潦损田畴。蚕姑虽即喜,耕夫不免愁。桑枯无人采,高低禾稻收。春夏多淹浸,秋冬少滴流。吴楚桑麻好,齐燕禾麦稠。陆种无成实,鼠雀共啾啾。地母曰:少种空心草,是油麻也。多种老婆颜,是豆也。白鹤土中渴,是木名。黄龙水底眠,是麦也。虽然桑叶茂,绸丝不成钱。

丙子年,太岁姓郭名嘉,春秋多雨水,桑叶无人要。青女如金贵,秧也。黄龙土内盘,化成蝴蝶起高田半成实,低下未复喜。鲁卫多炎热,齐楚五谷美。地母曰:五禾夏鼠耗,豆麦半中收。蚕娘空房坐,前喜后还愁。丝绵绸绢贵,税贼急啾啾。此年蚕少。

戊子年,太岁姓郅名铠,疾横相侵夺。吴楚多灾瘴,燕齐民快活。种植高下偏,鼠耗不成割。春夏淹没场,秋冬土龙渴。桑叶头尾贵,簇上如霜雪。地母曰:岁中逢戊子,人饥横灾死。玉女土中成,无人拾收汝。若得见三冬,瘟瘟方始起。

庚子年,太岁姓虞名超,人民多暴卒。春夏水淹流,秋冬多饥渴。高田犹得半,晚稻无可割。秦淮足流荡,吴越多劫夺。桑叶须后贱,蚕娘情不悦。见蚕不见丝,徒劳用心切。地母曰:鼠耗出头年,高低有颜偏。更看三冬里,田头起墓田。

壬子年,太岁姓丘名德,旱涸耕夫苦。早禾一半空,秋后无甘雨。豆麦熟齐吴,饥荒及燕鲁。桑柘贵中卖,丝绵满箱贮。百物无定价,一物有五商。地母曰:鼠头出值年,夏秋多甘泉。麻麦不宜晚,田蚕切向前。更忧三秋里,疟疾起缠延。

乙丑年,太岁姓陈名材,春瘟害万民。偏商于楚鲁,多损魏燕人。高田宜早种,晚禾成八分。蚕娘争闻走,求叶乱纷纷。渔父沿山钓,流郎陌上巡。牛羊多瘴死,春夏米如珍。地母曰:水牯田头回,是淮麻也。犊子水中眠,是豆也。桑叶初生贵,三伏不成钱。有人解言语,种植倍收全。

丁丑年,太岁姓汪名文,高下物得收。桑叶初还贱,蚕娘未免愁。春夏多淹没,鲤鱼庭际游。燕宋生炎热,秦吴沙漠浮,多雨水也。黄牛岗际卧,是麦也。青女逐波流,是秧也。六畜多瘴难,家家无一留。地母曰:少种黄蜂子,是麦也。多下白头翁,是禾也。农夫相贺喜,尽道岁年丰。

己丑年,太岁姓潘名佑,高低得成穗。燕鲁足兵杀,赵卫奸妖起。春夏豆麦丰,秋多苗谷。娟玉女田中卧,耕夫无一二。桑叶自青青,谁能采得汝。地母曰:岁名值破田,早晚得团圆。金玉满街道,罗绮不成钱。

辛丑年,太岁姓汤名信,疾病稍纷纷。吴越桑麻好,荆楚米麦臻。春夏均甘雨,秋多得十分桑叶。树头秀蚕,姑自喜忻。人民渐苏息,六畜瘴逡巡。地母曰:辛丑牛为首,高低甚可怜。人民留一半,快活好桑田。

癸丑年,太岁姓林名专,人民多忧煎。淮吴主旱涸,燕宋足流连。黄龙与青牯,价例觅高钱,豆麻麦贵。桑柘叶不长,蚕娘愁不眠。禾苗多蛀蝗,收成苦不全。地母曰:岁号牛为首,田叶五分收。甘泉时或阙,淹没在年冬。六畜多瘴死,耕犁枉用工,牛多死。

丙寅年,太岁姓沈名兴,中兽沿林走。疾疫多忧煎,父子居山薮。牛羊宿高荒,虾鱼入庭牖。燕魏桑麻贵,扬楚禾稻厚。地母曰:桑叶初贱不成钱,蚕娘无分却相煎。鱼行人道豆麻少,晚禾焦枯不多全。贫儿乏粮当对泣,只愁米谷贵当年。

戊寅年,太岁姓曾名光,高下禾苗秀。桑叶枝头空,讨蚕争斗走。吴楚值麦多,齐燕米谷少。三春流郎归,九秋多苗草。百物价例高,经商相懊恼。地母曰:蚕娘行村乡,人民皆被伤。冬令严霜雪,灾劫起妖征。早娶田家女,木名也,莫见犯风寒。

庚寅年,太岁姓邬名桓,人物事风流。麻麦虽然秀,禾苗多损忧。燕宋多淹没,梁吴兵祸侵。桑叶初生贱,后贵何处求,田蚕如金价,桑叶好搔抽。地母曰:虎年高下熟,水旱又当年。黄牛耕玉出,是麦也。青牛卧陇前,是麻也。稼穑经霜早,田家哭泪连。更看来春后,人民相逼煎。

壬寅年,太岁姓贺名谔,高低尽得丰。春夏承甘润,秋冬处处通。蚕叶熟吴地,谷麦益江东。桑叶不堪贵,蚕丝却半丰。更看三秋里,禾稻穗重重。人民虽富乐,六畜尽遭凶。地母曰:虎首值岁头,在处好田苗。桑柘叶下贵,蚕娘免忧愁。禾稻多成实,耕夫不用忧。

甲寅年,太岁姓张名朝,早晚不全收。春夏遭淹没,调食任秋冬。虎豹巡村野,人民不自由。鲁魏多炎热,秦吴麦豆稠。桑柘前后贵,得半勿搔抽。地母曰:先岁民不泰,耕种枉施工。桑柘叶难得,又是少天虫。五谷价人高,后来亦中庸。

丁卯年,太岁姓耿名章,犹未得时丰。春来多雨水,旱涸在秋冬。农夫相对泣,耕种枉施工。鲁卫桑麻实,梁宋麦苗空。地母曰:桑叶不值钱,种禾秋有收。低田多不收,高田还本获。宜下空心草,黄龙满山陌。

己卯年,太岁姓龚名仲,犁田多快活。春来多雨水,种植还逢渴。夏多雨秋足,流荡遭淹没。蚕娘沿路行,无叶相煎逼。黄龙相际卧,麦也,逡巡化蝴蝶。禾稻秋来秀,农家早收割。淮鲁人多疾,吴楚桑麻活。地母曰:春中溪涧竭,秋苗入土焦。蚕姑望天泣,桑树叶下生。黄牛不成粒,六畜多瘟妖。三秋多淹没,九夏白波漂,秋夏主雨水多。

辛卯年,太岁姓范名宁,高下其辛勤。麻麦逢淹没,禾苗早得荣。秦淮受饥馁,吴燕旱涸频。桑柘不生叶,蚕姑说话辛。天虫少成实,丝绵换金银。强徒多瘴疫,善者少灾迍地母曰:玉兔出头年,处处桑麻好。早禾大半收,晚稻九分好。谷米稼穑高,渐渐相煎讨。要看龙头来,耕夫少烦恼。

癸卯年,太岁姓皮名时,高低半忧喜。春夏雨雹多,秋来缺雨水。燕赵好桑麻,吴地禾稻美。人民多疾病,六畜瘴烟起。桑叶枝上空,天虫无可食。蚕妇走忙忙,提蓝相对泣。虽得多丝绵,费尽人心力。地母曰:癸卯兔头丰,高低禾麦浓。耕夫皆勤种,贮积在三冬。桑叶虽然贵,丝绵却已丰。

乙卯年,太岁姓万名清,五谷有盈余。秦燕麦豆好,年丰吴越足。粮储春夏水,均调秋冬鲤。入门天虫虽然好,桑叶树头无。蚕娘相对泣,得兰少成丝。地母曰:岁中逢乙卯,高下好田蚕。豆麦山陂熟,禾粮在处康。

戊辰年,太岁姓赵名达,禾苗虫横起。人民多疾病,六畜夏多死。龙头出角年,水旱伤淮楚。低田莫种多,秋季忧洪水。桑叶无定价,蚕娘空自喜。豆麦秀山岗,结实无多子。地母曰:龙尾禾半熟,蛇头喜得全。流郎夏中少,豆故麦满山州。天虫三眠起,桑叶不值钱。若人能识候,终不谩流传。

庚辰年,太岁姓童名德,燕卫灾殃起。六畜尽遭伤,田禾蝗虫起。春夏地竭泉,秋冬丰实子。桑叶贱如土,蚕娘哭少丝。地母曰:少种豆,多种麻。家家皆得收,处处总相似。春夏少滴流,秋冬饱雨水。农务急如煎,莫待冰冻起。

壬辰年,太岁姓彭名泰,高下恐遭伤。春夏蛟龙开,秋冬却集藏。豆麦无成实,桑麻五谷康。齐鲁绝炎热,荆吴好田桑。蚕子延筐卧,哭泣问蚕娘。见兰丝绵少,租税急恓惶。地母曰:岁遇壬辰,蚕娘空度春。禾苗多有损,田家又虚惊。保福收成日,却得六分成。

甲辰年,太岁姓季名诚,稻麻一半空。春夏遭淹没,秋冬流不通。鲁地桑麻地,吴邦谷不丰。桑叶末后贵,相贺好天虫。估卖价例贵,雪冻在三冬。地母曰:龙头属甲辰,高低失共五分。豆麦无成实,六畜亦遭屯。更看二冬后,霜雪成纷纷。

丙辰年,太岁姓辛名亚,春来雨水润。豆麦乏齐燕,田蚕好吴越。牛犊瘴烟生,亦兼多虎疫。桑叶树头多,蚕丝白如雪。秋夏无滴流,深冬足淹没。地母曰:龙来为岁首,淹没应须有。豆麦宜见种,晚随波流走。

己巳年,太岁姓郭名燥,鱼行在路衢。乘船登陇陌,龟鳖入沟渠。春夏多潦浸,扬楚及胡苏。旱禾宜阔种,一颗倍千珠。蚕娘哭蚕少,桑叶贵如珠。地母曰:岁里逢蛇出,人民贺太平。桑麻吴地熟,豆麦越淮青。多种天仙草,禾名也,秋冬仓库盈。虽然多雨水,黎庶尽欢悦。

辛巳年,太岁姓郑名祖,鲤鱼庭际逢。高田犹可望,低下枉施工。桑叶初来贱,末后蚕贵龙。蚕娘相对泣,筐箱一半空。燕楚麦苗秀,赵齐禾稻丰。六畜多瘴气,人民虐疾重。地母曰:龙蚕未为,果贵大钱快。车头千万雨,纵子得输官。

癸巳年,太岁姓徐名贾,农民半忧色。丰籍各有方,封疆多种夺。楚地多炎热,荆吴无灾厄。桑柘叶苗秀,天虫兰如雪。粟麦有颇偏,晚禾半收得。地母曰:蛇头为岁号,陆种有虚耗。秋成五六分,老幼生烦恼。三冬足冰雪,晚禾宜及早。

乙巳年,太岁姓吴名遂,高下禾苗翠。天下多漂流,秋冬五谷丰。豆麦美燕齐,桑柘益吴楚。天虫筐内走,蚕娘哭叶贵。丝棉不上秤,疋帛价无比。地母曰:蛇首值岁初,谷食盈有余。旱禾莫令晚,蚕亦莫令迟。夏里麦苗秀,三冬成实肥。

丁巳年,太岁姓易名彦,丰熟发多害。鲁魏豆麦少,秦吴桑麻多。高低总得成,种植无妨碍。桑叶前后空,天虫好十倍。春夏多淹留,偏益秋冬在。地母曰:蛇首值岁中,农夫宜种莳。黄龙搬不尽,宜多下麦青。如是。

庚午年,太岁姓王名清,春蚕多灾厉。洪饶水旱伤,荆湘少谷米。桑叶贵如金,蚕娘空作计。春三流郎归,秋来还有庆。早禾与晚禾,不了官中税。地母曰:白鹤田中渴,禾名也。黄龙陇上眠,麦也。蚕妇携篮走,求叶泪滔滔。春夏多雨水,秋冬地少泉。有泉有人会,我意识候在。其年江东水,旱荆湘少米。

壬午年,太岁姓陆名明,水旱不调均。高田虽可望,低下枉施工。蚕麦家家秀,蚕娘喜周全。蚕蚕皆望叶,及早莫因循。地母曰:吴楚好蚕桑,鲁卫分多灾。多下空心草,少种老婆颜。桑叶后来贵,天虫及早催。晚禾纵淹没,耕夫不用辕。

甲午年,太岁姓张名词,人民不用忧。禾麦皆荣秀,高田全得收。吴越多风雹,荆里井竭流。蚕娘争竞走,哭叶开秋秋。蚕老多成兰,何须更尽忧。地母曰:蛇去马将来,稻麦喜倍堆。人民绝灾厄,牛羊亦少灾。试候丰年里,耕夫不用捐。

丙午年,太岁姓文名佑,春夏多洪水。鲁卫逢疫灾,谷熟益江东。种植宜高地,低源逢水冲。天虫见少丝,桑柘贱成龙。六畜多瘟疫,人民少卒终。地母曰:马首值岁里,丰稔好田桑。春夏须防备,种植怕流荡。豆麦并麻粟,偏好宜高岗。

戊午年,太岁姓黎名卿,高低一半空。扬楚遭淹没,荆吴足暴风。豆麦宜低下,稻麦得全工。桑叶从生贱,蚕老贵丝从。蚕娘车耕美,丝绵倍长年。地母曰:稀逢今岁里,蚕桑无颇偏。种植宜于早,美候见秋前。虽然夏旱涸,低下得全收。

辛未年,太岁姓李名王瑾,高下尽可怜。江东豆麦秀,扬楚少流泉。桑叶初还贵,向后不成钱。国土无灾难,人民须感天。地母曰:玉女衣裳秀,禾苗也。青牛陌上黄,油麻也。从今两三载,贫富总成仓。若人识我语,种植足食粮。

癸未年,太岁姓魏名仁,高下尽堪怜。一井百家共,春夏少甘泉。燕赵麦豆秀,齐吴多偏颇。天虫待当岁,讨叶怨苍天。六种宜成早,青女得貌鲜。地母曰:岁若逢癸未,田蚕多称意。青牛山上秀,一子倍盈穗。更看三秋后,产满闲田地。

乙未年,太岁姓杨名贤,五谷皆和穗。燕地少田桑,偏益丰吴卫。春夏足漂流,秋冬多旱地。桑叶初生贱,晚蚕还值贵。人民虽无灾,六畜多瘴气。六种不宜晚,收拾无成置。地母曰:岁逢羊头出,高下中无失。叶贵好蚕桑,斤斤皆有实。

丁未年,太岁姓缪名丙,枯焦在秋后。早禾稔会稽,禾晚丰吴越。宜下黄龙苗,不益空心草。桑叶前后贵,天虫见丝少。春夏雨水调,秋来忧失稻。是物稼穑高,丝绵何处讨。地母曰:若遇逢羊岁,高低中半收。瘴烟方六畜,民庶也须忧。

己未年,太岁姓傅名倘,种植家家秀。燕魏熟田桑,吴楚粮储有。春夏流郎归,鲤鱼入庭牖,桑叶应是贱,搔收娘子喜。豆麦结实多,宜在三阳后。地母曰:是岁值羊首,高低民物欢。稼穑多商价,来往足交关。农夫早种作,莫候北风寒。

壬申年,太岁姓刘名旺,春秋多浸溺,高下也无偏。中夏甘泉少,豆麦秀岐边。农夫与蚕妇,相见勿忧煎。地母曰:白鹤土中秀,禾名。水牯半山青,油麻。高低皆得稔,地土喜安宁。三冬足严冻,六畜有伤刑。

甲申年,太岁姓方名杰,高低定可忧,春来多淹流。早禾焦枯死,秋夏无雨束。鲁卫主瘟瘴,燕齐粒不收。桑叶前后贵,蚕娘不用愁。地母曰:岁逢甲申里,旱枯切须防。高低苗不秀,相看主彷徨。舟船空下载,仰面哭流郎。

丙申年,太岁姓管名仲,高下浪涛洪。春夏遭淹凶,其中还未利,秋冬杳不通。早禾须得割,晚稻枉施工。燕宋好豆麦,秦淮麻米空。天虫相称走,蚕妇哭天公。六畜多灾瘴,人民卒暴终。地母曰:岁首逢丙申,桑田亦主屯。分野须当看,节候灾民人。

戊申年,太岁姓俞名志,丰富人烟美,燕楚足田桑。齐吴熟谷子,黄龙土中藏。化成蝴蝶舞,种植莫低安。结实遭洪水,桑叶枝头荒。蚕娘空自喜,绵价几时有。地母曰:高下偏宜早,迟晚见流郎。豆麦无成实,淹没尽遭伤。更看三冬里,蝴蝶得成食。

庚申年,太岁姓毛名梓,高下喜无偏,燕宋田桑全。淮吴米麦好,六畜多灾瘴。人民少横疫,桑叶初生贱。蚕妇多快乐,去后又成钱。更看三阳后,秋叶价相连。地母曰:年若庚申,四方民物新。耕夫与蚕妇角笑喜忻忻。秋来有淹没,收割莫因循。

癸酉年,太岁姓康名志,人民亦快活,雨水在三春。阴冻花无实,蚕娘走不停。争蚕养穴叶,无计济桑虫。蝴蝶飞高陇,麦也。田夫愁杀人。地母曰:春夏人厌雨,秋冬混鱼鳖。早禾收得全,晚禾半活说。丝绵价例高,搔抽多耗折。燕宋少桑麻,齐吴丰豆麦。禾稻物增高,封疆主盗贼。

乙酉年,太岁姓蒋名嵩,早晚虽收半,田夫亦苦辛。人物无快活,雨水不调均。燕鲁桑麻好,荆吴麦豆青。蚕娘虽足叶,簇上白如银。三冬雪严冻,淹没浸车轮。地母曰:田蚕半丰足,种作不宜迟。空心多结子,禾稻生蝗起。看蚕娘贺喜,总道得银丝。

丁酉年,太岁姓康名杰,高低徒种植。春夏遭淹没,秋冬少流滴。吴楚足悲嗟,荆扬虚叹息。桑拓叶苗盛,天蚕中半失。箱筐少丝绵,蚕娘无喜色。地母曰:岁逢见丁酉,蚕叶多偏颇。豆麦有些些,其苗高下可。六畜瘴气多,五谷不成颗。

己酉年,太岁姓程名实,高低。尽可怜。鲁卫丰豆麦,淮吴好水田。桑枯空留叶,天虫足颇偏。蚕娘相怨恼,得兰少丝绵。六种宜于早,收成得十全。地母曰:酉岁好桑麻,豆麦益家家。百物长高价,民物有生涯。春夏遭淹没,三冬雪结花。

辛酉年,太岁姓石名政,高低禾不美。齐鲁多遭没,秦吴六畜死。秋冬井无泉,春夏沟有水。豆麦山头黄,耕夫挑不起。蚕娘筐中泣,争奈叶还贵。种植宜及早,迟晚恐失利。地母曰:酉年民多瘴,田蚕七分收。豆麦高处好,低下恐难留。

甲戌年,太岁姓誓名广,早禾有蝗虫。吴浙民劳疫,淮楚粮储室。蚕妇提篮走,田夫枉用工。早禾虽即好,晚禾薄薄丰。春夏多淹没,秋深滴不通。多种青牛草,油麻。少植白头公,六畜冬多瘴,又恐犯奸凶。地母曰:春来桑叶贵,秋至米粮高。农田九得半,一半是蓬蒿。

丙戌年,太岁姓白名般,夏秋井无泉。春冬多淹没,耕锄莫怨天。早禾宜早下,晚禾早留连。扬益桑麻乏,吴齐最可怜。桑叶初生贱,蚕老却成钱。地母曰:岁临于丙戌,高下皆无失。豆麦穿土长,在处得成实。六畜多瘴,人民多灾疾。

戊戌年太岁姓姜名武,耕夫渐渐愁。高下多偏颇,雨水在春秋。燕宋豆麦熟,齐吴禾成收。桑叶初生贱,蚕娘未免忧。牛羊逢瘴气,人物主漂游。地母曰:戊亥忧灾咎,耕夫不足欢。早禾虽即稔,晚稻不能全。一晴兼一雨,三冬多雪寒。

庚戌年,太岁姓倪名秒,瘴疫害黎民。禾麻吴地好,麦稔在荆秦。春夏漂流没,秋冬早水侵。桑柘叶虽贵,天虫成十分。田夫与蚕妇,相看喜欣欣。地母曰:岁逢庚戌首,四方民物收。高下田桑好,麻麦豆苗蔓。严冬多雨雪,收成莫犯寒。

壬戌年,太岁姓洪名克,高低亦不空,秦吴遭没弱,梁宋豆麻丰。叶贱天虫少,秧漂苗不稠。雨水浇深夏,旱涸在高秋。六畜遭灾瘴,出家少得牛。地母曰:岁下逢壬戌,耕种宜麦粟。民下虚用工,漂流无一粒。春夏灾瘴起,六畜多遭疫。

乙亥年,太岁姓伍名倧,高下总无偏。淮楚忧水潦,燕吴禾麦全。九夏甘泉竭,三秋衢回船。蚕娘吃青饭,桑叶两两泪涟涟。丝绵人皆贵,麻米不成钱。六畜多瘴疾,人民少横缠。地母曰:蚕娘眉不展,携筐讨叶忙。更看五六月,相望泣流连。

丁亥年,太岁姓封名齐,高低尽得通,吴越桑麻好。秦淮豆麦通,三冬足雨水。九夏永无踪,桑叶前后贵。簇畔不施工,见蚕见兰也。地母曰:夏种逢秋渴,秋成得八分。人民多虐疾,六畜尽遭屯。

己亥年,太岁姓谢名焘。人民多横起,秋冬草木焦。春夏少秧莳,豆麦熟燕吴。桑麻淮鲁死,叶少天虫多。蚕娘相对泣,采叶桑空枝。更看夏秋里,蝴蝶满村飞。

辛亥年,太岁姓叶名铿,耕夫多快活。春夏雨均调,秋冬好收割。燕淮无瘴疾,鲁卫不饥渴。桑叶前后贵,蚕娘多喜悦。种植宜山坡,禾苗得盈结。地母曰:猪头出岁中,高下好施工。耕夫与蚕妇,争不荷天公。六畜春多瘴,积薪俱过冬。主春冬多寒也。

癸亥年,太岁姓虞名程,家家活业丰。春夏亦多水,豆麦主漂逢。种莳宜及早,晚者不成工。吴地桑叶贵,江越少天虫。禾麻还结实,旱涝忌秋中。地母曰:岁逢六甲末,人民亦得安。田桑七成熟,赋税喜皇宽。豆麦宜高处,封疆绝盗奸。割禾须及早,莫过绝冬寒。

元旦烧香
(谓沃手焚香、拜告万灵开门等事)

元旦,正月初一日也。凡自国庶莫不皆以元旦为首事,各谨致香烛莫案,取寅卯辰时,忌空亡时,合属涤虑。焚香诵经拜告:天地祝延圣寿,四府万灵,香火祖先。毕,然后各画厥职。且如元旦丁壬日寅卯时,乃旬中空,截路空亡,宜用丑辰时,烧香开门吉,或交春后忌用寅时开门,系犯槌门官符,凶。

截路空亡诗例

甲申酉最为愁,乙庚午未不须求。丙辛辰巳君休问,
丁壬寅卯一场忧。戊癸子丑高堂坐,时犯空亡万事休。

元旦出行

（谓首正出方游、凶避吉趋等事）

宜从天德、月德，吉方而行。须忌鹤神游占之处。鹤神在天宫并宜出行吉方。

天德、月德、天德合、月德合所在吉方，元旦宜从此方出行，大吉。

鹤神出游方：

己酉庚戌辛亥
壬子癸丑甲寅　忌东北丑艮寅方凶　乙卯丙辰丁
巳戊午己未　忌正东

甲卯乙方凶：

庚甲辛酉壬戌癸
亥甲子乙丑　忌东南辰巽巳方凶　丙寅丁卯戊
辰己巳庚午　忌正南

丙午丁方凶：

辛未壬申癸酉
甲戌乙亥丙子　忌西南未坤申方凶　丁丑戊寅己
卯庚辰辛巳　忌正西

庚辛酉方凶：

壬午癸未甲申
乙酉丙戌丁亥　忌西北戌乾亥方凶　戊子己丑庚
寅辛卯壬辰　十六日在天宫无忌

鹤神日游方：

元旦出行不利其日在
天宫亦宜行本月吉方　元旦何方好出行

东西方道利春前　已交春后利西南北方
若遇鹤神在天宫大吉

鹤神游方

未交春用此图，尚十二月节。

鹤神游日

正东　天德在庚　　　　宜行正西大吉
东南　天德月德在庚　　宜行正西大吉　　天德合月德合在乙正东吉
正南　天德月德在庚　　宜行正西大吉　　天德合月德合在乙正东吉
西南　天德月德在庚　　宜行正西大吉　　天德合月德合在乙正东吉
正西　天德合月德合在乙　宜行正西大吉
西北　天德月德在庚　　宜行正西大吉　　天德合月德合在乙正东吉
正北　天德月德在庚　　宜行正西大吉　　天德合月德合在乙正东吉
东北　天德月德在庚　　宜行正西大吉　　天德合月德合在乙正东吉

已交春后用此图,正月节。

鹤神游日

正东　天德在丁(合壬)　宜行正南北大吉　月德在丙(合辛)正西大吉
东南　天德合月德合(壬辛)　宜行正北正西大吉　天德丁月德丙正南
正南　天德合壬　宜行正北大吉　月德合在辛正西吉
西南　天德合月德合(壬辛)　宜行正北正西大吉　天德丁月德丙正南
正西　天德在丁(合壬)　宜行正南正北大吉　月德在丙正南方吉
西北　天德月德在丁丙　宜行正南大吉　天德合壬在北方吉
正北　天德月德在丁丙　宜行正南大吉　月德合在辛西方吉
东北　天德月德在丁丙　宜行正南大吉　天德合月德合在壬辛正西正北吉

上天德、月德、天德合、月德合吉方,系是隔年交春正月节候门北则是也。

（新镌历法便览象吉备要通书卷之十六终）

新镌历法便览象吉备要通书卷之十七

潭阳后学 魏 鉴 汇述

入学求师

（谓尊尚师传授经业等事，附进黉门）

宜天德、月德、天德合、月德合、六合、要安、上吉、黄道、益后、续世、定、成、开日。

忌赤口、破、平、收、闭日、阴阳错、正四废、天休废、灭没日、荒芜、受死、大败、六不成、六壬空、大小空、九土鬼、离窠、上下兀、不举、黑道。

吉日：甲戌、乙亥、丙子、癸未、甲申、丁亥、庚寅、辛卯、壬辰、乙未、丙申、癸卯、甲辰、乙巳、丙午、丁未、甲寅、乙卯、丙辰、庚申、辛酉日。

四季入学吉日：春寅亥日，夏寅巳日，秋巳申日，冬申亥日。

五音吉日：

甲乙生人：春属木，学堂亥，学堂寅，宜用亥寅二日吉。

丙丁生人：夏属火，学堂寅，学堂巳，宜用寅巳二日吉。

庚辛生人：秋属金，学堂巳，学馆申，宜用巳申二日吉。

壬癸、戊己生人：冬属水，学堂申，学馆亥，宜用申亥二日吉。

魁星吉日：甲辰、庚辰、甲戌、庚戌四日。

文星吉日：乙亥春属木，木长生，在亥临官，在寅、成、开日，学生高贵。

圣贤死葬日：丙寅日，苍颉死，辛丑葬。

孔子死日：按鲁史哀公十六年夏，四月十八日，己丑卒。又云：十八日乙丑无己丑，乃五月十二日，此之误也。今历书并云：己丑日，孔子死。查之《史记》今以乙丑日为是，又丁巳日葬。以上忌入学、求师，凶。

凶日　　月	正	二	三	四	五	六	七	八	九	十	十一	十二
天贼	辰	酉	寅	未	子	巳	戌	卯	申	丑	午	亥
月空	壬	庚	丙	甲	壬	庚	丙	甲	壬	庚	丙	甲
荒芜	巳	酉	丑	申	子	辰	亥	卯	未	寅	午	戌
受死	戌	辰	亥	巳	子	午	丑	未	寅	申	卯	酉
天罡	巳	子	未	寅	酉	辰	亥	午	丑	申	卯	戌
阴错	庚申	辛酉	庚戌	丁未	丙午	丁巳	甲辰	乙卯	甲寅	癸丑	壬子	癸亥
阳错	甲寅	乙卯	甲辰	丁巳	丙午	丁未	庚申	辛酉	庚戌	癸亥	壬子	癸丑
河魁勾绞	亥	午	丑	申	卯	戌	巳	子	未	寅	酉	辰
月破	申	酉	戌	亥	子	丑	寅	卯	辰	巳	午	未
六不成	寅	午	戌	巳	酉	丑	申	子	辰	亥	卯	未

正四废:春庚申、辛酉,夏壬子、癸亥,秋甲寅、乙卯,冬丙午、丁巳。

九土鬼:乙酉、癸巳、辛丑、丁巳、庚戌、甲午、壬寅、己酉、戊午。

伏断:子(虚)、丑(斗)、寅(室)、卯(女)、辰(箕)、巳(房)、午(角)、未(张)、申(鬼)、酉(觜)、戌(胃)、亥(壁)。

凶日　　月	正	七	二	八	三	九	四	十	五	十一	六	十二
天休废	初四	初九	十三	十八	廿二	廿七	初四	初九	十三	十八	廿二	廿七
赤口	初三	初九	初二	初八	初一	初七	初六	十二	初五	十一	初四	初十
	十五	廿一	十四	二十	十三	十九	十八	廿四	十七	廿三	十六	廿二
	廿七		廿六		廿五		三十		廿九		廿八	

（续表）

凶日　月	正	七	二	八	三	九	四	十	五	十一	六	十二
六壬空	初五	十一	初四	初十	初三	初九	初二	初八	初一	初七	初六	十二
	十七	廿三	十六	廿二	十五	廿一	十四	二十	十三	十九	十八	廿四
	廿九		廿八		廿七		廿六		廿五		三十	
灭没日	张	虚	晦	娄	朔	角	望	亢	虚	鬼	盈	牛

阳年	正七月	上兀	初四	初十	十六	廿二	廿八	下兀	初六	十二	十八	廿四	三十
上下	二八月	上兀	初三	初九	十五	廿一	廿七	下兀	初六	十二	十八	廿三	廿九
兀日	三九月	上兀	初二	初八	十四	二十	廿六	下兀	初四	初十	十六	廿二	廿八
子寅	四十月	上兀	初一	初七	十三	十九	廿五	下兀	初三	初九	十五	廿一	廿七
辰午	五十一月	上兀	初六	十二	十八	廿四	三十	下兀	初二	初八	十四	二十	廿六
申戌	六十二月	上兀	初五	十一	十七	廿三	廿九	下兀	初一	初七	十三	十九	廿五
阴年	正七月	上兀	初一	初七	十三	十九	廿五	下兀	初三	初九	十五	廿一	廿七
上下	二八月	上兀	初六	十二	十八	廿四	三十	下兀	初二	初八	十四	二十	廿六
兀日	三九月	上兀	初五	十一	十七	廿三	廿九	下兀	初一	初七	十三	十九	廿五
丑卯	四十月	上兀	初四	初十	十六	廿二	廿八	下兀	初六	十二	十八	廿四	三十
巳未	五十一月	上兀	初三	初九	十五	廿一	廿七	下兀	初五	十一	十七	廿三	廿九
酉亥	六十二月	上兀	初二	初八	十四	二十	廿六	下兀	初四	初十	十六	廿二	廿八

逐月入学吉日

（进黄门泮官同入学忌不举目在应试局查）

正月:甲子、癸酉、丁酉,外癸未、丙午、丁未、乙卯、丙子。

二月:甲戌、乙未、甲寅,外癸未、丁未、丁丑、己未、丙寅、壬寅、乙亥。

三月:庚辰、甲申、己酉,外甲子、癸酉、丁酉、庚子、壬子、丙子。

四月：甲戌、辛卯、癸卯、辛酉，外甲子、庚午、丁丑、己卯、癸丑、丙子。

五月：甲戌、乙亥、庚寅、甲寅、丙辰、壬寅，外乙未、丙寅。

六月：乙亥、甲申、庚寅、辛卯、癸卯、甲寅、乙卯、庚申，外己卯、壬寅。

七月：壬辰、乙未，外庚子、壬子、丙午、癸未、丙子、丁未。

八月：乙亥、庚寅、壬辰、丙辰、庚申、壬寅，外丙寅、丁丑。

九月：辛卯、癸卯、庚申、壬寅，外庚午、戊午、壬午、丙子、丙午。

十月：甲戌、辛卯、壬辰、乙未、癸卯、癸未，外甲子、癸酉、己未。

十一月：甲申、庚寅、甲寅、壬辰、癸未，外丁丑、癸丑、壬寅。

十二月：乙亥、庚寅、辛卯、癸卯，外乙卯、庚申、壬寅、甲申。

上吉日，不犯建破、魁罡、天贼、受死、阴阳错、正四废、伏断、九土鬼、离窠、月空、天休废、赤口、空亡、孔子与苍颉死葬日、荒芜、上下兀日。

造试卷：宜六合、月合、生气、天德、月德、满、成、收日。忌六壬、空亡、月空、正四废、天休废、火星、破日。宜甲子、甲戌、乙亥、丙子、甲申、癸卯、辛卯、甲寅、乙卯、满、成、开日。

求贤进士

（谓招贤纳士、往京会试）

求贤吉日：宜天德、月德、天月德合、岁德、龙德、上吉、天喜、福星、福德、六合日，吉。

忌月破、天休废、灭没、上朔、不举、荒芜、伏断、往亡、无禄、大败、人隔、四废、兀日、蚩尤、平、收日，凶。

逐月求贤进士会试吉日

正月：癸卯、乙卯、辛卯、癸酉、丁酉、丙午日吉。

二月：乙丑、甲申、己巳、丁亥。

三月：丙寅、庚寅、甲寅、癸酉、丁酉、戊庚、壬寅日吉。

四月：庚午、丙午、甲子、丙子、庚子、丁酉、甲午、壬午日吉。

五月：丙寅、乙亥、庚寅、壬寅、甲寅、戊寅日吉。

六月:甲子、丙子、庚子、甲申、丙申、丙寅、乙亥、辛亥、庚寅、壬寅、甲寅日吉。

七月:甲子、丙子、庚子、戊子、壬子、丁酉日吉。

八月:乙亥、甲申、丙寅、庚寅、癸未、壬寅、庚申日吉。

九月:甲申、丙申、丁卯、庚申、辛卯、丁亥、己亥、癸卯日吉。

十月:甲子、丙午、庚子、庚午、癸卯、壬子、戊子日吉。

十一月:丙寅、庚寅、甲寅、甲申、壬申日吉。

十二月:丙寅、庚寅、乙亥、甲寅、癸卯、辛卯、甲子、甲申、庚子、庚申、壬申吉日。

上吉日,不犯黑道、死气、官符、十恶大败、无禄、天休废、四不祥、狷鬼、凶败、往亡、阻阳错、灭没、天贼、九空、九土鬼、破、平、收、除日、伏断、荒芜、四离、四绝、受死、离别日,凶。

天隔日:正、七寅,二、八子,三、九戌,四、十申,五、十一午,六、十二辰。

袭爵受封

(谓承恩、受官爵等事)

宜天恩、天德、天赦、岁德、月德、旺官、民相、守日、天喜、上吉。

忌死别、伏罪、不举、罪刑、牢狱、平、收、闭日。

吉日:宜甲子、丙寅、丁卯、庚午、丙子、戊寅、甲申、戊子、辛卯、癸巳、丁酉、壬午、己亥、庚子、壬寅、癸卯、辛亥、壬子、丁巳、戊午、庚申,上吉日。

凶日月	正二三			四五六			七八九			十十一十二		
牢日	辰			未			戌			丑		
狱日	未			戌			丑			辰		
徒隶	申			亥			寅			巳		
死别	戌			丑			辰			未		
伏罪	亥			寅			巳			申		
不举	子			卯			午			酉未戌		
官符	午	未	申	酉	戌	亥	子	丑	寅	卯	辰	巳
正四废	庚申	辛酉		壬子	癸亥		甲寅	乙卯		丙午	丁巳	

逐月袭爵受封吉日

正月:辛卯、丁卯、癸酉、乙酉、丁酉、己酉、乙卯、辛酉。

二月:丁卯、辛卯、癸卯、己卯、己巳、乙卯、癸巳、乙巳、丁巳。

三月:戊寅、癸巳、壬寅、丙午、戊午、丙寅、己巳、癸酉、乙酉、庚寅、己酉、甲寅、辛巳、乙巳、丁巳、丁酉日吉。

四月:庚午、甲午、乙酉、丙午、甲午、庚申。

五月:庚午、丙寅、戊申、丙申、丙午、甲午、庚申、壬午、戊午。

六月:甲申、癸巳、丁巳、庚申、戊申、己巳、丙申、辛巳、壬申、乙巳、己酉。

七月:丁酉、壬申、戊申。

八月:丁酉、癸酉、乙酉、丁亥、癸亥、乙亥、乙酉。

九月:甲申、庚申、丁亥、辛亥、壬申、丙申、戊申、辛卯、壬子。

十月:庚午、己亥、辛亥、甲午、乙亥、丁亥、癸亥、己卯、戊子、庚子、壬午、戊午。

十一月:甲子、庚子、丙子、戊子、壬子、丙寅、庚寅、甲寅。

十二月:丙寅、戊寅、壬寅、丁卯、辛卯、癸卯、己亥、辛亥、庚寅、甲寅、己卯、乙卯、乙亥、丁亥、癸亥。

上吉日,不犯魁罡、月破、平、收、闭日、休废、伏断、荒芜、灭没、受死、往日、凶败、六不成、上朔诸凶,不妨方吉。

应试赴举

(谓士子赴科场、求功名、出行等事)

宜黄道、天德、月德、三合、贵人、天宜、天成,显、曲、传星,六合吉日。

逐月应试赴举吉日

(忌不举、春子、夏卯、秋午、冬酉)

正月:乙丑、辛未、乙未、丁酉、丁丑、癸未、丁未、癸巳、己未、庚子、甲子、丙子。

二月：丙寅、己卯、庚寅、辛卯、壬寅、癸卯、甲申、甲寅、丁巳、癸巳、甲戌。

三月：癸酉、庚辰、乙酉、丁酉、己酉，外壬午、壬子。

四月：甲子、乙丑、丁丑、庚辰、丙戌，外癸丑、壬辰、丙子、乙卯。

五月：丙寅、乙亥、癸丑、甲辰、庚辰、乙丑、丙辰。

六月：丙寅、庚寅、壬寅、甲寅。

七月：辛未、乙未、丁未、癸卯、己未、癸未。

八月：丙寅、庚寅、壬辰、癸巳、乙巳、丙辰、丁巳、壬寅。

九月：己巳、癸酉、乙酉、癸巳、丁酉、己酉、丁巳、辛酉、己卯、辛卯、丙子、庚午。

十月：庚辰、庚午、甲午、壬辰、壬午。

十一月：甲子、庚子、壬寅、乙巳、丙子、丁未。

十二月：己卯、甲申、辛卯、丙申、癸卯、甲子、庚午、庚子、壬午、壬子。

上吉日，不犯黑道、死气、官符、十恶大败、无禄日、天休废、四不祥、往亡、阴阳错、灭没日、天贼、九空、赤口、九土鬼、破、平、收、除日、伏断、荒芜、空亡、四离、四绝、受死、离别、五不遇、三不返、黑道日。惟择明星、天德、月德，吉。

上官赴任
（谓奉承恩命、赴任、治政等事）

宜天德、月德、天德合、月德合、月恩、月空、旺、官、民、相、守日、天贵、天赦、岁天德、岁德合、上吉日、黄道、益后、天恩。驿马宜赴任。月德、月恩宜上官。忌建、破、平、收、闭、灭没、天吏、天狱、受死、冰消瓦陷、阴错阳差、牢狱日、徒隶、死别、伏罪、不举、刑狱、正四废、九丑、九土鬼、离窠、猖鬼、败亡、伏断。《上坛经》内凶、亡。《天迁图》内罪、亡。上下兀日、天地空亡、四离、四绝、四不祥、天休废、赤口、本命日、本命对冲、同旬冲日。

公宴作乐　忌上朔日

宜甲子、丙寅、丁卯、戊辰、己巳、庚午、乙亥、丙子、己卯、壬午、甲申、乙酉、丙戌、戊子、癸巳、己亥、庚子、壬寅、丙午、戊申、庚戌、辛亥、壬子、癸丑、庚子、辛酉日吉。

　　按历书逐月所载亦犯凶局，今以管氏书参考订正，庶几无误。

吉日　　　年	甲	乙	丙	丁	戊	己	庚	辛	壬	癸
岁天德	甲	庚	丙	壬	戊	甲	庚	丙	壬	戊
岁德合	己	乙	辛	丁	癸	己	乙	辛	丁	癸

吉日　　　月	正	二	三	四	五	六	七	八	九	十	十一	十二
天德	丁	申	壬	辛	亥	申	癸	寅	丙	乙	己	庚
天德合	壬	己	丁	丙	寅	巳	戊	亥	辛	庚	申	乙
月德	丙	甲	壬	庚	丙	甲	壬	庚	丙	甲	壬	庚
月德合	辛	己	丁	乙	辛	己	丁	乙	辛	己	丁	乙
月空	壬	庚	丙	甲	壬	庚	丙	甲	壬	庚	丙	甲
月恩	丙	丁	庚	己	戊	辛	壬	癸	庚	乙	甲	辛
驿马	申	巳	寅	亥	申	巳	寅	亥	申	巳	寅	亥
旺日	寅	寅	寅	巳	巳	巳	申	申	申	亥	亥	亥
官日	卯	卯	卯	午	午	午	酉	酉	酉	子	子	子
民日	午	午	午	酉	酉	酉	子	子	子	卯	卯	卯
相日	巳	巳	巳	申	申	申	亥	亥	亥	寅	寅	寅
守日	酉	酉	酉	子	子	子	卯	卯	卯	午	午	午
天贵	甲乙			丙丁			庚辛			壬癸		
天赦	春戊寅			夏甲午			秋戊申丑未			冬甲子		
母仓	亥子			寅卯			辰戌			申酉		
天吏	酉	午	卯	子	酉	午	卯	子	酉	午	卯	子
天狱	子	卯	午	酉	子	卯	午	酉	子	卯	午	酉

（续表）

吉日　　　月	正	二	三	四	五	六	七	八	九	十	十一	十二
受死	戌	辰	亥	巳	子	午	丑	未	寅	申	卯	酉
阴错	庚戌	辛酉	庚申	丁未	丙午	丁巳	甲辰	乙卯	甲寅	癸丑	壬子	癸丑
阳错	甲寅	乙卯	甲辰	丁巳	丙午	丁未	庚申	辛酉	庚戌	癸亥	壬子	癸丑
牢日	辰	辰	辰	未	未	未	戌	戌	戌	丑	丑	丑
狱日	未	未	未	戌	戌	戌	丑	丑	丑	辰	辰	辰
徒隶	申	申	申	亥	亥	亥	寅	寅	寅	巳	巳	巳
死别	戌	戌	戌	丑	丑	丑	辰	辰	辰	未	未	未
不举	子	子	子	卯	卯	卯	午	午	午	酉	酉	酉
刑狱	丑	丑	丑	辰	辰	辰	未	未	未	戌	戌	戌
伏罪	亥	亥	亥	寅	寅	寅	巳	巳	巳	申	申	申
冰消瓦陷	巳	子	丑	申	卯	戌	亥	午	未	寅	酉	辰

正四废：春庚申、辛酉，夏壬子、癸亥，秋甲寅、乙卯，冬丙午、丁巳。

九土鬼：己酉、癸巳、辛丑、庚戌、丁巳、乙酉、甲午、壬寅、戊午。

伏断：子（虚）、丑（斗）、寅（室）、卯（女）、辰（箕）、巳（房）、午（角）、未（张）、申（鬼）、酉（觜）、戌（未）、亥（壁）。

九丑：壬午、乙酉、戊子、辛卯、壬子、戊午、己酉、己卯、辛酉。

离窠：丁卯、戊辰、己巳、戊寅、辛巳、戊子、己丑、戊戌、己亥、辛丑、戊午、壬癸、壬戌。

猖鬼败亡：丁卯、戊辰、戊寅、辛巳、戊子、己丑、戊戌、己亥、辛丑、庚戌、戊午、壬癸。

四不祥：每月初四、初七、十六、十九、二十八日。

灭没：弦虚、晦娄、朔角、望亢、虚斗、盈牛。

上朔日：甲年癸亥日，乙年己巳日，丙年乙亥日，丁年辛巳日，戊年丁亥日，己年癸巳日，庚年己亥日，辛年乙巳日，壬年辛亥日，癸年丁巳日。

四离：春分、夏至、秋分、冬至各前一日是。

四绝：立春、立夏、立秋、立冬各前一日是。

上官坛经

（值迁宇吉）

月	正	二	三	四	五	六	七	八	九	十	十一	十二
上旬	迁	迁	迁	凶	死	吉	失位	迁	连祸	迁	殃	
中旬	公事	讼	吉	迁	死	位三公	狱亡	迁	凶	口舌	方伯	失火
下旬	大凶	凶	失位	迁	死	位三公	狱亡	大吉	吉	吉	失火	方伯

天迁图定局例

月	正二三四五六七八九十 十一 十二
看月之大小	大小大小大小大小大小大小
初一初七十三十九廿五	迁迁迁迁亡亡如如失失罪罪
初二初八十四二十廿六	如迁迁亡迁失罪迁亡罪失如
初三初九十五廿一廿七	罪亡如失迁罪失迁迁如亡迁
初四初十十六廿二廿八	失失罪罪如如亡亡迁迁迁迁
初五十一十七廿三廿九	亡罪失如罪迁迁失如迁迁罪
初六十二十八廿四三十	迁如亡迁失迁迁罪罪亡如失

迁隔说

　　按大明官制，内天迁元图订正，大月初一顺行，小月初一逆行，逐月月上起初一数去，遇迁则吉，颇、如、中半吉，遇罪、亡、失则凶。假如月大以轮图上

看,正、七月迁吉上起,初一、初二颇、如,初三罪、亡,初四失、亡,余皆仿此推之。六轮兀图起例法:

天迁图　　　　　　　　　六轮兀图

六轮兀图起例法:甲丙戊庚壬丑阳年正月起乾,乙丁己辛癸、五阴年正月起巽,并顺行一月一位,到所用之月,月上起初一亦顺行,不论节气。如遇闰月,仍将本月上起初一,数到所用之日,艮坎乾为三白日,离为九紫日吉,巽为四绿上兀日凶,坤为二黑下兀日凶,定局见前入学求师例。

赴任出行吉方

月	正	二	三	四	五	六	七	八	九	十	十一	十二
时四方	子	丑	寅	卯	辰	巳	午	未	申	酉	戌	亥
天德方	丁	坤	壬	辛	乾	甲	癸	艮	丙	乙	巽	庚
月德方	丙	甲	庚	壬	丙	甲	壬	庚	丙	甲	壬	庚
合德方	辛	己	丁	乙	辛	己	丁	乙	辛	己	丁	乙
月空方	壬	庚	丙	申	壬	庚	丙	申	壬	庚	丙	申

上历云:黄道百事吉,最宜上官,时阳宜封拜,出行吉。集正云:天德、月德、天德合、月德合、月空并宜上章、献策、封拜、上任大吉。择时宜福星贵人、天乙贵人,忌年日三杀方。

逐月上官赴任吉日

正月：丙辰、己卯、壬辰、癸酉、丁酉、癸卯、乙卯、辛卯、甲午，外癸未、庚午、丁未、壬午、丁卯、丙午。

二月：己巳、乙亥，外乙丑、丁丑、甲申、丁亥。

三月：己酉、丙寅、癸酉、庚寅、丁酉、甲寅，外庚午、壬寅、戊寅、壬寅。

四月：丁酉、己卯、庚午、丙午、甲午，外乙丑、丁酉、癸丑、丁丑、己丑、乙卯、甲子、壬午。

五月：外丙寅、辛未、乙亥、丙戌、庚寅、壬辰、甲寅、丙辰、戊寅、戊辰。

六月：己巳、甲寅、甲申、庚申、丙申，外丙寅、乙亥、庚寅、壬寅、辛亥、丙子、戊子。

七月：甲子、丁酉、庚子，外壬子、戊子、丙子。

八月：丙寅、乙亥、甲申、庚寅，外甲戌、丙戌、癸丑、庚戌。

九月：甲申、癸卯、辛卯、戊申、丙申、壬申、乙卯、庚申，外丙子、庚子、丁卯、己亥。

十月：甲子、庚子，外乙酉、辛未、癸酉、甲戌、丙子、癸未、丙戌、乙未、丁酉、癸卯、丁未、己未、壬子、戊子、辛酉。

十一月：丙寅、庚寅、甲寅，外乙丑、丁丑、壬申、甲申。

十二月：丙寅、乙亥、庚寅、癸卯、甲寅、辛卯、壬寅，外甲子、甲申、庚子、庚申。

上吉日，不犯建、破、平、满、收、闭、灭没、上朔、往亡、本命对冲、凶败、天吏、牢狱、受死、冰消瓦陷、阴阳错、徒隶、死别、不举、刑狱、罪至、正四废、九丑、九土鬼、猖鬼、离窠、伏断、六轮兀日、四离、四绝、天休废、赤口、四不祥、天迁图、上官坛经灭没日。

按原历所载，有犯凶局，今考出不载，并忌出行凶日，故分外吉也。

天地空亡

（如天扫、地扫日同看）

天地空亡之图

　　假如子年太岁，即从子上起正月，月上起初一日，在子上为地空，节节数去，初五日到午上为天空，数至初八到子上为地空。其余仿此并顺行。

　　上官、入宅忌天空，埋葬、种植忌地空。

游神歌

（上官、赴任、出行、求财，皆忌太白游神方位）

　　游神癸巳上天堂（在天十六日），己酉下来东北方（在地四十四日）。天上凶星不可游，正七闭兮二八收。三九危兮四十执，五十一月平上忧。六十二月除中忌，拜官封职万事休。

红纱杀日

（忌出行、上任）

　　四仲金鸡四孟蛇，四季丑日是红纱。出行赴任皆不吉，
　　起造埋葬事如麻。买卖金银皆不遂，强行资本不留些。
　　若人不信红纱杀，移根接本不开花。

四不祥日

上官初四为不祥，初七十六最堪伤。十九更嫌二十八，
愚人不信定遭殃。准定任上人马死，防此五日必为昌。

论本命干支对冲日

干冲：甲庚冲、乙辛冲、丙壬冲、丁癸冲、戊己无冲。支冲：子午冲、丑未
冲、寅申冲、卯酉冲、辰戌冲、巳亥冲。

假如丙寅生人忌壬申日，壬申生人忌丙寅日，其余仿此。

总论

论正月、五月、九月：按窦萍塘书，音训其注高祖纪，正、五、九月不行。释
氏智论曰：天地释以为大宝镜，照见四大神州，每月一移，察人善恶。正、五、
九月照南瞻部州，故放此三月，省刑修善。隋唐以来，事佛甚谨，著在法律，遇
此三月则禁刑断屠。后人以其有禁刑、断屠之条，故士大夫死此三月不上官，
以其有断屠之令。而后人相传，以正、五、九月为凶月，而忌用也。

论上官受职：宜用天官，即司命。贵人，即明堂。天德、黄道、要安、即荣
官日，同旺官见前局。恩胜，即相日。成动，即民日。寡怨，即守日。成日同
天艮，春甲寅、夏丙寅、秋庚寅、冬壬寅。印绶：庚申、辛亥、丁未、戊申、戊午、
七曜吉日。春太阳、太阴、木星、水星。夏太阳、水星。秋太阴、金星、水星。
冬太阴、木星、水星。

论袭爵、谥封、上官、赴任吉时：宜月《授时历》，逐月下四大吉时，并用防
道吉时，不忌诸凶。

论本命日：本命对冲日忌用，假如甲子本命忌甲子日，对冲忌庚午、戊午
日，其余仿此。

论上下兀日：盖𪩘𪩘者，乃不安之义，参详古历。初无兀日，至宋朝始有
邪经，所谓六轮兀、本命兀、九宫兀、月兀、凉兀、传神兀、坎离兀、九元兀、顺逆
兀、秘要兀、五位兀、大小月兀、寅午戌兀、十二宫兀。凡有三十家，皆穿金本
经。惟六轮兀，乃沈学士存中在翰林院。修元丰历，间下寻出，用之有验，今
世上官，以为凶日，犹忌之。

论四不祥日:欧阳参政记事云:犯之多不终任。《遁齐关览》云:林复之言,上官用此日者,鲜有犯此日者,皆不得善脱。

论九土鬼日:赵坦庵云:愚尝累验之,凡事有始无终。若吉星相扶则免祸而已。如凶神相会,其祸尤速。曾崇叔云:其日与建破魁罡相并者大凶,余日无妨。

论牢日春未,狱日春申,徒隶春酉,俱系春月有差。今依颁降历书改正。

论伏断日:忌辰克干日,若其时又值亢、娄、牛、鬼四极凶,乃暗伏断时,亦须忌之。

论月忌日:《年月备要》云:初五、十四、廿三,世俗常忌。前辈云:此俗忌之,吉多可用。

论猖鬼大败日:世说李林甫相唐,每阴谋大臣,必以猖鬼大败日除权公卿,立见祸败。然考诸历书,其说不同,实无可据。若其日与破、建、平、收日并则凶。

论入金门:即死之说,为非只有八月辛酉日未时即死,余日无载。传送、从魁为金门。假令八月辛酉日未时传送、从魁亥子上,若从巳午向亥子上官是也,余仿此。吉星多则亦不忌。

论正官上任避忌:据俗传,正官礼任之日,不宜从城市南门入,乃离宫、九紫、正火方上,惟正官礼任则忌之,犯者主城市火灾。

论上官横推吉日:与凶日同参详。正月天福巳日,与天罡日同。天库甲与破日同。天德亥与河魁日同。以上并犯凶忌,而例作上官吉日用,诚不足凭,故不编入。

论所入门:上神克年上神主死,假令行年亥向午方,上官其日时,中小吉上在寅功曹木加年,是也。余仿此。年上神克所入门,上神主有徭役不安。假令年在亥午,午方上官其日时,中大冲亥木加河魁,土加午是也,其余仿此。

论推迁官时:以上官月日干生青龙、太常远近为。岁迁则以日支生青龙、太常远近为。月迁之期,以青龙、太常所生为迁日期,所刻为时。假令三月甲戌日未时,文官视事,以从魁加未,青龙乘胜光大加辰与甲日相生吉庆。延及祖宗,甲去青龙隔三位则三岁为迁期。又从戌上数至青龙,得七则七月为迁期。又此日青龙乘胜光火生土,以戊己日为迁期。又青龙加辰为食时,则第三年戊己日食当迁。其他仿此顺数。

论迁官内外:凡日干生青龙、太常,则迁在外,青龙、太常生日干者,则迁在内。又青龙、太常所畏者,为凶期,以四时之气,休旺推其轻重。凡上官不宜向六甲金门,凶。论六甲金门:甲子旬年地,甲戌旬辰地,甲申旬寅地,甲午旬子地,甲辰旬戌地,甲寅旬申地是也。

论上官交任杂式:须遇吉日,方可交任。如未得良日而先到者,且合干岁德、天道、天德岁合之位,乃选日时位政,然后谒也。

论封拜施恩:事出于上官无所忌,惟用逐年十二月上历吉,见历法,今考正入逐月。

施恩拜封
(谓赐恩命、封赠颁宜等事)

宜黄道、天明、天恩、天德、岁德、月德、月上吉、福德、荣官旺日、天月二德合、玉堂、金堂、龙德、天喜吉日。忌月破、平、收、闭、休废、荒芜、没灭、伏断。

逐月吉日,受封例同看。

上册受封
(谓立坛禅、受册封谥等事)

宜天德合、月德合、天恩、龙德、益后、续世、天喜日。

逐月上册封谥吉日

正月:辛卯。	二月:己巳。
三月:丁巳。	四月:乙酉。
五月:不载。	六月:己酉。
七月:丁酉。	八月:乙亥。
九月:辛卯。	十月:不载。
十一月:不载。	十二月:乙卯。

上忌牢日、狱日、死别、伏罪、不举、罪刑、建、破、平、收、闭日、荒芜、灭没、往亡、凶败、休废、罪至。此与拜封日同看。

临政亲民

（谓礼上恭贺、颁布条令、受览回籍、听决狱讼等事）

宜旺、官、民、相、守日、六仪日，大吉。忌建、破、平、收、满、闭日、上朔、九土鬼、凶败、死气、灭没、受死、休废、空亡、天吏、临日、雷公、飞流、天捧、阴私、土勃日，凶。

逐月临政亲民吉日

三月：丙寅、己巳、戊寅、辛巳、庚寅、癸巳、壬寅、乙巳、甲寅、丁巳、辛酉，外癸酉、乙酉、丁酉、己酉。

六月：己巳、壬申、乙亥、辛巳、甲申、丁亥、癸巳、丙申、己亥、乙巳、戊申、辛亥、丁巳、庚申、癸亥。

九月：壬申、甲申、丙申、戊申、庚申。

十二月：丙寅、己巳、乙亥、戊寅、辛巳、丁亥、庚寅、癸巳、己亥、壬寅、乙巳、辛亥、甲寅、丁巳、癸亥，外庚午、壬午、甲午、丙午、戊午。

上按《选择历书》，不载正、二、四、五、七、八、十、十一月，不敢擅增。余考之，宜与袭爵受封吉日同看，以备全用。

临官视事

按：逐月吉日亦与上官赴任例同看。

宜天恩、天德、月德、六仪日。

忌雷公、飞流、天捧、阴私、土勃、天吏、临日、建、平、收、满、闭日，勿令年上神克受官日。假令行年丑，以甲乙受官木日凶，视天干相克，地支相冲，故言凶。

文武视事

按：逐月吉日亦与上官赴任同看。

文官欲令日辰之阳，用传中有青龙。武官欲令日辰之阴，用传中有太常，又无螣蛇、白虎相克者，无行。外有螣蛇、白虎相克，主有厄也。

详六壬课，又欲令青龙、太常与令日相生，将神不内载，上下不相克，加官高迁，都无灾咎、盗贼，君臣利用，子孙当福，若上克下必得免咎，下克上不居此官及多病凶。

检举刑狱

（谓下狱、检举罪人等事）

宜大明、天赦、天恩、天解、解神、圣心、普护、阴阳合、人民合。

忌狱日、牢日、徒隶、伏罪、官符、死气、咸池、赤口、受死、天瘟。

逐月吉日与凶词讼例同看。

给由考满

（附致任、归老同看）

宜黄道、天恩、要安、天解、益后、续世、生气，民、守、旺日，天福、天成、福厚。

受职：宜黄道、执储、生气、旺日、天福、守日、戊己、福生、要安、益后、续世、成动日吉。

谢恩：宜天恩、天赦、天喜、天月德、天月德合日吉。忌五离、八绝、绝阴、绝阳、土恶、无禄、大败、大小空。

逐月给由考满吉日

正月:甲子、庚子、乙丑、己卯、癸卯、乙卯、辛未、乙未、癸酉、丁酉、丁亥、辛亥,外戊子。

二月:丙寅、庚寅、甲寅、壬申、丙申、戊申、丁亥、辛亥、癸亥,外戊寅、己巳、辛巳、甲申、己亥。

三月:甲子、庚子、己卯、癸卯、己巳、乙巳、癸酉、丁酉,外丙子、壬子、丁卯、辛卯。

四月:甲子、庚子、己卯、辛卯、癸卯、乙卯、戊辰、庚辰、甲辰、庚午、甲戌、壬戌,外戊子、丁卯、壬辰、壬午。

五月:戊辰、庚辰、壬辰、甲辰、丙辰、丁巳、辛巳、辛未、壬申、丙申、戊申、甲申、庚申、辛亥、乙亥、己亥,外癸未。

六月:丙寅、庚寅、甲寅、壬申、丙申、甲申、庚申、癸酉、丁酉、辛酉。

七月:丁卯、己卯、辛卯、癸卯、乙卯、辛未、乙未,外壬午、丙午、癸未、己未、己未、丁未。

八月:丙寅、庚寅、甲寅、己巳、乙巳、癸巳、丁巳、庚申、甲戌、戊戌、丙戌,外戊寅、壬戌。

九月:丁卯、辛卯、庚午、癸酉、丁酉、辛酉,外壬子、丙午。

十月:甲子、庚子、庚午、癸酉、丁酉、辛酉、甲午、乙未,外丙子、戊子、癸未、壬午、戊午、己未。

十一月:甲子、庚子、乙丑、丙寅、甲寅、己巳、乙巳、甲戌、丙戌、丁巳、庚戌、戊戌、壬戌、丁亥、辛亥。

十二月:甲子、庚子、丙寅、戊寅、庚寅、甲寅、丁卯、辛卯、己卯、乙卯、庚午、壬申、甲申、丙申、戊申、辛卯、癸卯、壬寅、庚申。

上吉日,不犯九土鬼、十恶大败、天地殃败、冰消瓦陷、死别、死气、灭没、受死、休废、荒芜、伏断、正四废、九空、赤口、五不遇、六不成、三不返。

纳表上章

（谓进纳、封章、披陈利害、仲理词讼等事）

宜天德、月德、天德合、月德合、月空、圣心、解神、定、成日吉。

忌天狱、天吏、官符、临日、癸日、受死、天隔、月朔、建、破、平、收、满、闭、反支日。

反支日凶：初一戌亥一日反，初一申酉二日反，初一午未三日反，初一辰巳四日反，初一寅卯五日反，初一子五六日反。

逐月上表章吉日

正月：甲子、丙子、辛卯、壬戌，外丙午、壬子。

二月：甲申、戊申、庚戌、庚申。

三月：甲子、丙寅、庚子，外丙寅、壬寅、壬子、己酉、甲寅。

四月：庚午、甲戌、壬午、丙戌、甲午、丙午、庚戌、壬戌。

五月：乙丑、壬辰、辛丑、壬寅，外丁丑。

六月：甲子、庚寅、庚子、庚申。

七月：丙辰。

八月：丙寅、甲戌、戊寅、庚寅、壬寅、甲寅。

九月：丁卯、己卯、辛卯、乙卯。

十月：戊辰、乙酉、丙辰、壬辰、丁酉、庚子、己酉、辛酉。

十一月：丙辰。

十二月：甲申、甲寅，外庚午、壬午、戊午、甲午、丙午。

论进表、呈策、上书、陈言、参官、见贵：宜天德、月德、天德合、月德合、黄道、月空、母仓。忌建、破、平、收、满、闭日。

论求谋文书印信：宜天德、月德、天月德合、六合、黄道日吉。忌赤口、大小、空亡、荒芜、伏断、受死、凶败、争雄，凶。

天地荒芜、诗起例法：孟仲平破季逢收，子寅巳戌毒为仇。用看历日心牢记，犯着荒芜万事休。

辨正天地荒芜定例:天地荒芜系孟春巳日、仲春酉日、季春丑日。孟夏申、仲夏子、季夏辰日。孟秋亥、仲秋卯、季秋未日。孟冬寅、仲冬午、季冬戌日,是也。

孟春三月以木司令为主气,巳酉丑会金局为客气,春木旺火相金受克故荒芜。

孟夏三月以火为主气,申子辰会水局为客气,夏火旺土相水受克为荒芜,春夏二季乃客气,受制为荒芜。

孟秋三月以金司令为主气,亥卯未木局为客气,冬三月以水司令为主气,寅午戌火局为客气,秋冬二季乃主气克客气,故为荒芜也。兼云:孟平仲破季逢收,此为兼矣。

公庭诉讼

诉讼日:宜天德、月德、天德合、月德合、定、成日。忌破日、勾绞、癸不诉讼。

六壬理讼日:干克支日、制日上讼。下者用乙丑、甲戌、壬午、戊子、庚寅、辛卯、甲辰、乙未、丙申、丁酉、乙亥。支克干日,伐日下讼。上者用庚午、丙子、戊寅,乙卯、辛巳、壬戌、甲申、乙酉、丁亥、壬辰、癸丑。干生支日,实日,支生干日,曰义日。干支同,曰和日。解和者用之,如甲子、甲寅、甲午、戊辰、己丑、戊戌、丙午、壬子、乙卯、丁巳、己未、庚申、辛酉。

罪人赴官日:宜活曜、天恩、天赦、天解、生气、天月二德、乙巳、丙寅、丁巳、开、除日。忌罪至、罪刑、伏罪、狱日、不举、分骸、天刑、黑道日时。

六合出行吉凶图

每从月建上起,初一顺行,一日一位,遇吉则吉,遇凶则凶,万无一失。

假如正月初六日出行,就于寅上起初一,顺数初六日到未上是青云,则吉矣。

歌曰:

子午皇恩并大赦,丑未双雁入青云。

寅申登程扶上马,卯酉麻绳自缚身。

辰戌带枷须入狱,巳亥弓弦半拆明。

逐月公庭词讼吉日

正月:庚寅、戊寅、己卯、辛卯、乙卯、戊辰、壬辰。

二月:戊寅、庚寅、甲寅、乙卯、辛卯、辛巳、丁巳。

三月:戊寅、庚寅、甲寅、己卯、辛卯、乙卯、丁卯。

四月:丙子、戊子、庚午、壬午、丙午、辛酉。

五月:辛巳、丁巳、丙辰、戊辰、辛未、庚寅、甲辰、己未。

六月:辛巳、甲申、丙申、庚申、乙酉、丁酉。

七月:丙子、戊子、壬子、己卯、辛卯、戊辰、壬辰、庚子、甲辰、丙辰。

八月:乙酉、丁酉、丁亥、己亥、己巳、辛巳、乙巳、丁巳。

九月:丙子、戊子、壬子、己卯、辛卯、甲申、丙申、庚申、乙酉、丁酉、辛酉、丁亥、己亥、丙午。

十月:丙子、戊子、壬子、己卯、辛卯、乙卯、庚午、壬午。

十一月:丙子、戊子、戊寅、庚寅、甲寅。

十二月:丙子、戊子、壬子、戊寅、庚寅、庚午、壬午、甲申、丙申、庚申。

上吉日,不犯罪至、分骸、抱刑、伏罪、狱日、咸池、赤口、受死、天瘟、月忌、荒芜、凶败、灭没、不举、往亡等日。天下衙门向南,南为火,宜水日克之,事大成小。

速用纵横法

事急不暇择日,当作纵横法。

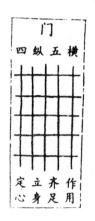

　　正立门内叩齿三十六通,以右手大拇指,先画四纵,后画五横,画讫,即念咒曰:四纵五横,吾令出行,禹王卫道,蚩尤避兵。盗贼不得起,虎狼不得行。远归故乡,遇吾者死,当吾者亡,急急如九天玄女律令。咒毕便行,慎勿返顾。每出行将此咒念七遍,画地毕,以土压之吉。

又奇门藏身法

藏身图式

凡出门足以丁字步,口念足蹈。

蹈罡履斗路七灵,一气混沌灌我形。

天回地转步七星,禹步相催登阳明。

以上禹罡,每以左足先步,凡出行等事,先遁合奇门,寻三奇吉门行,就望吉门出步。此罡举咒,如值乙奇,就默念乙奇咒,出一百二十步,外不可回顾。

章光取草方

正月亥,二月子,三月丑,四月寅,五月卯,六月辰,七月巳,八月午,九月未,十月申,十一月酉,十二月戌,取草三茎或十二茎,走月厌上藏身步斗咒。

月厌藏身法

正月戌,二月酉,三月申,四月未,五月午,六月巳,七月辰,八月卯,九月寅,十月丑,十一月子,十二月亥。

咒曰:乾元亨利贞,日月隐吾形。北斗覆吾体,百草遮吾形。行如路边草,坐似路边尘。人不见,鬼不知。吾奉太上老君,急急如律令。舌上腔。

春三月面向东,夏三月面向南,秋三月面向西,冬三月面向北。

藏身取用法

金水种竹叶,火日用花绯,木宜头带草,土日草同之,出入长生上,更宜卸换衣,如金生在巳,火生寅,木亥水生申,是也。

偃武教兵

（谓督军伍偃、习武艺、附旌旗等事）

宜天德、兵宝、黄道、恩胜、成动、普护、福生、驷马、成、开日。忌六不成、十恶、无禄、大败。

逐月偃武教兵吉日

正月：甲子、乙丑、丁卯、辛未、癸酉、己卯、丁亥、乙未、丁酉、辛丑、癸卯、辛亥、辛卯、乙卯，外丁丑、丙子、戊子、壬子、己丑、癸丑、癸未、丁未、己未。

二月：丙寅、戊寅、庚寅、甲寅、辛巳、乙巳、甲子、庚子、丁卯、己卯、己巳、辛未、乙未、癸未、甲申、丙申、乙亥、乙丑、己亥、辛亥，外己丑、癸丑、丁未、戊申、丁亥、辛卯、乙卯、己未。

三月：己巳、乙巳、癸酉、丁酉、丁卯、壬申、甲申、甲子、庚子、壬戌，外壬子、丙子、戊子、丙申、癸巳。

四月：丁卯、乙卯、己卯、辛卯、庚午、庚子、辛丑、癸卯、戊辰、庚辰、丙辰、辛酉、丙午、丙戌、戊戌。

五月：丙寅、戊寅、庚寅、乙亥、己亥、庚辰、戊辰、壬辰、丙辰、辛巳、辛未、甲寅、辛亥、戊申。

六月：甲申、壬申、丙申、戊申、庚申、丙寅、戊寅、庚寅、甲寅、乙亥、己亥、丁亥、辛亥、癸卯、乙卯、己卯、辛卯。

七月：甲子、庚午、辛未、丙子、乙未、壬午、癸未、丙午、丁未、壬子、丑卯日，新荒芜不载。

八月：乙丑、丙寅、己巳、庚寅、戊寅、乙巳、乙亥、庚申、己亥、辛亥、丁亥、壬辰、癸巳。

九月：乙亥、丁亥、己亥、辛亥、辛卯、庚午、壬申、癸酉、丙申、丁酉、丙子、辛丑、辛酉、庚申。

十月：甲子、庚子、庚午、乙卯、戊辰、癸酉、丁酉、辛酉、甲戌、丙戌、戊戌、壬辰、甲辰、丙辰、壬午。

十一月：乙丑、辛丑、丙寅、戊寅、庚寅、甲子、壬申、甲申、丙申、庚申、癸丑、丁丑、己丑、戊申、丙子、丁酉、辛酉。

十二月：丙寅、庚寅、甲寅、乙丑、戊寅、丁卯、己卯、乙卯、辛卯、癸卯、乙巳、己巳、壬申、甲申、丙申、戊申、庚申、壬寅。

上吉日，不犯十恶、无禄、大败、正四废、破日、赤口、荒芜、废日、灭没、受死、天贼、蚩尤、罪至、伏罪。六不成日，即天败也。

以上未入逐月日用集，宜查祭旗日。每年季秋月值霜降日则祭之。各府衙州县设立旗依仪致祭。

出兵总论

论往亡曜仙日：昔武王伐纣，其日往亡，太史曰：凶不可往。太公曰：我往彼亡，有何不可。遂行乃先，后北魏跂珪有晋，刘裕皆效之。其识一时不可常用。又说见《唐太宗·李卫公问对》。愚按此言，理固然矣，盖有两往亡日，有气往亡日是也。未余前贤所用避，何往亡日令？只依逐月气往亡为是。

论收捕出行：忌离绝日、灭没日、四顺四逆日，惟建宜行。《选择历书》云：此亦与畋猎日同。

凡收捕、出行、征讨，据其日不值旺相之日，宜用旺相时。如败绝休囚日合旺相亦可用。如旺相日再得旺相时尤吉。若遇黄道日并行，黄道方则不避虚孤方，旺相日时。如丙子属火，取巳时寅支，亦火旺。午时黄道支干时吉。

论兵吉日：《万年历》云：宜行远方，如二月用寅日为兵吉，其日亦与兵禁日同，恐难信用，宜斟酌。

大金刚日：角亢奎娄鬼牛星，出兵定是不还军。忌行兵征讨并出行，其例载在出行局。

月建所属九星诗诀

建计除阴满罗睺，平定水贪执水破。破木危阳成是土，
收紫开金闭月孛。建为青龙用为头，除是明堂黄道游。
满为天刑平朱雀，定为金匮吉神求。执为天德直黄道，
破为白虎危玉堂。成为天牢坚固守，收为玄武盗贼愁。

开临司命为黄道，勾陈为闭主亡流。黄道出行为大吉，

行军战闭黑道忧。

犯天刑者出军必主伤。颠狂六畜，死亡之事。

犯天牢黑道主人伤、贼害、亡财、失利。犯玄武者亡败走、失利息、奴婢遭劫贼、伤胎孕也。

犯青龙者，父母兄弟长妇死，入狱出逃亡，主凶恶之事。

犯白虎者治明堂。

犯朱雀者因死见血光，亡财故地。

犯天牢者治玉堂，即此厌彼处以消灾有大功。

惟合黄道日则百事大吉。

习学技艺

（谓偃武教兵吉日，在内同看与入举逐月日同）

宜满、成、开日、天德、月德、天月德合、黄道、普护、福生、天马、驿马、月空。

忌正四废、赤口、破日、六不成、十恶大败、无禄、受死、荒芜、九土鬼、灭没、凶败、天休废。

凶日 月	正	二	三	四	五	六	七	八	九	十	十一	十二
大败六不成日	寅	午	戌	巳	酉	丑	申	子	辰	亥	卯	未
受死日	戌	辰	亥	巳	子	午	丑	未	寅	申	卯	酉
荒芜日	巳	酉	丑	申	子	辰	亥	卯	未	寅	午	戌
破日	申	酉	戌	亥	子	丑	寅	卯	辰	巳	午	未

正四废：春庚申、辛酉，夏壬子、癸亥，秋甲寅、乙卯，冬丙午、丁巳。

十恶：甲己年：三月戊戌，七月癸亥，十月丙申，十一月丁亥。

乙庚年：四月壬申，九月乙巳。丙辛年：三月辛巳，九月庚辰，十月甲辰。

大败：丁壬年：无忌。戊癸年：六月己丑。

灭没日：弦、虚、晦、娄、朔、角、望、亢、虚、鬼、盈、牛。

九土鬼：乙酉、癸巳、辛丑、庚辰、丁巳、甲午、壬寅、己酉、戊午。

出兵收捕

（谓狂讨盗贼、收捕逃亡等事）

出师吉日：宜乙丑、丙寅、丁卯、庚子、辛丑、甲午、庚戌、丁酉日。

宜兵宝、兵吉、兵福、天月德合、天恩、普护、黄道、斗建、唐符并宜用之。

攻取吉日：宜甲子、丙寅、甲戌、乙亥、己丑、乙未、己亥、乙巳、庚戌、除、执日，吉。

忌伐日、八专、猖鬼、败亡、五不归、八绝、十恶、大败、往亡、危日，凶。

收捕出行吉日：宜干克支日，曰名制日，乙丑、甲戌、壬午、戊子、庚寅、辛卯、癸巳、乙未、丙申、丁酉、己亥、甲辰，宜捕人，宜黄道、收、执日可用。支克干日，名曰伐日，庚午、丙子、戊寅、己卯、辛巳、癸未、甲申、乙酉、丁亥、壬辰、癸丑、壬戌，并凶宜捕捉。攻取、举兵，凶不用。

八专日：丁未、癸丑、甲寅、乙卯、己未、庚申，最忌出军教阅。

猖鬼败亡日：丁卯、戊辰、戊寅、辛巳、戊子、己丑、戊戌、己亥、辛丑、庚戌、戊午、壬戌，百事不宜。

五不归：己卯、辛巳、丙戌、壬辰、丙申、己酉、辛亥、壬子、丙辰、庚申、辛酉日。

八绝日：庚辰、辛巳、丙戌、丁亥、庚戌、乙亥、丙辰。丁巳日切不可用。

吉日　　　月	正	二	三	四	五	六	七	八	九	十	十一	十二
兵福宜开武调兵	亥	子	丑	寅	卯	辰	巳	午	未	申	酉	戌
兵宝宜出兵征伐	卯	辰	巳	午	未	申	酉	戌	亥	子	丑	寅
兵马宜远征大吉	午	申	戌	子	寅	辰	午	申	戌	子	寅	辰
兵禁征伐忌出兵	寅	子	戌	申	午	辰	寅	子	戌	申	午	辰

论出兵征讨盗贼，盖先贤俱无立逐月吉日。其事款多繁，必有差讹，况军

情重务不可不慎。予将原定吉凶条款选定成局,以便急用。大忌游都、房都、奴都、天罡、四废、五不遇、甲申空亡,并太岁月建方,出兵大凶,详见《阴符经》及《符应经》。《武经总要》安在统兵之首,不可不知,当行五女反闭之法,以全万亿军人。又秘云:以当旬神符挂于竿上,以指敌人,则敌人自服。《经》曰:纵阵莫当吾符,魂魄飞而散失,若能以此用兵,是为师出以律。《演禽》《皇极数》《六壬课》合论更妙,兵法须知,并太乙数,亦不可不知。

逐月出兵征伐吉日

正月:甲子、乙亥、庚子,外辛未、癸未、癸酉、癸亥。

二月:丙寅、甲寅、戊寅、乙巳、己巳、甲申、丙申、乙亥、己亥、丁亥。

三月:乙巳,外癸卯、己巳、癸酉。

四月:甲午,外甲辰、丙午。

五月:丙寅、乙亥,外己巳、癸亥。

六月:乙巳、乙亥、辛未。

七月:甲子、甲午、乙巳、庚子,外辛未、丙午。

八月:乙巳、乙亥、丁丑、己巳、癸酉、癸亥。

九月:乙亥,外甲午、丁丑、癸卯、癸亥、丙午。

十月:甲子、庚子、癸酉。

十一月:甲子、丙寅、乙巳、庚子,外辛丑、己巳、壬寅。

十二月:丙寅、乙亥,外壬寅、癸卯、癸亥。

逐月出兵总吉日(即兵吉日)

正月:子、丑、寅、卯。　　七月:午、未、申、酉。

二月:亥、子、丑、寅。　　八月:巳、午、未、申。

三月:戌、亥、子、丑。　　九月:辰、巳、午、未。

四月:酉、戌、亥、子。　　十月:卯、辰、巳、午。

五月:申、酉、戌、亥。　　十一月:寅、卯、辰、巳。

六月:未、申、酉、戌。　　十二月:丑、寅、卯、辰。

以上征讨出兵吉日,不犯伐日、八专、狷鬼、败亡、五不归、八绝、十恶大败、危日、往亡、破日、天地荒芜、冰消瓦陷、五鬼、破解、受死、大败、天地争雄、九丑、九土鬼、不举。建、破、平、收日同，则亦不忌，惟离窠、四离、四绝、四逆、四废、天贼、九空、蚩尤、三不返、灭没、凶败。

六甲孤虚凶局（出《武经总要》孤虚）

甲子	甲戌	甲申	甲午	甲辰	甲寅日	
己巳	己卯	己丑	己亥	己酉	己未日	寅卯申酉行兵大凶
己丑	乙亥	乙酉	乙未	乙巳	乙卯日	
庚午	庚辰	庚寅	庚子	庚戌	庚申日	子丑午未
丙寅	丙子	丙戌	丙申	丙午	丙辰日	
辛未	辛巳	辛卯	辛丑	辛亥	辛酉日	戌亥辰巳
丁卯	丁丑	丁亥	丁酉	丁未	丁巳日	
壬申	壬午	壬辰	壬寅	壬子	壬戌日	申酉寅卯
戊辰	戊寅	戊子	戊戌	戊申	戊午日	
癸酉	癸未	癸巳	癸卯	癸丑	癸亥日	午未子丑

黄道吉时并方

吉日	寅申	卯酉	辰戌	巳亥	子午	丑未
贵人	丑	卯	巳	未	酉	亥
鸾舆	辰	午	申	戌	子	寅
上官	巳	未	酉	亥	丑	卯
天库	未	酉	亥	丑	卯	巳
天官	戌	子	寅	辰	午	申
福合	子	寅	辰	午	申	戌

	季月	春	夏	秋	冬
干旺	戊己	甲乙	丙丁	庚辛	壬癸
干相	庚辛	丙丁	戊己	壬癸	甲乙
支旺	辰戌丑未	寅卯	巳戊	申酉	亥子
支相	申酉	巳午未	辰戌丑未	亥子丑	寅卯辰

上收捕出行,据其日值败绝、不旺、不相之日,宜用旺时。如败绝日得旺相时,则亦可用,如旺相日得旺相时尤吉。若与黄道时同并行,其日系黄道方,则不避虚孤方相旺时日,如丙午属火。取巳丙黄道支干时吉,其余仿此。

立寨置烟墩
(修筑城池同)

宜天德、月德、天德合、月德合、明堂、金堂、天成、司命、兵宝、普护、天马、驿马、益后、续世、守日、成动、恩胜、福厚。

吉日　　　月	正	二	三	四	五	六	七	八	九	十	十一	十二
天德	丁	申	壬	辛	亥	甲	癸	寅	丙	乙	己	庚
天德合	壬	巳	午	丙	寅	己	戊	亥	辛	庚	申	乙
月德	丙	甲	壬	庚	丙	甲	壬	庚	丙	甲	壬	庚
月德合	辛	己	丁	乙	辛	己	丁	乙	辛	己	丁	乙
明堂	丑	卯	巳	未	酉	亥	丑	卯	巳	未	酉	亥
金柜	辰	午	申	戌	子	寅	辰	午	申	戌	子	寅
天德黄道	巳	未	酉	亥	丑	卯	巳	未	酉	亥	丑	卯
玉堂天成	未	酉	亥	丑	卯	巳	未	酉	亥	丑	卯	巳
司命	戌	子	寅	辰	午	申	戌	子	寅	辰	午	申
兵宝	卯	辰	巳	午	未	申	酉	戌	亥	子	丑	寅
普护	申	寅	酉	卯	戌	辰	亥	巳	子	午	丑	未
天马	午	申	戌	子	寅	辰	午	申	戌	子	寅	辰
驿马	申	巳	寅	亥	申	巳	寅	亥	申	巳	寅	亥
益后	子	午	丑	未	寅	申	卯	酉	辰	戌	巳	亥
继世	丑	未	寅	申	卯	酉	辰	戌	巳	亥	午	子
守日		酉			子			卯			午	
成动	春	午		夏	酉		秋	子		冬	卯	
恩胜	春	巳		夏	申		秋	亥		冬	寅	
福厚		寅			巳			申			亥	

凶日　　月	正	二	三	四	五	六	七	八	九	十	十一	十二
阴私	酉	亥	丑	卯	巳	未	酉	亥	丑	卯	巳	未
天贼	辰	酉	寅	未	子	巳	戌	卯	申	丑	午	亥
天瘟	未	戌	辰	寅	午	子	酉	申	巳	亥	丑	卯
劫杀	亥	申	巳	寅	亥	申	巳	寅	亥	申	巳	寅
受死	戌	辰	亥	巳	子	午	丑	未	寅	申	卯	酉
蚩尤	寅	辰	午	申	戌	子	寅	辰	午	申	戌	子
天地破败	卯	寅	丑	子	亥	戌	酉	申	未	午	巳	辰
复日	甲	乙	戊	丙	丁	戊	庚	辛	己	壬	癸	
荒芜	巳	酉	丑	申	子	辰	亥	卯	未	寅	午	戌
破日	申	酉	戌	亥	子	丑	寅	卯	辰	巳	午	未
三不返	寅	卯	丑	寅	卯	辰	辰	卯	寅	丑	子	丑
	戌	酉	辰	巳	乙	巳	巳	午	戌	申	□	戌
	亥	子	申	未	午	未	申	酉	未	亥	酉	亥
天地	巳	亥	午	子	未	丑	申	寅	酉	卯	戌	辰
争雄	午	子	未	丑	申	寅	酉	卯	戌	辰	亥	巳
灭没	玄	虚	晦	娄	朔	角	望	亢	虚	鬼	盈	牛

十恶大败:甲己年:三月戊戌,七月癸亥,十月丙申,十一月丁亥。乙庚年:四月壬申,九月乙巳。丙辛年:三月辛巳,九月庚辰,十月甲辰。

逐月立寨置烟墩吉日

正月:庚子、乙丑,外丙子、己丑、丁丑、癸丑。

二月:乙未,外丁未、癸未、己丑、丁丑、癸丑。

三月:丁卯、癸酉、丁酉,外甲子、丙子、庚子、癸卯、乙卯。

四月:庚辰、丙辰、戊辰、壬辰、甲辰、庚午、癸酉、丁酉、甲戌、戊戌、壬戌,
　　　外壬子。

五月:丙寅、甲寅、丙辰、壬辰、甲辰。

六月:丁卯、癸卯、乙卯、己卯。

七月:丁卯、癸卯、乙卯、辛未、乙未,外丁未、丙子、癸未、己未。

八月:乙丑、甲戌、丙戌、戊戌、壬申,外丁丑、己丑。

九月:丁卯、乙卯、癸卯,外丙午。

十月:甲子、甲戌、癸酉、丁酉,外丙午。

十一月:戊辰、庚辰、壬辰、甲辰、丙辰。

十二月:壬申、甲申、庚午、丙午、丙申、戊申、庚申。

上吉日,不犯九丑、九土鬼、十恶大败、无禄、天地争雄、阴私、劫杀、天贼、受死、复日、天瘟、荒芜、灭没、休废、蚩尤、三不返、正四废、凶败、地贼。吉多不忌,此吉星、凶星定局与演武、教兵、出兵、征讨、收捕、行兵、立寨同看。

(新镌历法便览象吉备要通书卷之十七终)

新镌历法便览象吉备要通书卷之十八

潭阳后学　魏　鉴　汇述

出行求财

（谓远行、出外、水陆、经营等事）

宜天德、月德、天德合、月德合、天恩、天马、驿马、四相、三合、六合、天喜、福生、除、满、执、成、开日，八门吉方、四大吉时、开合八大吉日、四顺建宜行成，宜离寅、宜往卯、宜归。

远回忌、月忌、归忌、月厌。乘舟忌九坎、招摇、龙禁、咸池、八风、触水龙。

吉日：宜甲子、乙丑、丙寅、丁卯、戊辰、辛未、甲戌、乙亥、己卯、甲申、己丑、庚寅、甲午、乙未、庚子、辛丑、壬寅、癸卯、丁未、己酉、壬子、甲寅、乙卯、庚申、辛酉、壬戌、癸亥。

历法有庚午、丁丑、丙戌、丙午、癸丑。宜满、成、开日。忌每月十五日，七日不往，八日不归，申不行，酉不离。

台司出行吉日：出行正子午，二申丑未良，三月寅申吉，四子卯天长，五月寅申马，七马猴最强，八未申酉亥，九子戌吉祥，十子猪和酉，十一子寅昌，六未十二亥，离绝人往亡。

商贾兴败吉日：宜天德、月德、天德合、月德合、满、成、开、日。忌六壬空亡、大小空亡、荒芜日。宜乙卯、丙戌、壬寅、丁未、己酉、甲寅日吉。

合伴吉日：宜六合、满成、开日。忌咸池、赤口凶。

凶日　　　月	正	二	三	四	五	六	七	八	九	十	十一	十二
归忌	丑	寅	子	丑	寅	子	丑	寅	子	丑	寅	子
受死	戌	辰	亥	巳	子	午	居	未	寅	申	卯	酉
天贼	辰	酉	寅	未	子	巳	戌	卯	申	丑	午	亥

（续表）

地贼	子	子	亥	戌	酉	午	午	午	巳	辰	卯	子
往亡	寅	巳	申	亥	卯	午	酉	子	辰	未	戌	丑
五鬼	午	寅	辰	酉	卯	申	丑	巳	子	亥	未	戌
荒芜	巳	酉	丑	申	子	辰	亥	卯	未	寅	午	戌
咸池(主口舌)	卯	子	酉	午	卯	子	酉	午	卯	未	酉	午
九空空亡	辰	丑	戌	未	申	子	酉	午	寅	申	申	巳
财离岁空	辰	丑	戌	未	寅	子	酉	午	亥	卯	申	
天罡勾绞	巳	子	未	寅	卯	癸	亥	午	丑	申	卯	戌
河魅勾绞	亥	午	丑	申	卯	戌	巳	子	未	寅	酉	辰
月厌刑狱	戌	酉	申	未	午	巳	辰	卯	寅	丑	子	亥

天地争雄:巳午、亥子、午未、巳丑、未申、丑寅、申酉、寅卯、酉戌、卯辰、戌亥、辰巳。

天番(时忌出行,正月巳日):巳、辰、申、巳、丑、子、亥、戌、卯、午、寅、巳。

地覆(不用亥时、亥日,不用日时):亥、戌、酉、申、卯、午、酉、辰、酉、辰、未、卯。

亡赢:甲寅、甲午、甲戌、丁卯、丁巳、庚辰、庚寅、庚子、庚辰、癸亥、癸巳、癸亥。

阴错:庚戌、辛酉、庚申、丁未、丙午、丁巳、甲辰、乙卯、甲寅、癸丑、壬子、癸亥。

阳错:甲寅、乙卯、甲辰、丁巳、丙午、丁未、庚申、辛酉、庚戌、癸亥、壬子、癸丑。

人隔(忌出行求财):正七寅、二八子、三九戌、四十申、五十一午、六十二未。

伏断:子(虚)、丑(斗)、寅(室)、卯(女)、辰(箕)、巳(房)、午(角)、未(张)、申(鬼)、酉(觜)、戌(胃)、亥(壁)。

离窠:丁卯、戊辰、己巳、戊寅、辛巳、戊子、己丑、戊戌、己亥、辛丑、戊午、壬戌。

九土鬼:乙酉、癸巳、辛丑、庚戌、丁巳、甲午、壬寅、己酉、戊午。

九丑:壬子、乙酉、戊子、辛卯、壬午、戊午、己卯、己酉、辛卯。

五不归:己卯、辛巳、丙戌、壬辰、丙申、己酉、辛亥、壬子、丙辰、庚寅、辛酉。

四离:春分、秋分、夏至、冬至,前一日是。

四绝:立春、立夏、立秋、立冬,前一日是。

逐月吉日出行

正月:乙丑、辛未、癸酉,外丁亥、癸未、丁未、丁酉、甲子、丙子、庚子。

二月:辛未、甲申、乙未、甲戌,外丁未、癸未、己未、丁卯。

三月:丁卯、庚午、丙午、甲子、丙子。

四月:甲申、戊辰、庚子、乙卯,外庚午、辛卯、戊子、戊午。

五月:丙辰、乙丑、丁丑,外己亥、辛未、丁未、己未。

六月:乙未、乙亥、癸卯、辛卯、乙卯,外丙寅、庚寅、甲寅、辛未、己未。

七月:甲子、庚子、辛未,外丁未、庚午、丙午、癸未、丙子。

八月:乙丑、乙亥,外丁丑、癸丑、己亥、丁亥、癸酉、己丑、丁酉、壬戌。

九月:庚午、甲戌,外丙午、癸卯。

十月:甲戌、庚午,外丙午、癸卯。

十一月:乙丑,外丁丑、癸丑、乙亥、戊寅、庚寅、甲寅。

十二月:甲午、丙寅、癸卯、庚寅、乙卯、甲申、甲寅。

上吉日不犯破、平、收、魁罡、勾绞、天贼、地贼、受死、财离、九空往亡、九丑、咸池、大小耗、五不归、月厌、五鬼、离窠、转杀、亡嬴、九土鬼、正四废、阴阳错、人民离、天地争雄。

出行:宜合周公八天、建、满、开日。忌灭没、荒芜、月忌、旬中截路空亡、离绝往亡日。

周公八天局

| 天门日 | 初一 | 初九 | 十七 | 二十五 | 主得贵人助之大吉。 |
| 天贼日 | 初二 | 初十 | 十八 | 二十六 | 主有非灾不为大凶。 |

天财日	初三	十一	十九	二十七	主倍获财宝喜大吉。
天阳日	初四	十二	二十	二十八	主见贵人万事大吉。
天仓日	初五	十三	二十一	二十九	主因商贾得利大吉。
天华日	初六	十四	二十三		主所为百事不遂凶。
天富日	初七	十五	二十三		主为商贾求财大吉。
天盗日	初八	十六	二十四		主百事便为不宜凶。

周公出行吉凶方

	子	丑	寅	卯	辰	巳	午	未	申	酉	戌	亥
东方	得财	自如	得财	万倍	小吉	刑狱	得财	主病	得财	口舌	失财	小吉
南方	大吉	大凶	大吉	得财	酒食	得财	大病	大吉	大凶	酒食	主死	万倍
西方	酒食	大吉	大凶	主病	大凶	主病	大吉	万倍	公事	得财	大吉	大利
北方	刀兵	得财	得财	主死	得财	大吉	万倍	大利	大吉	大吉	大吉	失财

赤松子凶日

正月初七、十一。二月初四、初六。三月十六、二十六。四月初九、二十八。五月初一。六月初六、二十七。七月初一、二十三。八月初八、十五。九月初三、二十。十月十四。十一月初二、二十一。十二月初六、二十五。忌出行、竖造、嫁娶、埋葬、求财、行船并凶。

日家八门定局（见时家局上）

			休	生	伤	杜	景	死	惊	开
甲子至丙寅	戊子至庚寅	壬子至甲寅	坎	坤	震	巽	乾	兑	艮	离
丁卯至己巳	辛卯至癸巳	乙卯至丁巳	坤	震	乾	坎	离	巽	兑	艮
庚午至壬申	戊午至庚申	甲午至丙申	震	乾	离	坤	艮	坎	巽	兑
癸酉至乙亥	辛酉至癸亥	丁酉至己亥	巽	坎	坤	兑	震	艮	离	乾
丙子至戊寅		庚子至壬寅	乾	离	艮	震	兑	坤	坎	巽
己卯至辛巳		癸卯至乙巳	兑	巽	坎	艮	坤	离	乾	震

| 壬午至甲申 | | | | | | | | |
| 乙酉至丁亥 | | | | | | | | |

| 丙午至戊申 | 艮 | 兑 | 巽 | 离 | 坎 | 乾 | 震 | 坤 |
| 己酉至辛亥 | 离 | 艮 | 兑 | 乾 | 巽 | 震 | 坤 | 坎 |

八门总断

休门	○主仕宦高迁,求财买卖得利,百事皆吉。
死门	●主百里外遇疾病,防失财物,出师行车大败。
伤门	●主六十里内得见血光兵阵相伤,宜求鱼捕猎。
杜门	●主远出必忧,求谋不遂,出军大败。
开门	○主求财见贵万事利,宜见官陈词。
惊门	●主求财不遂,防有血光之灾,切见惊人大凶。
生门	○主万事吉,买卖有利,谒见贵得财,称遂出师军大胜。
景门	●主八十里路外合逢盗贼,求谋不遂,出军大败。

　　　　　　○大金刚日　　　　　　●忌出行

奎娄角亢鬼女星,出军定是不遂兵。买卖远行逢贼盗,

经商求利百无成。行船耗散遭沉没,买卖交易不称心。

穿井须知无水出,参官拜职罢功名。起造埋葬多破碎,

成亲嫁娶主离分。男女下生逢此日,十个全无一个生。

更有路途商旅客,只见书回不见人。欲识星辰吉凶处,出在天符秘密经。

总论

论出行远回日:宜天月德并合天恩、月恩上吉。次吉除、满、执、成、开、危日。

忌月厌、四离、四绝、受死、伏断、咸池、空亡。

论出行忌九丑,远回忌归忌,不用截路空亡、旬中空亡时。

论出行回家日时,看《授时历》逐月下求四大吉时并用黄道吉时,但得一吉神到可免大凶,所有九丑、河魁、旬中空亡、截路空亡、孤辰、寡宿、建破、大败、禄隔空亡等时,皆不避忌,即得吉时,则八方大吉,不问方道,旧有孤虚方,孤辰寡宿方,太白游方,建破魁罡方,并不必忌,依此时出行、远回亦不避诸杂忌。

论出行经商兴贩,忌六壬空亡、天贼、四离、四绝、受死、伏断、大小空亡、地贼日。

论九土鬼日,出行百事有始无终,与建、破、平、收同日则忌之。

论天地争雄日,出行最忌,犯之有险。

入库开仓

(谓五谷入仓、财帛贮库等事)

宜天德、月德、六合、天仓、天富、五富、月财、阳德、满、成、开日。

忌空亡、灭没、四方耗、大小耗、月虚、凶败、破日。

吉日:甲子、乙丑、丙寅、己巳、庚午、辛未、甲戌、乙亥、丙子、己卯、壬午、癸未、甲申、庚寅、辛卯、乙未、己亥、庚子、癸卯、丙午、壬子、甲寅、乙卯、己未、庚申、辛酉日吉。

收藏宝贝吉日:宜收、闭日。

开仓忌日:壬申、戊寅、戊戌、丙辰、戊午,甲日并不宜开仓。春丑、夏子、秋未、冬寅日又忌月虚、四耗、大小耗、五虚日、天地贼诸凶。

宜忌凶局与开张店肆并同看。

逐月开仓入库吉日亦同。

出财放债

(谓生放金银、谷粮等事)

宜天月德、天月德合、满、成日吉。

宜庚午、庚辰、乙酉、丙戌、癸巳、己亥、乙巳、辛亥、乙卯、辛酉。

忌壬申、戊寅、戊戌、丙辰、赤口空亡、财离、破日,放债不吉。

逐月出财放债日

正月:丙寅、庚午、癸酉、壬午、丁酉、丙午吉。

二月:乙巳、乙未、辛亥、己未、己亥、辛巳、癸巳、己卯、丁亥吉。

三月:丙子、丙午、戊申、乙巳吉。

四月:庚午、乙丑、己卯、戊子、己丑、庚子吉。

五月:甲戌、丙申、庚戌、庚申吉。

六月:辛未、乙亥、己卯、己丑、辛亥、辛酉吉。

七月:丁卯、戊辰、己卯、庚辰、丙申、癸卯、庚申吉。

八月:己巳、庚辰、辛巳、丁亥、己丑、乙亥、癸丑吉。

九月:庚午、丙子、壬子、丙戌、丙午吉。

十月:庚午、壬午,外癸酉吉。

十一月:甲子、戊子、庚寅、甲寅,外甲戌吉。

十二月:乙丑、己丑、辛卯、癸丑、乙卯、庚申,外甲子吉。

上吉日,不犯勾绞、空亡、财离、荒芜、赤口、灭没、四耗、五虚、月虚、破、执、除日。

债木日:大月初三、十一、十九、二十七日。小月初二、初十、十八、二十六日是也。

纳财取债

宜天德、月德、天恩、月恩、天财、地财、天富、天仓、丰旺、收、闭、满日吉。

吉日:宜乙丙、丙寅、壬午、庚寅、庚子、乙巳、戊午、甲寅、辛酉。

逐月吉日:与出财放债例同看。

丰旺日:春亥,夏巳,秋申,冬寅。

忌六壬赤口、大小空亡、天贼、荒芜。

上分家财、放债纳财、取债并忌执、平、破、收、天贼、荒芜、受死、九空、财离、亡嬴、破败、流财、天穷、九丑、九土鬼、正四废、阴差阳错、长短星、赤口、灭没、十恶大败、无禄日、天上大空亡日。又忌大杀、九空、月害、五穷日。

纳财宜收日吉。

纳财吉日:详见"日用集"内,宜天上大空亡日。丁丑、丁未、戊寅、戊申、壬辰、壬戌、癸巳、癸亥。

行船占候风云

春夏雨季必有风暴，遇天色温热，其日午后或有云起，或雷声所起之方必有暴风，切宜避之。

秋冬雨季虽无风暴，每日行船先观四方，天色明净，五更初解缆，至辰时天色无变，虽有微风，不问顺与不顺，行船不妨。

云头从东起必有东风，或云头从西起必有西风，南北亦然。如前面云头已遇，后面云脚不尽，主有风不止。如云脚处天色明白，后面无云则风渐止矣。若云片片相逐，聚散不常，其色洁白，围绕日光，主有风禽鸟翻飞，天色昏淡主风。鸟飞冲天，云色黄，日色赤，云行急，星摇日月昏晕，太白尽见，参星摇动，人首颇热，灯火焰明作声，俱主有大风。

许真君传授龙神行日，不可行船主大风。

正月：初一、初八、十二、二十五、三十日龙会。

二月：初三、初九、十二、三十日龙神朝上帝。

三月：初三、初七、二十七日龙神朝星辰。

四月：初八、十二、十七、十九日龙会太白。

五月：初五、十一、二十九日天地龙王朝玉皇上帝。

六月：初九、二十七日地神龙王朝玉皇。

七月：初七、初九、十五、二十七日神杀交会。

八月：初三、初八、二十七日龙神朝会。

九月：初八、十五、十七日龙神朝玉皇。

十月：初八、十五、二十七日东府王朝玉皇。

海角经

尾、星、箕、斗、危、娄、胃、昴、毕、星、轸（俱大吉）。

室、牛、房、参、井（俱大吉）。

行船装载

（附修造舟楫等事）

总论

论行船装载，必先择吉日移船，又择吉日行船，不须拘定。旧本行船下载吉日。

论行船俗忌遇七九不行船。若前一日移转船头则不忌。

论六白日辰，见东方为启明星，宋子断曰：启明乃金星。金星在酉日将出则东见。注云：太白见于日将出时，则晨见无风，见于日已出后，则贯见主有大风，即尧星也。

行船装载宜黄道、天恩、天德、月德、天月二德合、月恩、月财、要安、平、定、成日，合海角吉，星吉。

忌天贼、地贼、火星、伏断、正四废、水痕、灭没、受死、执、破日。年建为风波，月建为白浪，时建为大恶。行船忌张宿、丙子、癸未、戊戌、癸丑、乙卯。

造舟起工驾马吉日：与修造起土架马日同。

逐月成舵定出合舵吉日，合底起敨安梁头与竖造上梁日同。

船关头前三条宜合已上吉星。

做板宜向天月二德方起工吉。触水龙日、丙子、癸丑、癸未，忌行船，凶。

盖船篷吉日：与盖屋日同看。忌天火、天贼、地贼、八风、破日。

稳船吉日：宜伏断、收、闭日。忌执、破日。

新船下水吉日：与出行日同。宜天德合、月德合、要安、月财、平、定、成日吉。

忌风波、白浪、咸池、水痕、触水龙日、大恶时、天地争雄日、天翻日、天翻地覆时、河伯、张宿。

行船装载吉日：宜甲子、丙寅、丁卯、戊辰、己巳、乙寅、戊寅、壬午、乙酉、辛卯、癸巳、甲午、乙未、庚子、辛丑、壬寅、辛亥、丙辰、戊午、己未、辛酉、满、成、开日。

忌灭没、危日。

天翻地覆日（忌造船，以下是天翻地覆日）

正月：初一、初七、十三、二十五、三十。

二月：初六、十二、十八、二十四、三十。

三月：初五、十一、十七、二十三、二十九。

四月：初二、初八、十四、二十、二十六。

五月：初三、初九、十五、二十一、二十七。

六月：初四、十六、二十三、二十八、三十。

七月：初一、初七、十三、十九、二十五。

八月：初六、十二、十八、二十四、三十。

九月：初五、十一、十七、二十三、二十九。

十月：初二、初八、十四、二十、二十六。

十一月：初三、初九、十五、二十一、二十七。

十二月：初四、初十、十六、二十二、二十八。

凶日　　　月	正	二	三	四	五	六	七	八	九	十	十一	十二
风波日太岁辰	子	丑	寅	卯	辰	巳	午	未	申	酉	戌	亥
河伯口主温澜	亥	子	丑	寅	卯	辰	巳	午	未	申	酉	戌
凶日　　　月	正	二	三	四	五	六	七	八	九	十	十一	十二
白浪	寅	卯	辰	巳	午	未	申	酉	戌	亥	子	丑
覆舟	申	酉	戌	亥	子	丑	寅	卯	辰	巳	午	未
咸池	卯	子	酉	午	卯	子	酉	午	卯	子	酉	午
天贼	辰	酉	寅	未	子	巳	戌	卯	申	丑	午	亥
荒芜	巳	酉	丑	申	子	辰	亥	卯	未	寅	午	戌
受死	戌	辰	亥	巳	子	午	丑	未	寅	申	卯	酉
招摇	辰	卯	寅	丑	子	亥	戌	酉	申	未	午	巳
破败	卯	寅	丑	子	亥	戌	酉	申	未	午	巳	辰
九空	辰	丑	戌	未	卯	子	酉	午	寅	亥	申	巳

（续表）

凶日　　　月	正	二	三	四	五	六	七	八	九	十	十一	十二
蛟龙	未	申	戌	申	戌	丑	辰	未	辰	申	子	巳
水隔	戌	申	午	辰	寅	子	戌	申	午	辰	寅	子
危日	酉	戌	亥	子	丑	寅	卯	辰	巳	午	未	申

四激：春丑，夏戌，秋辰，冬未。

八风：丁丑、己丑、甲申、甲辰、辛未、丁未、甲寅、甲戌。

正四废：春：庚申、辛酉，夏：壬子、癸亥，秋：甲寅、乙卯，冬：丙午、丁巳。

九土鬼：乙酉、癸丑、辛丑、庚戌、丁巳、壬午、壬寅、己酉、甲午。

水痕：忌大月初一、初七、十一、十七、二十三、三十。小月初三、初七、十二、二十六。忌造舟行船。

灭没日：弦、虚、晦、娄、朔、角、望、亢、虚、鬼、盈、牛。

江河离：壬申癸酉，子胥死壬辰日，河伯死庚有日，龙禁忌行船。

大恶凶时	日	子	丑	寅	卯	辰	巳	午	未	申	酉	戌	亥
	时	子	丑	寅	卯	辰	巳	午	未	申	酉	戌	亥

逐月行船吉日

正月：辛亥、壬午、甲子、丙午、庚子、壬子。

二月：乙未、辛亥、丁未、己亥、辛未、己未。

三月：甲子、丁卯、乙己、庚子、壬子、己巳。

四月：丁卯、辛卯、辛卯、辛酉、丁酉。

五月：戊辰、乙未、丙有、辛未、己未。

六月：丁卯、辛未、辛酉、甲寅。

七月：甲子、乙未、庚子、壬子、己未。

八月：丙寅、丁丑、戊寅、辛亥、乙亥、乙丑、庚寅、甲戌。

九月：甲子、庚子、辛酉、丙午。

十月：辛酉、丁酉、辛卯。

十一月：戊辰、丙辰、辛亥、乙丑、酉丑。

十二月：丙寅、丁卯、戊辰、庚寅、辛卯、癸卯、乙巳。

以上吉日不犯建破、勾绞、天贼、受死、白浪、张宿、触水龙、咸池、蛟龙、四激、招摇、殃败、九空、正四废、九土鬼、江河离、子胥死、河伯死日、灭没、龙禁、危、破、执日、龙神行日、九坎大恶时、八风日。

行船须知、准备急缓物件等

如遇顺风，使帆之时风势颠猛，便须放减帆篷，遇港汊稍泊，不得贪程，恐风势不正，天色昏暮，迤逦前行不知宿，泊多有疏失，不可不知。

如遇顺风，正使帆其间忽转打头风，便当回风寻港汊为稳，勿得当江抵捱，指望风息，恐致误事。

如缓急卒遇风暴，奔港汊不及之时，急抢上风多抛铁锚，牢系绳缆。如重载船则频频点勘水仓，怕有客水浸入随处。如小船则看风势如何别寻。

大凡行上水船忽见后面有小船远远相逐，恐是异色人，宜早奔港汊泊宿，日将落时先泊西岸港汊。俟黄昏不见人时移船，过东岸从东岸行船，行下七八里水路泊宿，可免盗贼之患。或与伴入众船中，卸帆下桅，移转船上动用作下水规矩，使夜异盗贼虽至，一时不能辨认，庶可免也。

如春夏间行船泊于港汊内，须要多用壮缆，深打椿橛，不以旦晚，恐有山水洪冲发处之患。

于秋冬间行船，当江稍泊，夜间勤起看视风色，加添绳缆，恐有贪睡不知风起，仓卒之间猎手不便。

船上合用物件，如帆幔艄柁之类，须要完备。稍有损坏，预先修理，绳缆椿橛，铁锚竹篙等物不可缺少，宁可有余，临期要用急无买处。

随船准备大斧、打钻、凿斗、大小钉、油灰、旧麻、破絮之类，仍续火把三五十个，暮夜之际难为灯烛。

在船人等，遇晚风不可尽解衣服而睡，恐有不测，要人使唤。

沿河大庙，烧香去处祭宝，不可吝悭，恐因此人心懈惰不肯尽力。

在船人或有旧疾，恐致利害，如热疾亦须备下快膈消食等药。或有禁口小风痰热之药，尤不可缺，若粮疏菜等件，俱宜悉备。

开张店肆

（谓开市、铺场、邸店等事）

宜满、成、开日,合天德、月德、天月德合、黄道、普护、福生、天马、月财、六合吉。

忌赤口、四废、破日、六不成日、十恶、大败、受死、荒芜、九头鬼、灭没、凶败日。

吉日:宜甲子、乙丑、丙寅、己巳、庚午、辛未、甲戌、乙亥、丙巳、己卯、壬午、癸未、甲申、辛卯、庚辰、乙未、己亥、庚子、癸卯、丙午、壬子、甲寅、乙卯、己未、庚申、辛酉。

大败六不成凶日:正寅、二午、三戌、四巳、五酉、六丑、七申、八子、九辰、十亥、十一卯、十二未。

十恶无禄大败日:甲己年:三月戊戌,七月癸亥,十月丙申,十一月丁亥。

乙庚年:四月壬申,八月乙巳。

丁壬年:无忌。

丙辛年:三月辛巳,九月庚辰。

戊癸年:六月己丑。

商贾兴贩日:宜乙卯、丙戌、壬寅、丁未、己酉、甲寅。宜天月二德、天月二德合。

忌六壬大小空亡。

合六壬大小空亡。

合伴吉日,宜满、成、开日。忌咸池、赤口。

凶日　　月	正	二	三	四	五	六	七	八	九	十	十一	十二
九空空亡	辰	丑	戌	未	卯	子	酉	午	寅	亥	申	巳
财离岁空	辰	丑	戌	未	寅	子	酉	卯	未	寅	午	戌
天地荒芜	巳	酉	丑	申	子	辰	亥	卯	亥	卯	申	巳
日流财	亥	申	巳	寅	卯	午	酉	子	丑	未	辰	戌

（续表）

凶日　　　月	正	二	三	四	五	六	七	八	九	十	十一	十二
魁罡勾绞	亥	午	丑	申	卯	戌	巳	子	未	寅	酉	辰
五虚	丑	丑	丑	子	子	子	未	未	未	寅	寅	寅
小耗	未	申	酉	戌	亥	子	丑	寅	卯	辰	巳	午
大耗	申	酉	戌	亥	子	丑	寅	卯	辰	巳	午	未
天贼	辰	酉	寅	未	子	巳	戌	卯	申	丑	午	亥
天穷	子	寅	午	酉	子	寅	竿	酉	子	寅	午	酉
受死	戌	辰	亥	巳	子	午	丑	未	寅	申	卯	酉

亡嬴日：甲寅、甲午、甲戌、丁卯、丁巳、庚辰、庚寅、庚子、戊辰、癸亥、癸巳、癸亥。

四方耗：初二、初三、初四、初五、初二、初三、初四、初五、初二、初三、初四、初五。

长星：初七、初四、初一、初九、十五、初十、初八、初二、初四、初三、初五、初一、十二、初九。

短星：二十一、十九、十六、二十五、二十五、二十、二十二、十八、十九、十六、十七、十四、二十二、二十五。

四耗：甲子、乙卯、戊午、辛酉。

虚败：春：己酉，夏：甲子，秋：辛卯，冬：庚午。

四忌五穷：春：甲子、乙亥，夏：丙子、丁亥，秋：庚子、辛丑，冬：壬子、癸亥。

正四废：庚申、辛酉、壬子、癸亥、甲寅、乙卯、丙午、丁巳。

伏断：子（虚）、丑（斗）、寅（室）、卯（女）、辰（箕）、巳（角）、午（房）、未（张）、申（鬼）、酉（觜）、戌（胃）、亥（壁）。

耗绝：庚辰、辛巳、丙戌、丁亥、庚戌、辛亥、丙辰、丁巳。

九土鬼：乙酉、癸巳、甲午、辛丑、壬寅、己酉、庚戌、丁巳、戊午。

九丑：戊子、戊午、壬子、壬午、己卯、己酉、辛卯、辛酉、乙酉。

灭没：弦、虚、晦、娄、朔、角、望、亢、虚、鬼、盈、牛。

逐月开张吉日

正月：乙卯、癸卯、壬午、丙午、己卯，外丁卯、丁酉、癸酉。

二月：癸酉、辛未、癸未、己亥、癸亥、辛巳，外乙巳、乙亥、乙未、丁未、丁亥、辛亥、乙未。

三月：乙未、戊子、丁卯、丙子、庚子、壬午、辛卯、癸卯，外己巳、丙申、甲申。

四月：乙丑、己卯、辛卯、庚午、丁丑、壬午、癸卯，外己丑、癸丑。

五月：辛未、己未、甲辰、戊辰、丙辰，外庚辰、壬辰、丁未。

六月：乙亥、己卯、辛卯、癸亥、丁亥、甲申、庚申，外丁卯、辛亥。

七月：戊辰、壬辰、甲辰、丙辰。

八月：乙丑、乙亥、己亥、己巳、庚申、丁丑，外己丑、癸丑、乙巳、辛巳。

九月：庚午、丙午、辛酉、壬午。

十月：甲子、丙子、庚子、壬午，外丁酉、癸酉、戊子、辛酉。

十一月：乙丑、甲戌、乙亥，外丁丑、己丑、癸丑。

十二月：甲子、癸丑、辛卯、己卯、乙卯、庚申，外丙申、甲申、戊申。

上吉不犯建破、魁罡、勾绞、天贼、受死、九空、财离、五虚、天穷、破败、虚败、大耗、小耗、四耗。

日流财、亡嬴、四忌五穷、九土鬼、正四废、阴阳错、荒芜、伏断、大小空亡。

兴贩、开张店肆、立契交易、纳财放债凶日同看。

立契交易同此局。

雕刻书籍

（附勒碑、铭打、造牌、坊刊、刻书籍等事）

宜天恩、天德、天月德合、天喜、显、传、曲星、要安、吉庆、月财、旺相日、建、成、定、满、除日，吉。

逐月雕刻吉日

打造牌坊同竖牌坊吉日,与竖造日同例。

正月:癸酉、丁酉、己酉、壬午、甲午。

二月:丁亥、己亥,外癸未、己未。

三月:甲子、丙子、壬子、己巳、甲申、丙申、乙巳。

四月:甲子、乙卯、己卯、甲午、丙午、乙卯、庚子、癸丑、庚午、己丑。

五月:戊辰、庚辰、庚寅、甲辰、甲寅、丙辰,外辛未、乙丑、甲戌、己丑、乙未、辛丑。

六月:甲申、丙申、辛未、庚申、丙寅、甲寅、乙亥、丁亥、辛亥。

七月:戊辰、丙子、壬子、丙辰、庚辰、丁卯、戊子、辛卯、癸卯。

八月:己巳、乙巳,外乙丑、戊辰、庚辰、庚戌、丁亥、己丑、辛亥、乙亥、癸丑、丙辰、辛巳。

九月:庚午、壬午、丙午、戊午、丙戌、丁亥、庚戌、辛亥。

十月:甲子、癸酉、辛未、乙未、己酉、辛酉,外庚午、庚子、壬午、甲午、壬子、戊午、戊子。

十一月:甲戌、庚戌、甲寅、戊寅、甲辰、庚辰。

十二月:乙丑、壬寅、甲寅、甲申、庚申、辛丑、甲子、丙申。

上吉日,不犯破、平、收日、天火、受死、火星、伏断、正四废、天贼、灭没、休废、天地凶败、荒芜、空亡、赤口、九空、月破、九王鬼日、地贼(吉多不忌)。

立契交易

(谓书立契券、交易等事)

上吉日宜辛未、丙子、丁丑、壬午、癸未、甲申、辛卯、乙未、壬辰、庚子、戊申、壬子、癸卯、丁未、己未、甲寅、乙卯、辛酉、执、成日。

忌空亡、破日、赤口、四废、凶败、荒芜。

凶日　　　月	正	二	三	四	五	六	七	八	九	十	十一	十二
天贼	辰	酉	寅	未	子	巳	戌	卯	申	丑	午	亥
地贼	子	子	亥	戌	酉	午	午	午	巳	辰	卯	子
荒芜	巳	酉	丑	申	子	辰	亥	卯	未	寅	午	戌
小耗	未	申	酉	戌	亥	子	丑	寅	卯	辰	巳	午
大耗	申	酉	戌	亥	子	丑	寅	卯	辰	巳	午	未
财离	辰	丑	戌	未	寅	子	酉	午	亥	卯	申	巳
勾绞	亥	午	丑	申	卯	戌	巳	子	未	寅	酉	辰
受死	戌	辰	亥	巳	子	午	丑	未	寅	申	卯	酉

长星：初七、初四、初一、初九、十五、初八、初十、初二、初五、初三、初四、初十、十二、初九。

短星：二十一、十九、二十六、二十五、二十五、二十二、十二、十八、十九、十六、十七、十四、二十二、二十五。

九土鬼：乙酉、己酉、癸巳、辛丑、庚戌、丁巳、甲午、戊午、壬寅。

耗绝：庚辰、辛巳、丙戌、丁亥、庚戌、辛亥、丙辰、丁巳。

逐月立契吉日

正月：丙子、庚子、壬子、丁丑、甲寅、辛卯、癸卯、乙卯、壬午、辛酉、丁酉。

二月：癸未、丁未、甲寅、辛卯、癸卯、乙卯、乙酉、丁酉。

三月：壬辰、丙午、壬午、庚子、丙子、壬子、癸卯、辛卯、乙卯。

四月：丙子、庚子、壬子、壬午、辛卯、癸卯、乙卯、丁丑、辛酉、丁酉。

五月：丁丑、辛未、壬午、壬辰、癸未、乙未、丁未。

六月：甲申、甲寅、丁卯、辛卯、癸卯、乙卯、乙未、癸未、辛酉。

七月：丙子、庚子、丁未、辛未、壬午、壬子、壬辰、癸未、甲申。

八月：乙亥、辛酉、癸丑、丁丑、壬辰、甲申。

九月：丙子、庚子、壬子、壬午、丙午、辛酉。

十月：庚子、丙子、壬子、壬午、癸未、辛酉、辛未、乙未。

十一月：甲子、丁丑、丁未、癸丑、癸未、甲寅、壬辰、辛未、己未。

十二月：庚子、甲子、丙子、壬子、丁卯、乙卯、辛卯、壬寅、甲寅、甲申、癸卯、丁丑。

上吉日,不犯天贼、九空、财离、天穷、破败、流财、大小空亡、亡赢、五穷、正四废、荒芜、耗绝、天上大空亡日。

(新镌历法便览象吉备要通书卷之十八终)

新镌历法便览象吉备要通书卷之十九

潭阳后学　魏　鉴　汇述

胎养宜忌

（谓临产吉凶日期等事）

宜天德、月德、生气、益后、要安、母仓、福生、活曜日吉。

忌受死、死神、死气、致死、月杀、月害、死别、游祸、建日、破、平、收日、灭没、猖鬼日，凶。

吉日　　月	正	二	三	四	五	六	七	八	九	十	十一	十二
天德	丁	申	壬	辛	亥	甲	癸	壬	丙	乙	巳	庚
月德	丙	甲	壬	庚	丙	甲	壬	庚	丙	甲	壬	庚
生气	子	丑	寅	卯	辰	巳	午	未	申	酉	戌	亥
益后	子	午	丑	未	寅	申	卯	酉	辰	戌	巳	亥
续世	丑	未	寅	申	卯	酉	辰	戌	巳	亥	午	子
要安	寅	申	卯	酉	辰	戌	巳	亥	午	子	未	丑
母仓	春亥子日　　夏寅卯日　　秋辰戌丑未日　　冬申酉日											
福生	酉	卯	戌	辰	亥	巳	子	午	丑	未	寅	申
活曜	巳	戌	未	子	酉	寅	亥	辰	丑	午	卯	申

凶日　　月	正	二	三	四	五	六	七	八	九	十	十一	十二
受死	戌	辰	亥	巳	子	午	丑	未	寅	申	卯	酉

（续表）

凶日　　　月	正	二	三	四	五	六	七	八	九	十	十一	十二
死神	巳	午	未	申	酉	戌	亥	子	丑	寅	卯	辰
死气	午	未	申	酉	戌	亥	子	丑	寅	卯	辰	巳
致死	酉	午	卯	子	酉	午	卯	子	酉	午	卯	子
月杀	丑	戌	未	辰	丑	戌	未	辰	丑	戌	未	辰
月害	巳	辰	卯	寅	丑	子	亥	戌	酉	申	未	午
死别	春戌日			夏丑日			秋辰日			冬未日		
游涡	巳	寅	亥	申	巳	寅	亥	申	巳	寅	亥	申
建日	寅	卯	辰	巳	午	未	申	酉	戌	亥	子	丑
破日	申	酉	戌	亥	子	丑	寅	卯	辰	巳	午	未
平日	巳	午	未	申	酉	戌	亥	子	丑	寅	卯	辰
收日	亥	子	丑	寅	卯	辰	巳	午	未	申	酉	戌
灭没	弦	虚	晦	娄	朔	角	望	亢	虚	鬼	盈	牛

　　猖鬼：六戌日、丁卯、庚申、庚戌、壬申、壬戌、己丑、辛丑、己亥、辛亥。
　　以上凶日凡临产切忌。

小儿关煞

百日关

　　寅申巳亥月，辰戌丑未时。
　　子午卯酉月，寅申巳亥时。
　　辰戌丑未月，子午卯酉时。
　　俗忌百日不出大门，房门不忌。夫百日关者，专以十二生肖月忌，各所内百犯之，童限月内，百日必有星辰，难养。

十日关

甲乙马头龙不住,丙丁鸡猴奔山岗。

戊己逢藏蛇在草,庚辛遇虎于林下。

壬癸丑亥时须忌,孩儿值此有烦恼。

夫十日关者,如甲乙生人午时是也,余皆仿此。犯之主有惊风、吐乳之灾,忌住难星。

阎王关

春忌牛羊水上波,夏逢辰戌见阎罗。

秋逢子午君须避,冬时生人虎兔时。

甲乙丙丁申子辰,戊己庚牛亥卯未。

辛兼壬癸寅午戌,生孩切虑不成人。

日主旺不防弱,则难养。

鬼门关

于丑寅生人,酉午未时真。

卯辰巳生人,申亥戌为刑。

午未申生人,莫犯丑寅卯。

酉戌亥生人,子巳辰难乎。

夫鬼门关者,以十二支生人,逢各所值时辰,论小儿时上并童限,逢之不可远行。

鸡飞关

甲己巳酉丑,孩儿难保守。

庚辛亥卯未,父母哭断肠。

壬癸寅午戌,生下不见日。

乙戊丙丁子,不过三朝死。

此关童命犯之难养。夜生不防限,遇亦凶,以年干生人取用。

铁蛇关

金戌化成铁,火向未申绝。

未辰枝叶枯,水上丑寅灭。

此关最凶,童命时上带,童限更值之,则难养。并忌见麻痘凶,壮命行限,值之亦有灾凶,重则倒寿,十有九验。以命纳音取用,如甲子生人戌时是。

断桥关

正寅二兔三猴走,四月耕牛懒下田。

五犬六鸡门外立,七龙戏水八蛇缠。

九马十羊十一猪,冬季老鼠闹喧喧。

此关以月建遇十二时支论,乃指南中第一关。小儿生时带着,难养。壮命行限值之,加以刻度,凶星到必倒寿,无有不验。

落井关

甲己见蛇伤,乙庚鼠内藏。

丙辛猴觅果,丁壬犬吠汪。

戊癸愁逢兔,孩儿有水殃。

此关以年干取,如甲巳生人,巳时是君流年浮沉,合之少壮命,皆有水灾之厄,切宜防慎吉。

四柱关

正七休生巳亥时,二八辰戌不堪推。

三九卯酉生儿恶,四十寅生主哭悲。

五十一月丑未死,六十二月子午啼。

此关俗云忌坐轿车,止忌生时带着,童限不忌,大抵亦无甚凶。

短命关

寅午戌龙当,巳酉丑虎乡。

申子辰蛇上,亥卯未寻羊。

此关生时上带,主惊斗夜啼难养。如日干健则无事,日主弱凶。

浴盆关

浴盆之煞最无良,春月忌龙夏忌羊。

秋季犬儿预切忌,冬月逢牛定主伤。

此生下地之时,不可用脚盆,须用铁锅、火盆之类洗之,后无忌也,只忌月内一周,之外不忌。

汤火煞

子午卯酉休逢马,寅申巳亥虎惊人。

辰戌丑未羊相触,常防汤火厄相侵。

此煞如子午卯酉生人忌午时,若小儿犯此,招汤火之灾,亦忌此限。盖人生水火乃养生之要,何能免乎?知防慎,则吉矣。

将军箭

酉戌辰时春不旺,未卯子时夏中亡。

丑寅午时秋并忌,冬季亥申巳为殃。

一箭伤人三岁死,二箭伤人六岁亡。

三箭伤人九死岁,四箭伤时十二亡。

此箭有弓则凶,何也?十二支相冲是也。

假如酉戌辰时春生带箭八字,有相冲弓箭全凶,无冲则不忌。

桃花煞

寅午戌兔从茅里出,巳酉丑马曜南方走。

申子辰鸡叫乱人伦,亥卯未鼠子当头忌。

此煞男女皆忌,乃五行沐浴也,主淫乱不节,女命最忌,亦名咸池杀。

红艳煞

多情多欲少人知,六丙逢寅辛见鸡。

癸临申上丁见未,眉开眼笑乐喜喜。

甲乙午申庚见戌,世间只作众人妻。

戊己怕辰壬怕子,禄马相逢作路妓。

任是富豪官宦女,花前月下会佳期。

假如丙生人丙遇寅时是,余仿此。

流霞煞

甲鸡乙犬丙羊加,丁见猴儿戊见蛇。

己马庚龙辛是兔,壬猪癸虎祸如麻。

假如甲生人见酉时行限是,忌羊刃同到。女主产厄,男主刀伤,又云犯此,男主他乡死,女主产后亡。

夜啼关

子午卯酉单怕羊,寅申巳亥虎羊乡。

辰戌丑未鸡常叫,连霄不睡到天光。

春人怕马夏逢鸡,秋子冬卯不暂移。

小儿若犯此关煞,定有三周半夜啼。

此关利害难治,只是两样起例不同,因并录之,云后一例有验。

白虎关

火人白虎须在子,金人白虎在卯方。

水土生人白虎午,木人白虎酉中藏。

此关时上带,主见惊风之症,又忌出痘时带,难养。童限遇之,则有血光损伤之厄。

雷公打脑关

甲牛乙马丙丁鼠,戊己原来在犬乡。

庚辛逢虎须防避,壬鸡癸猪有忧惶。

限遇此关,流年天厄卒暴,阳刃火值之,主雷火之厄,若遇天月二德可解。

天狗关

　　子人见戌丑人亥，寅人见子卯人丑。

　　辰人见寅巳人卯，申人见午酉人未，

　　戌人见申亥人酉。

　　此即天狗星是也。如子生人则从戌上起子，顺行亥卯丑寅子丑辰寅巳卯也，小儿行年童限值之，有惊怖血光之疾，命中时上带，则有狗伤之厄，切宜防之慎之。

四季关

　　春生巳丑不为祥，夏遇申辰惹祸殃。

　　秋季猪羊都不吉，冬逢虎兔两伤亡。

　　此关详考，乃四季天地荒芜日，人命逢此日，有始无终，苗而不秀，亦难养。

急脚关

　　春忌亥子不遇关，夏逢卯未在中间。

　　秋季寅戌还须忌，冬月辰戌死不难。

　　此关即入座杀，惟忌修造、动土，凶。

急脚煞

　　甲乙命人申酉是，丙丁亥子实堪悲。

　　戊己怕寅卯上逢，庚辛巳午不须疑。

　　壬癸切须防丑未，更加辰戌命遭厄。

　　此煞如甲乙年生人，遇申酉时是也，主幼小之年难养。

五鬼关

　　子人见辰，丑人见卯，寅人见寅，卯人见丑。

　　辰人见子，巳人见亥，午人见戌，未人见申。

　　申人见酉，酉人见未，戌人见午，亥人见巳。

　　此关只是死气也，四柱多见难养，童限值之，主有跌伤。

金锁关

戌上起子不通番,顺年顺月任循环。

顺日顺时依此煞,男逢辰戌便为关。

女逢丑未轮为害,遇者必须用解关。

惟犯此关,不可佩带金银钱锁之物,及纽扣、串绳索之类,有验。

直难关

小儿最怕逢直难,羊刃劫杀不须轮。

甲壬戊旬逆申起,庚丙旬人数起寅。

数至本年方是杀,三九六十二为真。

小儿若是逢斯难,父母徒然生此身。

此关主多啾唧星,却不为害。琴堂所说更灵,而此复载随人用。

以上小儿关煞重者,极难抚养。今世俗不知,故自幼结亲,费用财礼,男女夭折,无得完娶,岂不恤哉!今录附此,合婚者不可不知,切宜避之。

胎产杂忌

(谓安产室床帐避忌等事)

年凶方	子	丑	寅	卯	辰	巳	午	未	申	酉	戌	亥
禄存	兑	乾	中	巽	震	坤	坎	震	坤	巽	中	乾
文曲	艮	兑	乾	中	巽	震	坤	震	巽	中	乾	兑
血道	壬丙	丁	癸	甲庚	乙	辛	壬丙	丁	癸	甲庚	乙	辛

月凶方	正	二	三	四	五	六	七	八	九	十	十一	十二
六甲	床	户	门	灶	身	床	碓	厕	门	房	炉	床
胎神	房	窗	堂	灶	床	仓	磨	户	房	床	灶	床
四季伤胎杀	子	午		丑	未		辰	戌		巳	亥	

（续表）

月凶方	正	二	三	四	五	六	七	八	九	十	十一	十二
凶日	甲	己		乙	庚	丙	辛	丁	壬		戊	癸
六甲胎神占		门	碓	磨		厨	灶	仓	库		房	床
凶日	子	午	丑	未	寅	申	卯	酉	辰	戌	巳	亥
六甲胎神占			碓	厕		炉	大	门	鸡	栖	床	

胎神月日所值处，切忌修整，犯损身孕。《年月备要》所载李从之云：昔有人戊日于房中钉换门斗，当夜果损身孕。慨素云：邻有王洪，癸日修房，其夜损孕妇，亡。又邻有王允，丑日修厕，当日损孕妇，亡。凡有孕者，仔细推究，不可轻用。

藏胎衣法：宜于一百二十步之外埋藏，并不问方道吉凶，又宜生气方，如产女孩用覆埋之，以黑炭夹于阴中，主生男子也。忌九良星方犯之，主九年无子，今后试有验。

如正月起子，二月起丑，三月起寅，余仿此。十二良辰杀，亦宜避之。

月凶方	正	二	三	四	五	六	七	八	九	十	十一	十二
咸池（肚胀下痢）	卯	子	酉	午	卯	子	酉	午	卯	子	酉	午
丰龙（乍寒乍热）	辰	未	戌	丑	辰	未	戌	丑	辰	未	戌	丑
雷公（烦闷肚胀）	寅	亥	申	巳	寅	亥	申	巳	寅	亥	申	巳
招摇（惊恐空嘴）	辰	卯	寅	丑	子	亥	戌	酉	申	未	午	巳
白虎（惊叫）	戌	亥	子	丑	寅	卯	辰	巳	午	未	申	酉
天狗（日禁面变）	辰	巳	午	未	申	酉	戌	亥	子	丑	寅	卯

上凶方修作犯之，主小儿不宁，五岁以下者皆曰小儿。

总论

太公胎教方：母常居静室，多听美言，讲论诗书，陈说礼乐，不听恶言，不视恶色，不食邪味。令生子女，福寿敦厚，忠孝两全。

演仙翁云：成胎后，父母禁欲为先，不然临产行淫欲，其子头戴白生疮，主刑伤病天之端也。小儿生下即死，用法可救活，即看儿口中腭上有泡。以手指摘破，用绵帛拭净血，若入喉即不可治，泡曰悬痈。小儿初生气欲绝者，不能啼，名曰：闷胎，即以旧衣包裹抱怀中，不可断脐带。即将纸燃蘸油，点火放脐带上往来燎之。须臾，气回啼哭如常，洗毕后，断脐带。凡生下洗毕后，断脐带最佳，不惹脐风，不特闷胎者，断脐止留三寸许，则尿不湿，亦无脐风，为妇者不可不知。或有伤者，托回令儿面向母背即下。小儿夜啼，多因胎热，宜用蝉蜕三十七个，去大足为末，入朱砂一钱，蜜调为丸，使吮之。

生子所向方：子午卯酉日向西南，辰戌丑未向东南，寅申巳亥向西北。

安洗产母床帐：历云：于月空方大吉。又云：阳月二德方，阴月二空方，吉。

临产须知
（调理产母、预备等事）

一临月不可洗头，以免横生逆产。一诸般不得喧闹房中，常要紧闭。

一闲杂妇人，丧妇秽浊人等，预宜先杜绝，勿令触犯胎气，到产不和。

一宜择年高历练稳婆及纯谨亲密从旁扶持。

一预备催生好药，譬之停水，灭火积无配偶尔不虞，可救一时之急。凡胎前产后数般危证有象家，须当预备，幸而无事，不用何妨。

一月数满，忌惊动太早，腹疼以为口及其不产，敢信师巫妄诞之人，称说鬼神多方恐怖，恐则风怯气怯，则上焦闭下焦争，气乃不行产必不利犯此，宜服紫苏饮治临产惊恐，气结连日不下，一治怀胎肚腹胀满疼痛，谓之子悬。

紫苏饮：紫苏叶茎一两，大腹皮、人参、川弓、陈皮、白芍药各半两。

当归七钱五分，甘草二钱五分，上方作三服，每服用清水一盏半。

生姜四片，葱白七寸，煎至八分，空心服下，大误不可信。

临月腹痛或作或止，一日、二日、三日胎水已来，而痛不甚者，名曰弄胎，非当产也。又有一月前，忽然腹痛欲产，却又无事者，名曰试月，非当产也。不问胎水来不妨，只要宽心候时。若是产时腰腹痛极不已，谷道挺进，眼中火生便产,岂有欲产,有或痛或不痛之候耶! 人多于此,胡见乱做,枉了性命,此说却是。

一初觉腹疼,且令抚行熟忍。如行不得,或凭物坐,或安卧,或服安胎药一二,服得安且止,慎勿妄服催生药饵,一切张惶,致令产母忧恐而挫其志。务要产母宽心存养,令生婆先解论之。如觉心中烦闷,可取白蜜一匙,新汲水调下,切勿妄乱用力,先困其母。一用力太早,儿身方转,被用力相逼,以致错路,多致横逆,须待临产门,用力一逼,儿即生下。

一产时未急,不可妄服催生药。直待浆衣既破,腰重痛极,眼中火生,此时,胎已离经,儿逼产门,方进催生药。服药后,更勉强扶行,痛阵乱转甚,用佛手散加托药,服之立下。

一产母如觉饥饿,可进软粥,勿令饥饿,以致产时乏力。若渴饮水,宜与米饮或炒米汤。

一产母忽痛,不肯舒伸行动,曲腰睡眠。胎元转动,寻到生门,被遮闭又转,又寻以致再三胎已无力,决主难产。

一产儿如登厕,自有其时,不可听信轻躁。稳婆不候时生,便言试水并胞衣,先破风入产门,以致肿胀,乾止难产。

束胎方

束胎散:胎前宜多服安胎易产。白术、白芍药、当归身尾各一钱,人参、陈皮、紫苏叶各七分,大腹皮、炙甘草各三分,上方作一服加生姜三片,水一盏煎服,七八个月内服十,数服甚得力。夏月加条芩一钱,人瘦加川芎一钱。束胎丸:八个月宜用。条黄芩酒炒。夏用一两,春秋用七钱五分,冬用五钱,加陈皮一两,白茯芩七钱五分。上为末粥、为丸如梧子大,每服六七十丸,食前服之。

积谷散:八九个月后,胎气雍隘,常服积谷散,滑胎益血,安和五脏,易产。宜用商州积谷五两,麸皮炒赤,炙粉草一两五分,香附子一两,便炒为末,每服二钱,空心白汤点。服食前,临卧日三服,令儿易产。初生胎气微黑,百日后转白,此为百方之冠。若妊妇稍弱者,加当归身一两。

忌勿乱服汤药,勿过饮酒,临产尤忌。勿妄针灸,勿向非常地,勿举重登高涉险。心有大惊,子必癫疾。勿多睡卧,须时时行步。体虚肾气不足,子必解颅,宜须温补。脾胃不和,荣卫虚怯,子答羸瘦,宜预调理产室,贵乎无风。又不可太暖,则汗出腠理开张,易中风。

产妇着衣卧首起日:甲乙日产着宜黑衣,忌白衣,卧忌西首,起日忌庚辛。丙丁日产,宜着青衣,忌黑衣,卧忌北首,起日忌壬癸。戊己日产,宜着赤衣,忌青衣,卧忌东首,起日忌甲乙。庚辛日产,宜着黄衣,忌赤衣,卧忌南首,起日忌丙丁。壬癸日产,宜着白衣,忌黄衣,卧忌□首,起日忌戊己。

体玄子息地法:写贴产妇床后吉,东借十步,南借十步,西借十步,北借十步,上借十步,下借十步,壁方之中,四十余步安产。借地恐有污秽,或有四海神,正月游将军白虎,夫人远去,十丈轩辕,招摇举高十丈。天符地轴,入地十丈,令此空闲,产妇禁氏安居,无所妨碍,无所畏忌。诸神拥护,百邪速退。急急如律令,敕。

催生神效方

凡催生滑胎等药,势不得已则服之。大法滑以疏通涩滞,苦以驱逐闭塞。气滞者行,气胞浆先破者固血。丹溪云:催生只用佛手散最稳当,效捷。

佛手散:治难产及妊妇,子死或未死,胎动不安,连进数服。若胎已死,服之便下。如未死,其胎即安。此经累效,万不一失。凡产前产后腹疼、头疼、体热、眩晕及才产未进别物,即先服此药,逐败血而生新血,能除诸疾。

川芎、当归各一两,右哎咀水煎服一方为粗末,每服四钱,水七分,酒三分同煎至七分热服,未胎前先安排此药,煎热产毕,即服之。三日内二服,三日外一服。凡胎气不安及产后诸疾,俱加酒煎。产后血冲心及腹胀气绝者神验。

一难产倒横,子死腹中,先用黑大豆一合炒熟,水一盏入童子便一盏,煎药四钱,同煎至一盏,分为二服,未效再作。

一产后腹疼不可忍,加桂心二钱,入童子便合煎,服之立效。

一凡伤胎去血,产后去血,崩中去血,金疮去血,拔牙去血,一切去血,过多不止,眩晕绝闷,举头欲倒,悉能治之。

其佛手散,乃胎产之圣药也,前贤配合此方,妙在滋血生血,血旺血足,自然胎产快从矣。监案医有年,屡将生产一事。譬之溪河行舟,沛然下雨则水盈。益汪洋何待梢子之着力,船自快行无碍也。如欲产时,腰疼痛极,谷道挺拼,眼中火生,急将此方加入好厚桂一钱或五分服之。或磨起碗亦妙服之立产,效验通神,百发百中,真仙方也,当珍重之。

催生如圣散:黄蜀葵子三钱,研烂以酒滤去渣,温服神妙。或漏血胎干难痛极者,并进三服,良久腹中气宽,胎滑即产,须候欲产时,方可服。

歌曰:黄葵子炒七十粒,细研酒调济君急。

若遇临危难产时,免得全家俱哭泣。

又方:以香油、白蜜、童便和匀各半盏,调益母草末三钱。

催生丹:治生理不顺,产育艰难,或横或逆,大有神效。

十二月兔脑髓去皮膜,研如泥,母丁香取末一钱,乳香另研一钱通明者,麝香另研五分。

上三味研匀,以兔脑和丸鸡头实大阴干油纸裹,每服一丸,温汤下产时,儿握药出柞木饮子。治难产、横生、倒生及死胎烂胀腹中,此方神效,屡用皆验。

宜用大柞木嫩枝头,如指大者,长一大尺,剁碎洗净生用,甘草大者五寸剁碎。上药研末,加新汲水三碗同入新磁瓶内,以纸三重封紧,用文武火煎至一碗半令香。候产妇腰重痛,欲坐草时,温饮一小盏。腰未重痛勿服。服后更觉心开豁,如渴再饮一小盏,觉下重即生。更无诸苦,横生倒逆,不过三服即止。子死腹中,不遇三服即下。最为神验。

有一妇横产,手出肿胀,俱欲截其手。此药浓煎一碗与服少顷,待醒少进粥,再与一碗。因睡少时,忽云:我骨节俱拆开了,快扶我起,血水俱下,拔出死胎,全不费力,可谓更生,以此救人,百发百中,真神剂也。且仓卒易办,毋忽毋怠。

乳珠丹:治难产及胞衣不下,用通明乳香研细,以猪心血为丸梧子大,朱砂为衣,晒干,每服一粒催生,冷酒比下,良久未下,再服。又方:用莲叶心蒂七个,水二盏,煎至一盏,温化服下,其验如神。合药须五月五日午时,或七月七日,或三月三日亦可。又方:通明乳香,如皂角子大,为末,腰痛时用新汲水一小盏,入醋少许,同煎,用产母两手捉两石燕,坐婆要调药饮下,水须臾坐草便生,无痛楚,神良。

男冠女笄

（谓冠带、中服等事）

宜天德、月德、天恩、月恩、生气、益后、续世、孟仲、月定、成日,惟八月定日不用。忌蚩尤、火星日。

吉日:宜甲子、丙寅、丁卯、戊辰、辛未、丙子、戊寅、壬申、丙戌、壬午、辛卯、壬辰、丙巳、癸卯、甲辰、乙巳、丙午、丁未、甲寅、乙卯、辛酉、壬戌。

蚩尤凶日:正、七月寅,二、八月辰,三、九月午,四、十月申,五、十一月戌,六、十二月子。犯之主发滞绞结,火星主发燥干。见逐月日辰下。忌丑日。

逐月冠笄吉日

正月:甲子、丙子、壬午、辛卯、丙午、壬子、丁卯、己卯、庚午、丁酉、癸卯。

二月:丙寅、戊寅、甲寅、癸巳、乙巳、丁巳、辛未、壬申、丙申、癸未、己未、庚申、辛亥、己亥、壬寅。

三月:甲子、丙子、丁卯、庚午、壬子、己卯、丁酉、癸酉、乙卯、癸巳、乙巳。

四月:甲子、丙子、丁卯、辛卯、戊辰、甲辰、壬午、丙午、辛酉、丙戌、己卯、乙卯、庚午、丙辰。

五月:丙寅、戊寅、甲寅、戊辰、壬辰、甲辰、辛未、庚寅、庚辰、丙辰、辛巳、癸未、丙申、戊申、辛亥。

六月:丙寅、戊寅、甲寅、丁卯、辛卯、癸卯、丙申、辛酉、己卯、乙卯、乙亥、辛亥、甲申、庚申、丁酉。

七月:甲子、丙子、丁卯、癸卯、壬午、丙午、辛未、戊子、庚子、壬子、丁未、庚午。

八月:丙寅、戊寅、己巳、乙巳、丁巳、丙戌、庚戌、庚寅、辛巳、甲戌、癸巳、丁亥、乙亥。

九月:甲子、丙子、丁卯、辛卯、辛酉、丙戌、庚子、壬子、己卯、辛亥、乙亥。

十月：甲子、丁卯、辛卯、壬午、甲午、辛未、辛酉、丙戌、壬戌、庚子、壬子、庚午。

十一月：戊寅、甲寅、戊辰、壬辰、甲辰、癸巳、乙巳、壬辰、庚寅、庚辰、壬申、戊申、庚申。

十二月：丙寅、戊寅、甲寅、壬寅、癸巳、乙巳、甲午、丙申、庚寅、壬午、甲申、庚申。

上吉日，不犯魁罡、勾绞、月厌、受死、荒芜、阴阳错、正四废、九土鬼、火星、天瘟、天贼、灭没、蚩尤、丑日、破日，惟九土鬼不与建、破、平、收日同，则不忌。以上逐月日，仿此。

男女合婚
（谓推合男女八字吉凶等事）

三元合婚之图

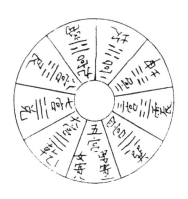

旧本云：三元男女各本宫起甲子，数至本命宫分却以男女两宫之数合卦。假如一命在一宫，一命在四宫，即合成生气。其余仿此例推之。五宫，男寄二，女寄八，阴艮阳坤，男女相分。

上元男七宫起甲子，中元男一宫起甲子，下元男四宫起甲子，俱顺行。

上元女五宫起甲子，中元女二宫起甲子，下元女八宫超甲子，俱逆行。

大凡合婚之弊，人自知而不醒。盖生下男女，必推命，推者必云命带某杀。当有即改者,有临合婚改者,则本命之好歹,反不得其真矣。

男女合婚定局

男女生命定局

	上 元 男 女	中 元 男 女	下 元 男 女
甲子 癸酉 壬午 辛卯 庚子 己酉 戊午	男七女五	男一女二	男四女八
乙丑 甲戌 癸未 壬辰 辛丑 庚戌 己未	男六女六	男九女三	男三女九
丙寅 乙亥 甲申 癸巳 壬寅 辛亥 庚申	男五女七	男八女四	男二女一
丁卯 丙子 乙酉 甲午 癸卯 壬子 辛酉	男四女八	男七女五	男一女二
戊辰 丁丑 丙戌 乙未 甲辰 癸丑 壬戌	男三女九	男六女六	男九女三
己巳 戊寅 丁亥 丙申 乙巳 甲寅 癸亥	男二女一	男五女七	男八女四
庚午 己卯 戊子 丁酉 丙午 乙卯	男一女二	男四女八	男七女五
辛未 庚辰 己丑 戊戌 丁未 丙辰	男九女三	男三女九	男六女六
壬申 辛巳 庚寅 己亥 戊申 丁巳	男八女四	男二女一	男五女七

五鬼		福德		天医		生气	
六四	一七	六八	一三	六三	一八	六七	一四
七一	二三	七二	二七	七九	二四	七六	二八
八九	三二	八六	三一	八一	三六	八二	三九
九八	四六	九四	四九	九七	四二	九三	四一

绝命		绝体		归魂		游魂	
六九	一三	六二	一九	六六	一二	六一	一六
七三	二一	七八	二六	七七	二三	七四	二九
八四	三七	八七	三四	八八	三三	八三	三八
九六	四八	九一	四三	九九	四四	九二	四七

吕才云:合得生气、天医、福德为上吉,子孙昌盛,不避刑冲害绝及诸凶,并无忌也。如遇游魂、归魂、绝体者,称之中等,可较量轻重,言之合取命卦通和,月中少忌,然后可以成婚。然理无十全,但中平之上者亦吉者。若遇五鬼之婚,于是女多主搅忧口舌相连,若遇绝命,祸必深重,于是男女多有忧亡,使命卦和悦。

十二生命	亥子丑	寅卯辰	巳午未	申酉戌
孤辰	正月	四月	七月	十月
寡宿	九月	十二月	三月	六月

上男忌孤辰,不宜男女。女忌寡宿,主嫁别乡,生气不惧。

男女生命	寅申	卯酉	辰戌	巳亥	子午	丑未
	四月	五月	六月	七月	二月	三月
胞胎相冲	十月	十一月	十二月	正月	八月	九月

　　上名曰:穿胎杀,此之多产厄,若遇生气、天医、福德不忌。假如寅、申年生男不娶四月、十月女,卯、酉生女不嫁五月、十一月,男余皆仿此推之。

十二月生命		子	丑	寅	卯	辰	巳	午	未	申	酉	戌	亥
骨髓破	男破女家	二	三	十	五	十二	正	八	十	四	十一	六	七
	女破男家	六	四	三	正	六	四	三	正	六	四	三	正
铁扫帚	男扫女家	正	六	四	二	正	六	四	二	正	六	四	二
	女扫男家	十二	九	七	八	十二	九	七	八	十二	九	七	八
六　　害		六	五	四	三	二	正	十二	十一	十	九	八	七

四败下生	大败	狼籍	飞天狼藉	八败
子辰巳生命	四月	五月	二三月	六月
丑申酉生命	七月	八月	正七月	九月
寅卯午生命	十月	十一月	五六月	十二月
禾戌亥生命	正月	二月	十一月	三月

　　上杀男女生月犯之,虽见成婚,每多啾唧。

男女生命	孤	虚	男女生命	孤	虚
甲子旬中	九十月	三四月	甲戌旬中	七八月	正二月
甲申旬中	五六月	十一十二月	甲午旬中	三四月	九十月
甲辰旬中	正二月	七八月	甲寅旬中	十一十二月	五六月

　　吕才云:男女孤虚,浪荡难居,男当伤女,女必防夫,纵然匹偶,后觅离书。

男命	金	木	水	火	土
益财	七至十二月 益女家十七年	七至十二月 益女家五十年	正至六月生 益女家四十年	四至九月生 益女家二十年	五至十月生 益女家三十年
退财	正至六月生 主退女家九年	正至六月生 主退女家九年	七至十二月 退女家五十年	十至三月生 退女家十九年	十一至四月 退女家廿九年
望门守鳏	七月	四月	十月	正月	四月
妻多厄	五六月	二三月	八九月	十一十二月	二三月
死墓防妻	五六七月	二三四月	八九十月	十一十二月	二三四月

女命	金	木	水	火	土
益财	十二至五月 益夫家廿九年	三至八月生 益夫家十九年	七至十二月 益夫家三十九年	六至十一月 益夫家三十九年	十至三月生 益夫家五十年
退财	六至十一月 退夫家十九年	九至十二月生 退夫家廿五年	正至六月生 退夫家十九年	十二至五月 退夫家三十九年	四至九月生 退夫家三十五年
望门守寡	十月	正月	四月	四月	七月
夫多厄	八九月	十一二月	二三月	二三月	五六月
死墓防夫	五六七月	二三四月	八九十月	十一十二月	二三四月

阴错阳差

歌曰:阴错阳差是如何,辛卯壬辰癸巳多。

丙午丁未戊申位,辛酉壬戌癸亥过。

丙子丁丑戊寅日,十二宫中仔细歌。

女子逢之公姑寡,男子逢之退外家,与妻家是非少合,其杀不论男女月日时,或两重、或三重,犯之极重,只日家犯之尤重。纵有妻财,亦成虚花,向后与妻家如仇绝也。

曲脚杀

己巳、乙巳、丁日是命日,犯之主克头妻,为曲脚杀。

平头杀

如甲子年、乙亥月、丙寅日、丁酉时,甲、乙、丙、丁一路无间,犯之主男克妻,女克夫。

总论

论检婚书法:先将男女生命要合,生月或值狼籍、八败、骨髓破、铁扫帚、退财等杀。但男女合婚,大抵无全美,要两家神杀相抵,则无妨。今人将真命隐藏,反成自害。

论男女生月看节气:假如十二月廿八日生,先一日交春,以后并作次年正月看吉凶。

论男女值命:退财之年,则男退妻家,女退夫家。每见人犯之,惟有九年、十八年、十九年,此毒余退年数多者,则亦不防。

论子息多寡:诗云:长生四子中旬半,沐浴一双保吉昌。冠带临官三子位,旺中五子自成行。病中一子衰中二,死中至老没儿郎。除非养取他人子,入墓之时难保双。受气为绝一个子,胎中头女有姑娘。养中三子只留二,男女宫中仔细详。

男女宫者,坐命宫逆行第五位也。命书云:以克我者起长生。如火命入亥宫,坐命男女宫在未,以水长生在申,则火命人未宫是,养中三子只留二也。

论骨髓破煞:犯之男退女家,女退男家。诗云:蛇鼠牛猴兔,犬猪马羊虎,鸡龙十二位,此是破家子。参详其煞与逐月魁罡同。别本作犬马猪羊虎者二,今用改正。

论死墓绝:若男命犯之,妨三妻,女命犯之,妨三夫。假如甲子生人纳音属金,金能克木,死于午墓于未绝于申。若甲子生人五、六、七月,则能克妻。要得丙寅生女,纳音属火,火能克金,则两家神煞自相抵敌,又无妨也,其余仿此。

论女命犯孤辰、寡宿者:纵亲生儿女,多不和顺矣。

男女结婚
（谓结婚、会亲、送礼、纳采等事）

宜天月德、天月德合、六合吉期，除日同，阳德、时德，开日同，三合、五合、玉堂、续世、六仪、天宝、天对、天岳、天府、天玉、执储、月恩、执、危、成、开日。

忌五离、上朔、小时、四耗、月害、月刑、八龙、七鸟、九虎、六蛇、大时建、破、收、满、闭日及红嘴朱雀。

吉日：宜丙寅、丁卯、丙子、戊寅、己卯、丙戌、戊子、庚寅、壬寅、癸卯、乙巳。

纳采问名：宜乙丑、辛未、庚辰、己丑、乙未、戊戌、辛丑、甲辰、丁未、庚戌、危、成日。

吉日　　　月	正	二	三	四	五	六	七	八	九	十	十一	十二
天德	丁	申	壬	辛	亥	甲	癸	寅	卯	乙	己	庚
月德	丙	甲	壬	庚	丙	甲	壬	庚	甲	丙	壬	庚
天德合	壬	己	丁	卯	寅	己	戊	亥	辛	庚	申	乙
月德合	辛	己	丁	乙	辛	己	丁	乙	辛	己	丁	乙
月恩	丙	丁	庚	巳	戊	辛	壬	癸	庚	乙	甲	辛
六合	亥	戌	酉	申	未	午	巳	辰	卯	寅	丑	子
阳德	戌	子	寅	辰	午	申	戌	子	寅	辰	午	申
六仪	辰	卯	寅	丑	子	亥	戌	酉	甲	未	午	巳
续世	丑	未	寅	申	卯	酉	辰	戌	巳	亥	午	未
天宝金阳	辰	午	申	戌	子	寅	辰	午	申	戌	子	寅
天对天德	巳	未	酉	亥	丑	卯	巳	未	酉	亥	丑	卯
天玉天堂	未	酉	亥	丑	卯	巳	未	酉	亥	丑	卯	巳

（续表）

吉日　　　月	正	二	三	四	五	六	七	八	九	十	十一	十二
天府司命	戌	子	寅	辰	午	申	戌	子	寅	辰	午	申
执储月堂	丑	卯	巳	未	酉	亥	丑	卯	巳	未	酉	亥
五合日	注云　甲寅乙卯日月合　戊寅己卯人民合											

凶日　　　月	正	二	三	四	五	六	七	八	九	十	十一	十二
月害	巳	辰	卯	寅	丑	子	亥	酉	申	戌	未	午
月刑	巳	子	辰	申	午	丑	寅	酉	未	亥	卯	戌
劫杀	亥	申	巳	寅	亥	申	巳	寅	亥	申	巳	寅
大时	卯	子	酉	午	卯	子	酉	午	卯	子	酉	午

四耗:春壬子,夏乙卯,秋戊午,冬辛酉。

八龙:春正、二、三月,甲子、乙亥日。七鸟:夏四、五、六月,丙子、丁亥日。

九虎:秋七、八、九月,庚子、辛亥日。六蛇:冬十、十一、十二月,壬子、癸亥日。

五离日:注云:戊申、己酉人民离,忌结婚。丙申、丁酉日月离,忌会客。

逐月求婚吉日

正月:丙子、戊子、壬子、庚寅、辛卯、丁丑、癸卯、甲午、丙午、壬午、辛未、丁未。

二月:丙寅、丁卯、己巳、乙巳、庚寅、甲寅、己卯、辛卯、癸卯、丙戌、甲戌、壬戌。

三月:丁卯、丙子、戊子、庚子、壬子、癸卯、癸酉。

四月:戊子、庚子、乙丑、丁丑、庚午、丁卯、辛卯、癸丑、乙卯。

五月:丙寅、戊寅、庚寅、甲寅、壬辰、辛未、己未、甲辰、戊辰、丙辰。

六月:乙卯、戊寅、丙寅、庚寅、甲寅、丁卯、己卯、辛卯、癸卯。

七月:丙子、戊子、壬辰、壬午、丙午、甲子、庚午、癸未、丁未、壬子、戊辰、丙辰。

八月：乙丑、癸丑、丁丑、丙寅、庚寅、壬辰、乙巳、乙亥、丙辰。

九月：丙子、丁卯、己卯、辛卯、癸卯、庚午、丙午、壬午、辛酉。

十月：丙子、庚午、壬午、辛未、癸未、乙未、丁未、己未。

十一月：丙寅、庚寅、戊寅、甲寅、己巳。

十二月：乙丑、丙寅、戊寅、庚寅、甲寅、乙卯、己卯、辛卯。

上吉日，不犯魁罡、勾绞、月破、受死、九空、九丑、九土鬼、人隔、阴阳错日。

逐月下定结婚吉日

正月：辛未、丙子、戊子、乙未、丁未、癸未、庚子。

二月：辛未、丙戌、己丑、乙未、丁未、甲戌、丁丑、癸未、丁亥、己亥、辛亥、己未。

三月：丙寅、丙子、戊寅、庚寅、戊子、庚子。

四月：乙丑、丁卯、己卯、丙戌、戊戌、癸卯、癸丑、甲子、甲戌、丁丑、己丑、辛卯、庚子、壬子。

五月：丙寅、辛未、戊寅、庚辰、丙戌、庚寅、甲辰、丙辰、戊寅、壬寅、甲寅。

六月：丙寅、丁卯、己卯、庚寅、癸卯、乙亥、己亥、辛亥、甲寅。

七月：丁卯、丙子、己卯、戊子、庚辰、甲辰、丙辰、壬午、辛卯、壬辰、己卯、癸卯。

八月：庚辰、癸丑、丙辰、戊辰、丁未。

九月：己巳、庚午、壬午。

十月：丁卯、辛未、乙未、丁未、庚午、壬午、癸未、己未。

十一月：乙丑、癸丑、戊辰、壬申、丁丑、甲申、壬辰。

十二月：己巳、辛巳。

上吉不犯月刑、月害、劫杀、大时及破、平、收日、四耗、六蛇、七马、八龙、九虎、戊申、己酉凶日。

洗头沐浴

（谓去垢、梳瀹、洗澡等事）

宜甲子、丁卯、辛未、壬申、癸酉、乙亥、丙子、丁丑、戊子、辛卯、丁酉、己酉、癸丑、丁巳、庚午、癸亥。三、四、八、九、十一、十二、十三、十四、十五、廿二、廿三、廿六、更合申、酉、亥、子日吉。

忌立秋、三伏、二社、四杀之神，宜避之。

三日富贵，四日悦色，八日长命，九日宜婚，十日如饭，十一日眼明，十三日宜男，十四日招财，十五日大吉，廿二日酒食，廿三日大吉，廿六日大吉，廿七日日余，余日并凶。以上太平剃头吉日。

洗头吉日：宜甲子、丙子、丁丑、己卯、庚辰、辛巳、丁亥、辛卯、壬辰日，吉。忌癸未、建、破、平、收日，凶。

小儿复洗：择吉日，更宜天气晴暖，清明之日，无风处洗，无痫症之患。

小儿剃头

（谓蓄发、修理髭鬓、女子开眉面、穿耳、断乳、缠足、释氏披剃）

宜天月德、黄道、益后、续世、四季午日。

忌每月十五日、丙、丁、建、破、望日，剃头生疮。

无风处洗剃，先用手探水温暖，得宜洗之则儿不惊，择日者教之。

释氏披剃日：宜天月二德、天德合、月德合、天恩、黄道、福生、益后、续世、上吉、次吉、除、满、定、执、成、开日，又宜合黄道日吉昌。

送礼纳吉

（谓送仪物、请期纳采等事）

宜天德、月德、天月德合、天喜、要安、续世、益后、上吉日。

忌勾绞、正四废、月忌、赤口、大小空亡、受死、凶败、天贼、荒芜、灭没、伏断、破败、收日。

吉日:宜天福日、己卯、庚寅、辛卯、壬辰、癸巳、己亥、庚子、辛丑、乙巳、丁巳、庚申。

男女嫁娶
（谓出嫁、迎婚等事）

吉日:宜不将、天月德合、三合、六合、母仓、黄道、上吉、次吉、月恩、益后、续世、戊寅、己卯、人民合日,有此多吉,长无不将以为全吉,亦可用,不必拘也。

忌月厌、厌对、归忌、天贼、月破、四离、四绝、亥日、大杀白虎、雷霆白虎入中宫日。

男生命	子	丑	寅	卯	辰	巳	午	未	申	酉	戌	亥
男忌娶年	未	申	酉	戌	亥	子	丑	寅	卯	辰	巳	午
女生命	子	丑	寅	卯	辰	巳	午	未	申	酉	戌	亥
女忌嫁年	卯	寅	丑	子	亥	戌	酉	申	未	午	巳	辰

男命犯主疾少乐;女命犯主产厄、多忧疾患。

女命属	子	午	丑	未	寅	申	卯	酉	辰	戌	巳	亥
大利月	六	十二	五	十二	二	八	正	七	四	十	三	九
妨媒氏首子	正	七	四	十	三	九	六	十二	五	十一	二	八
妨翁姑	二	八	三	九	四	十	五	十一	六	十二	正	七
妨女父母	三	九	二	八	五	十一	四	十	正	七	六	十二
妨夫主	四	十	正	七	六	十二	三	九	二	八	五	十一
妨女本身	五	十一	六	十二	正	七	二	八	三	九	四	十

上女命得行嫁大利月,无诸禁忌则吉,若用有犯亲属之月,各防其咎,最

为有验。

凶日　　　月	正	二	三	四	五	六	七	八	九	十	十一	十二
归忌	丑	寅	子	丑	寅	子	丑	寅	子	丑	寅	子
月厌	戌	酉	申	未	午	巳	辰	卯	寅	丑	子	亥
厌对	辰	卯	寅	丑	子	亥	戌	酉	申	未	午	巳
天贼	辰	酉	寅	未	子	巳	戌	卯	申	丑	午	亥
月破	申	酉	戌	亥	子	丑	寅	卯	辰	巳	午	亥
受死	戌	辰	亥	巳	子	午	丑	未	寅	申	卯	酉
往亡	寅	巳	申	亥	卯	午	卯	酉	子	未	戌	丑
天寡嫁女忌 地寡忌嫁女	春卯酉　　夏午卯　　秋酉卯　　冬戌午											
红砂杀娶妇忌	巳	酉	丑	巳	酉	丑	巳	酉	丑	巳	酉	丑
披麻杀嫁女忌	子	酉	午	卯	子	酉	午	卯	子	酉	午	卯
天罡勾绞娶妇忌	巳	子	未	寅	酉	辰	亥	午	丑	申	卯	戌
河魁勾绞忌娶	亥	午	丑	申	卯	戌	巳	子	未	寅	酉	辰
吟呻嫁娶三历忌	酉	巳	丑	酉	巳	丑	酉	巳	丑	酉	巳	丑
天雄娶妇忌	戌	亥	子	丑	寅	卯	辰	巳	午	未	申	酉
地雄嫁女忌	辰	巳	午	未	申	酉	戌	亥	子	丑	寅	卯
无翅婚姻忌	亥	戌	酉	申	未	午	巳	辰	卯	寅	丑	子
阴错娶妇忌	庚戌	辛酉	庚申	丁未	丙午	丁巳	甲辰	乙卯	甲寅	癸丑	壬子	癸亥
阳错娶妇忌	甲寅	乙卯	甲辰	丁巳	丙午	丁未	庚申	辛酉	庚戌	癸亥	壬子	癸丑
荒芜	巳	酉	丑	申	子	辰	亥	卯	未	寅	午	戌

　　婚娶忌宿:心□兼参鬼,亢氐及昴牛,婚姻不犯此,夫妇乐无忧。

　　天狗日:主无嗣,立春、春分、立夏、夏至、立秋、秋分、立冬、冬至。

　　忌人隔:正酉、二未、三巳、四卯、五丑、六亥、七酉、八未、九巳、十卯、十一丑、十二亥。

　　伏断日:子(虚)、丑(斗)、寅(室)、卯(女)、辰(其)、巳(房)、午(角)、未(张)、申(鬼)、酉(觜)、戌(胃)、亥(壁)。

　　若遇伏断,辰克干日,极凶。如庚午、丙子、戊寅、己卯日,是也。

红嘴朱雀损宅长：壬申、辛巳、庚寅、己卯、戊申、丁巳。

离窠日：丁卯、戊辰、己巳、戊寅、辛巳、戊子、己丑、壬申、戊戌、己亥、辛丑、戊午、壬戌、癸亥、戊申、辛亥。

上朔日：甲己年：丁亥、癸巳。乙庚年：己卯、己亥。丙辛年：乙亥、乙巳。丁壬年：辛巳、辛亥。戊癸年：己亥。

雷霆白虎入中宫日：甲己月：丁卯、丙子、乙酉、甲午、癸卯、壬子、辛酉。乙庚月：戊辰、丁丑、丙戌、乙未、甲辰、癸丑、壬戌。丙辛、戊癸月：辛未、庚辰、己丑、厂戌、丁未、丙辰。丁壬月：乙丑、甲戌、癸未、壬辰、辛丑、庚戌、己未。

大杀白虎入中宫日：戊辰、丁丑、丙戌、乙未、甲辰、癸丑、壬戌。

四离：春分、秋分、夏至、冬至前一日。

四绝：立春、立夏、立秋、立冬前一日。

人民离：戊申、己酉。亥日不行嫁，主生离。横天朱雀，初一不行嫁。

嫁娶周堂

嫁娶周堂

只论月分大小，不问节气，大月从夫向姑顺数，小月从妇向灶逆数，择第、堂、厨、灶日，用之如无翁、姑，亦不忌也。

白虎周堂

行嫁白虎

只问月分大小，不问节气，大月白从灶向堂顺行，小月从厨向路逆行，如值死、睡、厨、灶吉。

阴阳不将日局

　　正月月厌在戌，厌对在辰，自辛至巽为前、为阳，自乾至乙为后、为阴。《总圣》云：阴将女死，阳将男亡。阴阳俱将，男女俱伤。阴阳不将，乃得吉昌。《撮要》云：若非不将日，虽得天月德诸吉星，亦不可用。将字平声，俗作去声，非也。二月月厌在酉，厌对在卯，其余仿此。

阴阳不将日局

　　论正月阴阳不将日：丁卯、辛卯、丙寅、丙子、己卯、己丑、庚寅、庚子，是阳边取干，阴边取支。阴阳相配，干支比和，故为不将也。更有辛亥、丁亥、丁丑、辛丑，此四日亦是不将。盖谓亥日不行嫁，丑日犯归忌，所以逐月内定局不载。

　　阳将日：辛酉、辛未、辛巳、庚申、庚午、戊午、丙午、己酉、己未、己巳、丁酉、丁未、丁巳，纯是阳边干支，故为阳将。

　　阴将日：壬子、壬寅、癸卯、癸亥、甲子、甲寅、乙卯、乙丑、乙亥，纯是阴边干支，故为阴将。

　　阴阳俱将：如壬午、壬申、癸巳、癸未、癸酉、甲午、甲申、乙未、乙酉，是阴边干、阳边支，为阴阳俱将，余皆仿此。

逐月不将吉日

正月：乙卯、丙寅、辛卯、庚寅、丙子、己卯。

二月：丙子、丙戌、庚戌、丁丑、戊子、戊戌、乙丑。

三月：乙酉、丁酉、己酉、乙丑、丁丑、己丑。

四月：丙辰、丙戌、乙未、乙酉、甲戌、丙戌、戊戌、丙申。

五月：甲子、丙子、戊子、己酉、乙酉、甲申、癸未、癸酉、戊戌、己未。

六月：壬午、壬申、甲午、甲申、甲戌、癸未、癸酉、戊戌、己未、壬戌。

七月：癸酉、乙酉、乙巳、癸巳、甲午、壬午、癸未、乙未、甲申、壬申、己巳、戊午、己未。

八月：甲辰、壬辰、癸巳、辛巳、壬午、己未、辛未、己卯、戊午。

九月：己巳、庚午、癸未、癸巳、癸卯、辛巳、壬午、己未、辛未、己卯、戊午。

十月：壬寅、庚寅、癸卯、辛卯、庚辰、壬辰、庚午、壬午、戊寅、己卯、戊辰、戊子。

十一月：戊辰、己巳、丁卯、己卯、丁丑、辛丑、壬辰、庚辰、辛巳、丁巳。

十二月：丁丑、辛丑、庚寅、丙寅、辛卯、丁卯、庚辰、丙辰、己丑、戊寅、己卯、戊辰。

嫁娶通用吉日

今考六甲中只乙丑、丁卯、丙子、丁丑、辛卯、癸卯、乙巳七日有不将，壬子、癸丑、乙卯三日无不将。今乃以为全吉，是不可拘也。《百忌》取用癸巳、壬午、乙未。《总圣》又取丙辰、辛酉、辛亥。六甲图又取己丑、庚寅、八日，为取吉。

四季吉日：丙子、丁丑、壬子、壬午、癸丑春秋吉。癸巳、癸卯、乙巳夏秋冬吉。乙丑、己丑、乙未春夏秋吉。辛卯秋冬吉。丁卯、乙卯夏冬吉。

逐月嫁娶吉日

（合季者，谓合于四季也，分去吉）

正月：丙子上吉，系不将合季分，丁卯、辛卯系不将。壬子、壬午、乙未合季分。己卯人民合。

二月：乙丑、己丑、丁丑，上吉，系不将合季分。乙未、癸丑合季分。

三月：己卯人民合。

四月：丁卯、癸卯、乙卯合季分。己卯人民合。卯日犯披麻杀，禳之吉。

五月:乙丑、己丑合季分。丁丑、癸丑不合季,亦可用。

六月:癸卯、丁卯、乙卯合季分。辛卯、庚寅不合季分,亦可用。戊寅、己卯人民合。伏日不婚。

七月:壬午、癸未上吉,不将合季分。午日犯披麻杀。丙子、壬子合季分。

八月:乙丑、丁丑、癸丑、己丑合季分。

九月:癸卯、癸巳上吉,不将合季分。辛卯、壬午合季分。己卯人民合。

十月:辛卯、癸卯、己卯上吉,不将合季分。乙卯、丁卯合季分。

十一月:癸巳、乙巳合季分。

十二月:丁卯、辛卯、庚寅、己卯系不将合季分。癸卯、乙卯合季分。

上吉不犯魁罡、月厌、月破、天贼、受死、人民离、四忌、五穷、往亡、亥日。

嫁娶结亲吉日

(备急用此者犯朱雀,禳之吉)

正月:丁卯、丙子、辛卯系六合。癸卯、乙卯系五合,吉日。壬午、丙午系三合。辛未、月德合、日合。

二月:乙丑、丙戌系不将,己巳月德合。

三月:壬寅、戊寅、甲寅、乙卯系三合。

四月:甲戌、丙戌、戊戌系不将。辛卯系三合。

五月:甲戌、丙戌系不将。辛丑、月德合、乙丑。

六月:壬申、癸酉、甲申、乙酉系不将。戊寅、庚寅系五合。癸卯、乙卯系三合、五合。

七月:乙未系不将。

八月:甲申、辛巳系不将。戊戌大吉。乙巳、己巳、己丑、癸丑系三合。

九月:庚午、壬午、癸巳、癸卯、辛巳、己巳系不将。丁卯、乙卯、辛卯系六合。丙午系三合、五合。

十月:庚午、辛未、丁未系一合。辛未系三合。

十一月:丁丑、辛巳系不将、刑刃、冲害,禳之吉。甲辰、丙辰、庚申系三合。

十二月:己卯、辛卯、庚寅、癸巳、己巳系三合。

上嫁娶日,依历取其三合、五合、月德合、不将、六合日为吉,以备急卒之用,不必拘六十甲中杀矣。

历法云:大小月皆忌一日、七日、九日、十五、十七、廿三、廿五日,即嫁娶周堂妨夫妇日也。

年凶方	子	丑	寅	卯	辰	巳	午	未	申	酉	戌	亥
太岁	子	丑	寅	卯	辰	巳	午	未	申	酉	戌	亥
岁破	午	未	申	酉	戌	亥	子	丑	寅	卯	辰	巳
岁厌	子	亥	戌	酉	申	未	午	巳	辰	卯	寅	丑
黄幡	辰	丑	戌	未	辰	丑	戌	未	辰	丑	戌	丑
豹尾	戌	未	辰	丑	戌	未	辰	丑	戌	未	辰	丑
飞廉	申	酉	戌	巳	午	未	寅	卯	辰	亥	子	丑

月凶方	正	二	三	四	五	六	七	八	九	十	十一	十二
游都	丙	丁	坤	庚	辛	乾	壬	癸	艮	甲	乙	巽
吟呻	酉	巳	丑	酉	巳	丑	酉	巳	丑	酉	巳	丑
月厌	戌	酉	申	未	午	巳	辰	卯	寅	丑	子	亥
丧门	未	戌	丑	辰	未	戌	丑	辰	未	戌	丑	辰
帝车	寅	寅	寅	巳	巳	巳	申	申	申	亥	亥	亥
帝辂	卯	卯	卯	午	午	午	酉	酉	酉	子	子	子
帝舍	辰	辰	辰	未	未	未	戌	戌	戌	丑	丑	丑

天狗(主无嗣):立春后在艮,立夏后在巽,立秋后在坤,立冬后在乾,春分后在卯。夏至后在午,秋分后在酉,冬至后在子。

天狗头(新人拜堂入门):春酉卯,夏午子,秋卯酉,冬子午。
天狗尾(忌逢天狗头尾):

太白日游凶方

正东初一、十一、廿一。东南初二、十二、廿二。正南初三、十三、廿三。西南初四、十四、廿四。

正西初五、十五、廿五。西北初六、十六、廿六。正北初七、十七、廿七。东北初八、十八、廿八。

中央初九、十九、廿九。在天初十、二十、三十。

小儿穿耳

忌月厌、血忌、血支及每月十五日,凶。宜节日。

小儿断乳

宜伏断,卯日,吉。

忌五月七日。

女子缠足吉日:宜黄道、死气、天喜、天成、吉庆、活曜、要安、天月德、天乙、绝气、成、收、开日。忌黑道、破败、血刃、人神在足、本命日月忌、开日、受死、荒芜、伏断、生气、血支,切宜避之。

嫁娶之法

先将女命定利期,次查乾坤二造。候无冲克,选配吉日,宜合女命生旺禄贵,包拱夫星得令,天嗣有气,任合不将,三合、五合季分皆吉。至若众煞,难以尽避,则存乎人之变通矣。

辨论嫁娶,以三合、五合季分为阴将、阳将,概置不用之误。嫁娶首重不将、三合、五合,季分次之。其故何也?盖不将吉者,取阴阳各得其位。阴阳不将,倚此则和气溢而万物生。故书云:天地不将,夫妇久长。其重之也固已。三合者,人合也,法取五行会如火生于寅、旺于午、库于戌。正月建寅,则以午戌日配之。盖阴阳相成,三合生旺之义也。五合者,支用寅卯寅者,人之生卯者,人之壮。且阳支有六,起于子至寅乃大阴。支亦有六起于丑至卯始昌。书云:干以甲乙天地合,丙丁日月合,戊己人民合,庚辛金石合,壬癸江河合,统寅卯而用之,谓之五合是也。谓男女配合,生阴生阳,正未有艾取是日而象之,庶几大昌厥后也。

季分吉者,则取天月二德,天月德合,续世、益后诸吉之,宜娶而忌煞。无干也,名贤立法配合奇偶嗣,续万世理必有。取名虽异而义无不同。今之术家拘不将之说,往往以三合、五合、季分为阴将阳干,概置不用,未免执法太泥。如名贤诸书,选定逐月嫁娶吉期,若三月不将之日有丁,以有犯忌杀,俱不录用。独取己卯人民合者,载之,使拘己卯吉日,系犯阳将。彼岂不知之?究故登之版籍,以贻误后人耶。总之,皆由耳食庸师不识,五行奥妙,致使良日、吉时悉行错过,取添末议,一正其失。

小儿坐栏

(谓坐轿、立栏等事)

猖鬼败亡:丁卯、戊子、己丑、戊戌、乙亥、辛丑、庚戌、辛亥、戊午、庚申、壬戌。

关凶煞日:金生人忌戌日时,火生人忌未申日时,木生人忌辰日时,水、土生人忌丑寅日。时即铁蛇关。

小儿坐栏日时: ●甲己生人,忌巳酉丑日时。

● 庚辛生人,忌亥卯未日时。

● 壬癸生人,忌寅午戌日时。

● 乙戊丙丁生人,忌申子辰日时。

四柱关煞:

正七休生巳亥时,二八辰戌不堪宜。

三九卯酉生儿恶,四十寅申主哭悲。

五十一月丑未死,六十二月子午忌。

此关俗云:忌坐轿栏,止忌生时,童限不忌。

逐月小儿坐栏吉日

正月：甲子、辛未、丙子、癸未、癸酉、丁酉、丙午、丁未、癸卯、庚子。

二月：乙丑、辛未、丙子、癸未、癸酉、丁酉、丙午、丁未、癸卯、庚子。

三月：甲子、丙寅、庚午、癸酉、丁酉、丙子、庚子、壬寅。

四月：甲子、庚午、乙丑、甲戌、丙子、丁丙、丙戌。

五月：癸丑、丙寅、辛卯、乙亥、丁丑、丙戌、庚寅、壬辰、丙辰、甲寅。

六月：甲申、丙申、丙寅、甲寅、乙亥、庚寅、乙卯、癸卯。

七月：甲子、丙子、庚午、辛未、癸未、壬辰、乙未、丙午、丁未、丙辰。

八月：乙丑、乙亥、丙寅、甲戌、丁丑、甲申、丙戌申、庚寅、壬辰、癸丑、丙辰。

九月：乙亥、甲申、丙申、癸卯、辛卯、庚午、壬午、丙午。

十月：甲子、庚子、庚午、辛未、壬午、癸未、癸酉、己未、甲戌、癸卯、丁未。

十一月：丙寅、庚寅、甲寅、乙丑、丁丑、癸未、甲申、壬辰、丁未、丙辰。

十二月：丙寅、庚寅、甲寅、乙亥、癸卯、辛卯、甲子、庚子、庚申、丙申、壬寅。

上吉日，不犯勾绞、正四废、受鬼、猖鬼、败亡、六不成、空亡、关煞凶日。

养子纳婿

（谓继后招赘血、抱养子等事）

纳婿周堂图例

```
尸 夫 姑
厨    第
灶 門 翁
```

养子吉日：宜天德、月德、天德合、月德合、黄道、益后、续世、六合、天喜日。忌人隔。

人隔日：正、七酉，二、八未，三、九巳，四、十卯，五、十一丑，六、十二亥。

纳婿吉日：宜与嫁娶同择用。忌见嫁娶例同。

只论月分大小，不问节气，大月从夫向姑顺行，小月从户向厨逆行，周而复始。

又论纳婿周堂，其日值翁姑者，出外避之。值夫忌同用嫁娶周堂兼看。

总论

论女家大利月，妨亲属月，出《吕才·大义婚书》，今北方人用之。

论嫁娶择日：但女家惟择吉日、吉时出门，男家亦择吉日、吉时入门。若女家路远，必先择吉日、吉时出门，男家择娶妇吉日、吉时入门成婚。

论披麻杀日：五、正、九月子日，二、六、十月酉日，三、七、十一月午日，四、八、十二月卯日，犯之主孝服。俗云：压禳法，其日入门时，令新人手执麻布入门，后即掷于外，或用麻布包鸡头，向厅前斩祷之，并吉。

论古历书，不可尽信。假如正月用丁丑日，春有五男二女之喜，用卯日，春有杀夫之嫌。而丁卯，有不将、天德、天恩、玉堂、辛卯，有月德合、天福、玉堂，虽二卯有杀夫之嫌，得神尤多，而丁丑有五男二女之喜，知犯归忌。善择日者，当宜活用，亦不可拘也。

论受死日：如十一月辛卯日乃受死，今人多不忌，新人入门时，斩牲压禳无妨。

论大杀白虎在中宫：新人入门时，却于中厅斩牲以压禳，然后新人入厅，下轿拜见亦可。

宜在正堂，更忌厅堂大宴动鼓乐，如门外远处起动鼓乐，行入厅堂亦无妨。

论隐伏血刃占中宫：其日纳音属金凶，凡吉凶二事忌中宫，起鼓乐凶，如月家九紫、日家九紫到中宫，则不忌。如州县官符占中宫亦忌，作乐上朔日，忌会客。

论月忌日：日吉不忌嫁娶，壬子年十二月初五日，乙卯用之亦吉，举此以法，俗忌。

论伏断日：支克干日极凶，如庚午、戊寅、丙子、己卯之类是也。

论嫁娶周堂：如其日成亲，周堂值翁、姑及夫，新人入门时，俗从权出外少避,候新人坐床,翁姑及夫方可回家。如其日拜见,宜大厅,忌中堂,至于大宴厅堂,则不妨。如夫去就妇,妇人行嫁,若值别择日。

论红砂杀:出杨、曾教法,歌曰:四仲金鸡四孟蛇,四季丑日是红砂,若还有人犯着者,生离死别嫁三家。又云:戊、寅、己、卯是红砂者,殊无理义,盖戊、寅、己、卯俱是人民合,各月取以为吉日,不可以无理义之说惑人。

论纳婿周堂日:其日值翁姑,宜出外少避。值支别择日,嫁娶周堂,亦兼用之。

论行嫁白虎日:如其日值路,先就门外路上斩牲以压禳之,吉。若值其余,亦不必忌。常见误入,犯者主新人入门,其日见虚惊。

论古历行嫁凶方:其说无验,不必忌之。惟太白游方日忌,迎婚嫁娶,往来抵向,《总圣》用亥辛日,嫁娶据百忌日,亥不行嫁,令人忌用。

论新人入门杂忌:如新人入门之时,翁姑只得坐于堂上,不可下地行,令煞伤克身亡。候新人进房、上床、坐定,方可行也。新人初入门之时,不送客出。新人过夜,不可将火烛照其面,令人相嫌并无子。三朝不得失火及相骂打破,家事又忌出财,令人家破。不可于夫本命上行,主杀夫。又不可于新人本命上行,主妨自身。不得于太岁上行,妨翁姑。又不得与孕妇交接物色。

论新人拜堂:初下轿出拜四方之时,面向东杀家长,面向南杀宅母,面向北杀夫主,面向西富贵大吉。大凡新人家父母,先宜嘱咐,勿令四顾,则吉。

论红嘴朱雀:值坤宫六日,忌嫁娶,犯之损宅长,宜用弓箭符以朱砂书禳之。

论周堂值第宅也:历书云:择第、堂、厨、灶日用之。或谓妇人之第,非也。

论妨媒氏首子:即嫌氏之首子也,俗为防新人首胎,可笑。

论离窠:谓离父母之窠,以从夫也,亦通。

兄弟结义

（谓小儿契拜父母等事）

宜天德、月德、天德合、月德合、黄道、阴阳德、六合、三合、天喜、吉庆、生气、执储、五合、天庆。

忌五离、八绝、人隔、赤口、咸池、天败、六不成、破日。

铺筵设席

（谓开筵、会亲友等事）

宜满、定、执、危、成、开日，会亲宜天喜，宜要安、天月二德合、三六合日，吉。

忌赤口、破日、酉日，不会客。逐年上朔日，忌作乐，例见嫁娶类。

雷霆白虎大杀，白虎忌入中宫。

隐伏血刀忌到中宫，三者俱忌值中宫，主坐中席者凶。

上二虎二杀入中宫日，忌用鼓乐，俗用压禳法，以朱大书狮子占，凡四字贴中宫，客坐将以酒滴地上则不忌。

又月忌、州县官符在中宫日，如有九紫到中宫，不忌。

若误用酉日，大书一酉字倒悬以禳之，惟大宴忌之，小饮急客皆不忌。大杀白虎入中宫日，宜用戊辰、丁丑、丙戌、乙未、甲辰、癸丑、壬戌日。

雷霆白虎入中宫日：甲己月：丙子、丁卯、乙酉、甲午、癸卯、壬子、辛酉。乙庚月：戊辰、丁丑、丙戌、乙未、甲辰、癸丑、壬戌。丙辛、戊癸月：辛未、庚辰、己丑、戊戌、丁未、丙辰。

丁壬年：乙丑、甲戌、癸未、壬辰、辛丑、庚辰、己未。

隐伏血刃：甲己丙辛年：二八月占中宫。

丁壬年：正、三、十二月占中宫。

乙庚年：二、十一月占中宫。

戊癸年：六、四、七、十月占中宫。

买纳奴婢

（谓买小厮、纳工、催添进人口等事）

宜天月德、明堂、玉堂、司命、黄道、收、满日，吉。忌勾绞、赤口、破日，凶。

吉日:宜甲子、乙丑、丙寅、丁卯、戊辰、壬申、乙亥、戊寅、甲申、丙戌、辛卯、壬辰、癸巳、甲午、乙未、己亥、庚子、癸卯、丙午、丁未、辛亥、壬子、甲寅、乙卯、己未、辛酉。

凶日＼月	正	二	三	四	五	六	七	八	九	十	十一	十二
归忌	丑	寅	子	丑	寅	子	丑	寅	子	丑	寅	子
人隔	酉	未	巳	卯	丑	亥	酉	未	巳	卯	丑	亥
天贼	辰	酉	寅	未	子	巳	辰	卯	申	丑	午	亥
荒芜	巳	酉	丑	申	子	辰	亥	卯	未	寅	午	戌
受死	戌	辰	亥	巳	子	午	丑	未	寅	申	卯	酉
死别		戌			丑			辰			未	

伏罪、徒隶:春亥申,夏寅亥,秋巳寅,冬申巳。

正四废:春庚申、辛酉,夏壬子、癸丑,秋甲寅、乙卯,冬丙午、丁巳。

鸡缓:丁卯、甲戌、辛丑、戊子、乙未、壬寅、乙酉、丙辰、癸酉。

九土鬼:乙酉、癸巳、辛丑、庚戌、丁巳、戊午、甲午、己酉、壬寅。

九丑:乙酉、辛卯、壬子、戊子、戊午、己酉、己卯、辛酉、壬午。

离窠:丁卯、戊辰、己巳、戊寅、辛巳、亥子、己丑、戊戌、己亥、壬申、壬午、辛丑、戊申、辛亥、戊午、壬戌、癸亥。

凶日＼月	正七月		二八月		三九月		四十月		五十一月		六十二月	
天休废	初四	初九	初三	十八	廿二	廿七	初四	初九	十三	十八	廿三	廿七
赤口	初三	初九	初二	初八	初一	初七	初六	十二	初五	十一	初四	初十
	十五	廿一	十四	二十	十三	十九	十八	廿四	十七	廿三	十六	廿二
	二十七		二十六		二十五		三十		廿九		廿八	

逐月纳奴婢吉日

正月:丙寅、甲寅、乙卯、丙午、丁未、己未,外辛卯、癸卯、丁卯。

二月:乙丑、乙卯、辛卯、癸巳,外丁丑、己丑、癸丑。

三月:乙卯、癸卯,外辛卯、己卯、壬辰、丙午、丁酉。

四月:甲子、丙子、庚子、丙午、甲午,外戊辰、壬辰、辛酉、丁酉。

五月:戊辰、丁未、己未、甲申、丙戌、壬戌,外辛未、癸未、壬申、丙申、庚申、壬辰。

六月:乙卯、癸卯、己未、甲申,外己卯、辛卯、壬申、丙申、庚申、丁酉、辛酉。

七月:甲子、庚子、己未、丁未,外丙子、壬子、癸未、辛未、癸卯。

八月:乙丑、甲申、丙戌、乙亥,外癸丑、丁丑、壬申、庚申、庚戌、辛亥、己亥。

九月:丙戌、癸卯、丙午,外乙卯、辛卯、庚午、甲午、丁酉、辛酉、乙亥、己亥、辛亥。

十月:甲子、庚子、甲午、辛酉、丙戌、乙亥,外丙子、壬子、庚午、丁酉、戊戌、庚戌、壬戌。

十一月:甲子、庚子、壬辰、乙亥,外戊辰、庚辰、甲辰、壬戌、丁亥、己亥、辛亥、丙戌。

十二月:丙寅、甲寅、戊寅、庚寅、己卯、庚午、甲午,外癸卯、辛卯、乙卯。

上吉日,不犯归忌、人隔、天贼、月破、受死、死别、伏罪、徒隶、正四废、勾绞、鸡缓、五穷、赤口、天休废、荒芜、灭没、凶败。惟离窠、九土鬼、九丑、不举、建、破、平、收日同,则亦可用也。

煮酒法

每酒一斗入腊二钱,竹叶五片,天南星半粒,化入酒中,如法封固。春夏用蜡竹叶秋冬用南星,然后发火候,酒滚出倒流,便揭起干净处,不得移动白酒,须拨清然后重煮时用桑叶遮好,使酒味不退。

治酸酒法:每酒一斗,入生鸡蛋一个,石膏半两,揭碎缩砂仁七枚,封三日,便作味。

又一法:每酒一坛,用铅一斤,炙令热,投于酒中,停一日,酸味尽去,铅后可再用。

收杂酒法:如喜事,诸家携酒来庆,味之美恶不齐。欲共作一处,拆清苦,将陈皮三两入酒中,浸二日,其味香美。

收酒不坏法:取极清者,将好由一块约一斤安器底以净物,压定,将清酒款款倾入,封固,其味永不损坏。

治酱内生蛆法:用草乌五七个,每个切作四片,排在酱瓮四边及中心,其蛆自死,永不再生,若用百部尤妙。

造酒作醋

(谓腌藏等事)

吉日:宜丁卯、癸未、庚午、甲午、己未,春氐箕、夏亢、秋奎、冬危值日,满、成、开日吉。

忌戊辰、甲辰、灭没日,丁酉、杜康死日,凶。

造曲药吉日:宜辛未、乙未、庚子,忌六甲旬蛀日。

腌藏瓜姜等吉日:宜初三、初七、初九、十一、十三、十五,忌灭没日、晦日、水痕。

水痕日:大月初一、初七、十一、十七、廿三、三十。小月初三、初七、十二、十六日。

造酱吉日:宜丁卯及《通书》诸吉日。忌辛日不合酱。收酱忌水日、满日。

以上各件,俱宜满、平、定、成、开日,及天月德、黄道、六合、生气日,吉。

忌弦、晦、灭没、月厌、水痕、破日。

凶日 月	正	二	三	四	五	六	七	八	九	十	十一	十二
天贼	辰	酉	寅	未	子	巳	戌	卯	申	丑	午	亥
荒芜	巳	酉	丑	申	子	辰	亥	卯	未	寅	午	戌
天瘟	未	戌	辰	寅	午	子	酉	申	巳	亥	丑	卯
月厌	戌	酉	申	未	午	巳	辰	卯	寅	丑	子	亥
受死	戌	辰	亥	巳	子	午	丑	未	寅	申	卯	酉
死气	午	未	申	酉	戌	亥	子	丑	寅	卯	辰	巳

逐月造酒醋吉日

（曲酱腌藏同）

正月：丁卯、己卯、癸卯、乙卯。

二月：乙丑、己巳、乙亥、丁丑、己亥、癸丑。

三月：甲子、庚午、壬午、丙午、甲午。

四月：乙丑、丁卯、庚午、丁丑、壬午、丙午、辛卯、乙卯。

五月，丙寅、辛未、戊寅、甲寅、庚寅、己未。

六月：丁卯、癸酉、戊寅、己卯、辛卯、癸卯、甲寅。

七月：辛未、丁未、己未。

八月：戊辰、己巳、己亥、壬辰、丙辰。

九月：庚午、壬午、丙午。

十月：甲子、庚午、辛未、癸戌、甲戌、癸未、己未、庚子、乙未。

十一月：丙寅、戊寅、甲申、庚寅、戊甲、庚申。

十二月：乙丑、甲申、戊申、庚申。

上吉日，不犯黑道、勾绞、天地、灭没、受死、天瘟、月厌、死气、水痕、执、破日、六甲蛀日。

（新镌历法便览象吉备要通书卷之十九终）

新镌历法便览象吉备要通书卷之二十

潭阳后学　魏　鉴　汇述

养蚕作茧

（谓修作蚕架、丝灶等事）

年凶方	子	丑	寅	卯	辰	巳	午	未	申	酉	戌	亥
蚕官方	未	未	戌	戌	戌	丑	丑	丑	辰	辰	辰	未
蚕室方	坤	坤	乾	乾	乾	艮	艮	艮	巽	巽	巽	坤
蚕命方	未	午	亥	戌	巳	丑	寅	申	卯	辰	子	酉

以上蚕官、蚕室、蚕命，抄目逐年《授时历》方位，遇春三月忌修葺、动土，损蚕。

将军入室方：蚕室为将军之妻，若误犯蚕室，惟将军入蚕室，用酒果于本方谢之，吉。

如甲子年二月：蚕室在坤方，将军在酉，以月建丁卯入中宫，顺飞得癸酉，在坤宫是入室，余仿此。每过岁夜，以香茶、米食、纸钱于蚕室方，犯之令人得蚕。

浴蚕吉日：甲子、丁卯、庚午、壬午、戊午，宜满、成、收、开、天德、月德、庚午、蚕父生日。

出蚕吉日：宜甲子、庚午、癸酉、庚辰、乙酉、甲午、乙巳、甲申、壬午、乙未、癸卯、丙午、丁未、戊申、甲寅、戊午，生旺。

安蚕架吉日：甲子、庚午、癸酉、丙子、戊寅、己卯、丙戌、庚寅、甲午、乙未、丙午、甲寅、戊午。宜生气、满、成、开日，又宜卯、巳、未、午日。

作取丝灶吉日：宜子、寅、申、酉日，成、收、开日。忌庚戌、蚕姑死日，不宜取丝。

凶日　　月	正	二	三	四	五	六	七	八	九	十	十一	十二
天瘟	未	戌	辰	寅	午	子	酉	申	巳	亥	丑	卯
小耗	未	申	酉	戌	亥	子	丑	寅	卯	辰	巳	午
大耗	申	酉	戌	亥	子	丑	寅	卯	辰	巳	午	未
受死	辰	酉	寅	未	巳	子	戌	卯	申	丑	午	亥
天贼	戌	辰	亥	巳	子	午	丑	未	寅	申	卯	酉
地贼	子	子	亥	戌	酉	午	午	午	巳	辰	卯	子
狼籍	子	卯	午	酉	子	卯	午	酉	子	卯	午	酉
荒芜	巳	酉	丑	申	子	辰	亥	卯	未	寅	午	戌

正四废:春庚申、辛酉,夏壬子、癸亥,秋甲寅、乙卯,冬丙午、乙巳。

蚕王谷仓:申丑辰未戌,亥卯子酉午,寅丑辰未戌,巳卯子酉午。

九土鬼:乙酉、癸巳、甲午、辛丑、壬寅、己酉、庚戌、丁巳、戊午。

以上凶日修作、动土,犯之损蚕,最忌春三月、夏五月,正值蚕时。

逐月养蚕吉日

（谓浴蚕、安架等事）

正月:癸酉、癸卯、甲寅、丁卯、庚午、壬午、丙午。

二月:甲巳、乙巳、戊寅、庚寅。

三月:丁卯、癸卯、乙巳。

四月:丁卯、庚午、癸卯、甲子、丙子。

五月:乙未、戊寅、甲寅、乙巳、庚午、庚寅、丁未、壬午。

六月:,甲寅、乙未、甲申、戊申、癸酉。

七月:甲子、癸酉、乙未、丙子。

八月:甲申、戊申、乙巳。

九月:庚午、癸酉、壬午、丙午。

十月:甲子、庚午、癸酉、乙未、壬午、丁未。

十一月：戊寅、甲寅、庚寅。

十二月：乙卯、戊申、甲寅、庚寅、戊寅、甲申、乙巳。

上吉日，不犯天贼、地贼、受死、狼籍、破败、大耗、小耗、荒芜、天瘟、九土鬼、蚕王谷仓日、正四废、四耗、魁罡、勾绞。

安机经络

（谓经纬纺积丝麻、造织布帛缎疋等事）

安机吉日：宜满、成、开、平、定日。忌庚不经络、建、破、执、收日，天罡、勾绞、六不成日。

经络日：宜甲子、乙丑、丁卯、癸酉、甲戌、丁丑、己卯、癸未、甲申、辛巳、壬申、己丑、丁亥、癸巳、甲午、丙申、丁酉、戊戌、己亥、壬寅、甲辰、乙巳、丁亥、癸丑、甲寅、丙辰、满、成、开日。

凶日　　　月	正	二	三	四	五	六	七	八	九	十	十一	十二
天贼	辰	酉	寅	未	子	巳	戌	卯	申	丑	午	亥
荒芜	巳	酉	丑	申	子	辰	亥	卯	未	寅	午	戌
受死	戌	辰	亥	巳	子	午	丑	未	寅	申	卯	酉
天罡勾绞	巳	子	未	寅	酉	辰	亥	午	丑	申	卯	戌
正四废	春庚申辛酉　夏壬子癸亥　秋甲寅乙卯　冬丙午丁巳											
蚩尤	寅	辰	午	申	戌	子	寅	辰	午	申	戌	子
伏断	子虚	丑斗	寅室	卯女	辰箕	巳房	午角	未张	申鬼	酉觜	戌胃	亥壁
九土鬼	乙酉	癸巳	辛丑	庚戌	丁巳	甲午	壬寅	己酉	戊午			

逐月经络吉日

正月：甲子、丁丑、丁卯、己卯、癸丑。

二月：乙丑、甲戌、癸未、丁亥、己丑、己亥、己巳。

三月：甲子、戊子、壬子、甲申、丙申、乙巳。

四月：甲子、丁卯、丁丑、己卯、己丑、辛卯。

五月：丁丑、癸未、己丑、壬辰、甲寅、丙辰。

六月：癸酉、甲申、丁亥、丙申、辛亥、甲寅、丁酉。

七月：甲子、丁未、戊子、壬子、丙辰。

八月：乙丑、辛巳、己丑、己亥、癸丑、甲申。

九月：丙子、壬子、癸酉、丁酉、己亥。

十月：甲子、癸酉、癸未、乙未、戊戌、丁酉、己未。

十一月：乙丑、丁丑、癸丑、甲申、甲寅、丙辰、己辰。

十二月：丁卯、己卯、甲申、丙申、乙巳、甲寅。

上吉日，不犯天贼、受死、勾绞、正四废、九土鬼、建、执、破、收、平、庚日、蚩尤、伏断。

起碯作染

（谓染造缎匹、布帛等事）

起碯作染吉日：宜黄道、天德、月德、天恩，显、曲、传星、上吉、益后、续世、生气、福生、母仓、月杀、飞廉、天地正转日，建、成、除、定、危、开、闭日。忌天罡、河魁、勾绞、天贼、地贼、天瘟、受死、月厌、死气、火星、正四废、天休废、灭没、空亡、伏断、荒芜、九土鬼、月破、黑道、执、破、满日。惟黑道日合吉星多及明星到日则不忌。

逐月起碯作染吉日

正月：丁丑、己丑、癸丑、丁卯、癸卯、癸酉、己卯、丁酉、乙卯。

二月：乙亥、丁亥、己亥、癸亥。

三月：己巳、乙巳、乙卯、甲子、丙子、戊子、壬子。

四月：戊辰、丁丑、壬辰、己丑、甲辰、丙辰、甲子、丁卯、庚午、丙子、己卯、戊子、辛卯、乙卯、丙午。

五月：乙丑、丁丑、辛丑、丙寅、戊辰、辛未、戊寅、庚寅、庚辰、辛巳、甲辰、丁未、甲寅、丙辰、己未。

六月:丙寅、戊寅、甲寅。

七月:丁卯、辛卯、乙卯、癸卯。

八月:戊辰、己巳、庚辰、甲辰、丙辰。

九月:丁亥、辛亥、丁酉、辛酉、癸亥、庚午、癸酉、壬午、丙午、丙戌、戊戌、壬戌。

十月:辛未、丙戌、乙未、戊戌、壬戌、甲子、庚午、癸酉、庚子、戊子、壬子、辛酉。

十一月:辛未、甲戌、癸未、乙未、己未、壬戌。

十二月:甲申、庚申、甲子、乙丑、戊子、壬子、丙申、庚子、癸丑。

裁衣合帐

（谓制造冠冕、佩带衣衾等事）

宜天德、月德、天月德合、六合、黄道、天恩、月恩、天喜、福生、满、除、定、成、危、开、闭、旺日。

忌天贼、刀砧、火星、天火、月火、独火、朱雀、受死、正四废、九土鬼、天瘟、长短星,凶。

裁衣吉日:宜甲子、乙丑、丙寅、丁卯、戊辰、己巳、癸酉、甲戌、乙亥、丙子、丁丑、己卯、庚辰、辛巳、癸未、甲申、乙酉、丙戌、丁亥、戊子、己丑、庚寅、壬辰、癸巳、甲午、乙未、丙申、戊戌、庚子、辛丑、癸卯、甲辰、乙巳、戊申、己酉、癸丑、甲寅、乙卯、丙辰、辛酉、壬戌。

凶日　　月	正	二	三	四	五	六	七	八	九	十	十一	十二
天贼	辰	酉	寅	未	巳	子	戌	卯	申	丑	午	未
月破	申	酉	戌	亥	子	丑	寅	卯	辰	巳	午	未
小耗	未	申	酉	戌	亥	子	丑	寅	卯	辰	巳	午
大耗	申	酉	戌	亥	子	丑	寅	卯	辰	巳	午	未

（续表）

凶日　　　　月	正	二	三	四	五	六	七	八	九	十	十一	十二
天瘟	未	戌	辰	寅	午	子	酉	申	巳	亥	丑	卯
天火	子	卯	午	酉	子	卯	午	酉	子	卯	午	酉
月火	巳	辰	卯	寅	丑	子	亥	戌	酉	申	未	午
荒芜	巳	酉	丑	申	子	辰	亥	卯	未	寅	午	戌
受死	戌	辰	亥	巳	子	午	丑	未	寅	申	卯	酉
长星	初七	初四	初一	初九	十五	初十	初八	初二五	初三四	初一	十二	初九
短星	廿一	十九	十六	廿五	二十	廿二	十八九	十六七	十二	十四	廿二	廿五

刀砧煞：春亥子，夏寅卯，秋巳午，冬申酉。

正四废：春庚申、辛酉，夏壬子、癸亥，秋甲寅、乙卯，冬丙午、丁巳。

火星凶日：寅申巳亥月：乙丑、甲戌、癸未、壬辰、辛丑、庚戌、己未。

子午卯酉月：甲子、癸酉、壬午、辛卯、庚子、己酉、戊午。

辰戌丑未月：壬申、辛巳、庚寅、己亥、戊午、丁巳。

九土鬼：乙酉、癸巳、甲午、辛丑、壬寅、己酉、庚戌、丁巳、戊午。

裁衣二十八宿

角安稳	亢得食	氐不安	房益衣	心盗贼	尾必害	箕得病
斗美味	牛进喜	女有疾	虚得根	危遭毒	室水厄	壁获宝
奎得财	娄增寿	胃减服	昴火烧	毕多事	觜鼠咬	参逢盗
井离别	鬼吉祥	柳丧服	星丧服	张逢欢	翼得财	轸得病失火

附浣泽法

垢腻污衣用笋蓬厌洗。捣碎萝葡洗。茶子去谷捣烂洗。墨污嚼枣子洗。半夏末和水洗。急用银杏去膜嚼碎,揉污处用断汲水嚼杏仁亦可,久污则揉浸少顷,洗之无痕。油污用蜜洗,饭汤亦可。又法:即时用葱汤入瓶内,以人绷开用瓶注污处,即住不可揉洗,自然如故。嚼萝萄吐其上,擦之即去。桐油污用生银杏捣碎,擦之用热汤洗。用海螺蛸、滑石二味等分为掺而熨之即去。红色油污用酸枣和皂夹洗。红紫油污衣用豆鼓汤热摆油去,色不动。漆污用温汤略摆,过细嚼杏仁,缓洗又摆之无益,或先用麻油洗后,用皂角洗之。青苔污嚼杏仁洗。黄泥污入皂角洗。羊脂污石灰汤洗。牛脂污嚼米洗。墨污烂饭擦洗如故。

逐月裁衣合帐吉日

正月:癸酉、丁癸丑、壬午、丁酉、己丑。

二月:乙丑、癸未、庚寅、乙未、甲寅、丙戌,外戊寅、己未、丙寅、甲戌、己丑、癸丑、丁丑、丁巳。

三月:己巳、戊辰、壬辰、乙巳、甲申、丙申。

四月:甲子、丙子、丁丑、癸丑、庚子、庚午、戊子、己丑、戊辰、庚辰、甲辰、丙辰、丙午。

五月:乙未、戊辰、壬辰、丙辰、己巳、辛未、己未、癸未、庚辰、甲辰、辛巳、甲戌、丙戌、戊戌。

六月:甲申、乙亥、辛亥、庚申、癸酉、辛酉、丁酉、丙申、丁亥、戊寅。

七月:甲子、戊子、丙子、庚子、戊辰、辛未、乙未、壬辰、丙子、丁未、甲辰、庚辰。

八月:乙丑、癸丑、戊辰、丙辰、乙亥、壬辰、己亥、丁丑、己丑、庚辰、甲辰。

九月:戊戌、丙戌、乙亥、辛亥、丁亥、癸亥。

十月:甲子、丙子、庚子、乙未、丙戌、庚午、辛未、壬午、戊子、壬子、丁未、丙子、壬戌、戊戌。

十一月:乙丑、丁亥、丁丑、癸丑、庚寅、壬辰、戊辰、丙辰、丙寅、戊寅、甲寅。

十二月：甲子、乙丑、庚子、甲寅、己卯、乙卯、癸卯、己巳、戊寅、丙寅、壬寅、甲子。

上吉日，不犯朱雀、黑道、天贼、大小耗、天火、月火、正四废、受死。

安床设帐
（谓造床、安置床室等事）

造床吉日：宜天德、月德、天德合、月德合、三合、六合、天喜、益后、续世、黄道、金匮、生气、成、定日。起工架马与竖造架马吉凶星同看，要伐木坟墓上木勿用。

忌宿：心、昴、奎、娄、箕、尾、参、危宿，逢之总不安，造床不犯此星宿，夫妇和乐子成行。

考定逐月造床吉日

正月：丁丑、癸丑、丁卯、己卯、辛卯、乙卯、癸酉、丁酉、壬午、丙午、丁未。

二月：丙寅、戊寅、庚寅、甲寅、己巳、乙巳、丁丑、癸丑。

三月：己巳、乙巳、癸巳。

四月：丁丑、庚午、壬午、己丑、甲午、丙午、戊午、丙子、庚子、癸丑。

五月：辛未、癸未、乙亥、己亥、辛亥、丁未、己未。

六月：癸酉、己酉、辛酉、乙酉、丁酉。

七月：庚辰、甲辰、丙辰、乙未、戊辰、丙子、丁卯。

八月：乙亥、丁亥、己亥、辛亥、癸亥。

九月：乙亥、辛亥、丁亥。

十月：庚子、辛未、乙未、丁未、丙戌、庚子、戊戌。

十一月：丙寅、庚寅、壬、甲寅、乙巳、戊寅、乙丑、丁丑、乙亥、己巳、癸巳、辛亥、癸亥。

十二月：丙寅、壬寅、甲寅、戊寅、甲申。

上吉日，不犯天罡、河魁、破败、天火、独火、火星、天贼、受死、木马杀、阴阳错、天瘟、卧尸、九空、荒芜、转杀、刀砧、斧头杀、鲁班等杀、正四废、死气、官符、四离、四绝、建、危日。凶星与安床局内查看。

凶日　　　月	正	二	三	四	五	六	七	八	九	十	十一	十二
天瘟	未	戌	辰	寅	午	子	酉	申	巳	亥	丑	卯
天贼	辰	酉	寅	未	子	巳	戌	卯	申	丑	午	亥
荒芜	巳	酉	丑	申	子	辰	亥	卯	未	寅	午	戌
受死	戌	辰	亥	巳	子	午	丑	未	寅	申	卯	酉
卧尸	子	酉	未	申	巳	辰	卯	寅	丑	午	戌	亥
天罡勾绞	巳	子	未	寅	酉	辰	亥	午	丑	申	卯	戌
河罡勾绞	亥	午	丑	申	卯	戌	巳	子	未	寅	酉	辰
死气	午	未	申	酉	戌	亥	子	丑	寅	卯	辰	巳
正四废	春庚申辛酉　夏壬子癸亥　秋甲寅乙卯　冬丙午丁巳											
建日	寅	卯	辰	巳	午	未	申	酉	戌	亥	子	丑
平日	巳	午	来	申	酉	戌	亥	子	丑	寅	卯	辰
收日	亥	子	丑	寅	卯	辰	巳	午	未	申	酉	戌
月破	申	酉	戌	亥	子	丑	寅	卯	辰	巳	午	未
九空	辰	丑	戌	未	卯	子	酉	午	寅	亥	申	巳
朱雀	卯	巳	未	酉	亥	丑	卯	巳	未	酉	亥	丑

　　伏断:子(虚)、丑(斗)、寅(室)、卯(女)、辰(箕)、巳(房)、午(角)、未(张)、申(鬼)、酉(觜)、戌(胃)、亥(壁)。

　　九土鬼:辛丑、癸巳、丁巳、乙酉、庚戌、甲午、壬寅、己酉、戊午。

　　五离日:戊申、己酉、丙申、丁酉。

　　四离日:春分、秋分、夏至、冬至各前一日是也。

　　四绝:立春、立夏、立秋、立冬各前一日是也。

　　胎神:正、七、十二月占房,五、六、九月占房,戊癸日占房床,巳亥日占床。

　　火星凶日:寅申巳亥月:乙丑、甲戌、癸未、壬辰、辛丑、庚戌、己未,子午卯酉月:甲子、癸酉、壬午、辛卯、庚子、己酉,辰戌丑未月:壬辰、辛巳、庚寅、己亥、戊申、丁巳。死别:春戌、夏丑、秋辰、冬未。

灭没:弦(虚)、晦(娄)、朔(角)、望(亢)、虚(鬼)、盈(牛),犯主绝子,人病身亡。

离窠:丁卯、戊辰、己巳、壬申、戊寅、辛巳、壬午、戊子、己丑、戊戌、己亥、辛丑、戊申、辛亥、戊午、壬戌、癸亥。

红嘴朱雀:丁卯、丙子、乙酉、甲午、癸卯、壬子、辛酉。忌安床,造床不忌。

病符方:子年起亥,丑年起子,顺行十二位是也。

游神所在之方日

癸巳、甲午、乙未、丙申、丁酉日在房内北方。

戊戌、己亥日在房内中央。

甲辰、乙巳、丙午、丁未日在房内东方。

庚子、辛丑、壬寅日在房内南方。

癸卯日在房内西方。戊申日在房内中央。

己酉至壬辰日,出外游四十四日。

移床周堂

移床周堂

大月从平向富顺行,小月从地向例逆行。

安床设帐吉日

宜甲子、乙丑、丙寅、丁卯、乙巳、庚午、辛未、甲戌、丙子、丁丑、庚辰、辛巳、乙酉、丙戌、丁亥、戊子、癸巳、丁酉、戊戌、乙未、己亥、庚子、壬寅、癸卯、甲辰、乙巳、丙午、甲寅、乙卯、丙辰、丁巳、戊午、己未、辛酉、壬戌。

逐月安床设帐吉日

正月：丁酉、癸酉、辛卯、乙卯、己卯、癸卯、癸丑、丁丑、乙丑。

二月：丙寅、甲寅、辛未、己未、乙亥、庚寅、丁未、乙未。

三月：甲子、丙子、庚子、丁酉、癸酉、乙巳、壬子、乙卯、己巳。

四月：乙卯、丙子、丁丑、丙辰，外辛卯、癸丑。

五月：丙寅、辛未、乙未、壬辰、庚辰、乙丑、甲寅、丙辰、己未、甲辰、庚寅。

六月：丁酉、癸卯、乙亥、癸酉、丙寅、甲寅、乙卯、丁亥。

七月：甲子、庚子、辛未、丙辰、壬子、戊辰、庚辰、丙子。

八月：丁丑、乙丑、癸丑、乙亥、甲辰、丙辰、丁巳、壬辰、庚辰、丁亥。

九月：庚午、丙午、癸卯、丙子、辛卯、乙亥。

十月：甲子、辛未、乙未、丁酉、丙辰、庚子、壬子、丙子、丙戌、癸卯。

十一月：甲寅、丁亥、乙亥、丙寅、辛未、癸未、乙未。

十二月：乙丑、丙寅、甲寅、甲子、丙子、壬子、庚子。俱忌犯局内凶星。

上安床吉日，不犯建、破、平、收、魁罡、勾绞、荒芜、天贼、卧尸、天瘟、受死、死气等煞。

造作妆奁

（谓打造首饰、行嫁器皿等事）

宜天月德、天月德合、生气、天喜、吉庆、金堂、玉堂、益后、续世、要安、活曜、三合、六合、成日、上吉。

忌天贼、天败、天罡、河魁、天瘟、受死、六不成、九土鬼、离窠、天休废、正四废、凶败。

吉日：甲子、乙丑、辛未、癸酉、丁丑、己卯、壬午、甲申、丁亥、壬辰、壬寅、丙午、辛亥、丙辰、己未、庚申、辛酉。

凶日＼月	正	二	三	四	五	六	七	八	九	十	十一	十二
天瘟	未	戌	辰	寅	午	子	酉	卯	巳	亥	丑	申
天贼	辰	戌	寅	未	子	巳	戌	卯	申	酉	午	亥
受死	戌	辰	亥	巳	子	午	丑	未	寅	申	卯	酉
天罡	巳	子	未	寅	酉	辰	亥	午	丑	申	卯	戌
河魁	亥	午	丑	申	卯	戌	巳	子	未	寅	酉	辰
破日	申	酉	戌	亥	子	丑	寅	卯	辰	巳	午	未
危日	申	戌	亥	子	丑	寅	卯	辰	巳	午	未	申
天休废	巳	酉	丑	申	子	辰	亥	卯	未	寅	午	戌

凶日＼月	正	二	三	四	五	六	七	八	九	十	十一	十二
荒芜	初四	十三	廿二	初四	十三	廿二	初四	十三	廿二	初四	十三	廿二
	初九	十八	廿七	初九	十八	廿七	初九	十八	廿七	初九	十八	廿七

正四废：春庚申、辛酉，夏壬子、癸亥，秋甲寅、乙卯，冬丙午、丁巳。

九土鬼：乙酉、癸巳、辛丑、庚戌、丁巳、戊午、壬寅、己酉、甲午。

灭没日：弦、虚、晦、娄、朔、角、亢、虚、鬼、盈、牛。

火星凶日：寅申巳亥月：乙丑、甲戌、癸未、壬辰、辛丑、庚戌、己未。子午卯酉月：甲子、癸酉、壬午、辛卯、庚子、己酉、戊午。辰戌丑未月：壬申、辛巳、庚寅、己亥、戊申、丁巳。

离窠日：丁卯、戊辰、己巳、壬申、戊寅、辛巳、壬午、戊子、己丑、戊戌、己亥、戊申、辛亥、戊午、壬戌、癸亥。

金痕日忌：大月初五、初六、初七、廿七，小月初二、初八、廿九，忌用金银铜锡。

逐月造妆奁吉日

正月：癸卯、乙卯、丁卯、己卯、辛卯、癸丑。
二月：丙寅、甲寅、乙亥、丁亥、庚寅。

三月：甲子、丙子、庚子、癸卯、乙卯、己卯、壬子。

四月：庚子、乙卯、癸卯、丁丑、庚辰、辛卯、癸丑、丙辰、癸卯、丙午。

五月：丙寅、辛未、乙未、甲寅、壬辰、庚辰、庚寅、丙辰、己未、甲辰、丁未。

六月：乙卯、甲申、丁亥、甲寅、辛亥。

七月：丙辰、庚辰、甲辰、戊辰、甲子、丙子、庚子、壬子。

八月：乙丑、丁丑、甲戌、丙戌、乙亥、丁亥。

九月：庚午、丙午、丁亥、乙亥、癸酉、丁酉、辛酉。

十月：甲子、辛未、乙未、庚子、丙子、壬子、丙戌。

十一月：乙亥、丁亥、丙寅、甲寅、乙巳、癸巳。

十二月：甲子、丙子、庚子、壬子、乙丑。

忌犯局内诸凶星。

置造乐器

（谓造作器皿、附油漆等事）

宜天成、天库、禄库、天财、地财、天德、月德、天月德合、福厚、寅卯日、庚寅、辛卯日。

上合日吉。忌大败、六不成、破败日、天贼、乙卯、师旷死日。

吉日　　　月	正	二	三	四	五	六	七	八	九	十	十一	十二
天德	丁	申	壬	辛	亥	甲	癸	寅	丙	乙	己	庚
月德	丙	甲	壬	庚	丙	甲	壬	庚	丙	甲	壬	庚
禄库	戌	子	寅	辰	午	申	戌	子	寅	辰	午	申
天财	辰	午	甲	戌	子	寅	辰	午	申	戌	子	寅
地财	巳	未	酉	亥	丑	卯	巳	未	酉	亥	丑	卯
月财	午	巳	巳	未	酉	亥	午	巳	巳	未	酉	亥
福厚	春	寅	日	夏	巳	日	秋	申	日	冬	亥	日

（续表）

吉日 月	正	二	三	四	五	六	七	八	九	十	十一	十二
天库天成	未	酉	亥	丑	卯	巳	未	酉	亥	丑	卯	巳
天贼六不成	寅	午	戌	巳	酉	丑	申	子	辰	亥	卯	未
破败凶日	申	戌	子	寅	辰	午	申	戌	子	寅	辰	午
天贼	辰	酉	寅	未	子	巳	戌	卯	申	酉	午	亥

逐月置造乐器吉日

正月：壬午、丙午、戊午。

二月：丙寅、乙亥、癸未、丁亥、乙未、己亥、丁未、辛亥、甲寅、己未，外乙丑。

三月：甲子、乙巳、丙子、戊子、丙申、乙巳。

四月：丁卯、戊辰、庚午、丁丑、己卯、庚辰、己丑、辛卯、甲辰、乙卯、丙辰、丙午。

五月：丙寅、戊辰、辛未、戊寅、庚辰、乙未、甲辰、甲寅，外己巳、丙辰、丙戌、己未、甲戌。

六月：辛未、乙未、丁未、乙亥、丁亥、辛亥。

七月：戊辰、庚辰、丙辰、丙子、戊子、庚子、壬子、辛未。

八月：丁丑、己丑、丁丑、癸丑、乙丑。

九月：庚午、壬亥、丙午、丁亥、辛亥、癸亥、癸酉、辛酉。

十月：甲子、辛未、戊子、乙未、庚子、庚午、戊戌、壬戌、壬子、丙戌。

十一月：甲戌、戊戌、壬戌、甲辰、壬辰、戊辰。

十二月：甲子、丙子、庚子、戊子、壬子，外戊寅、甲寅、壬寅。

造作仪仗

（谓造牛车、马车、推车、男女轿子等事）

宜黄道、銮舆、凤辇、禄库、天成、吉庆、六仪、天恩、福星、福厚、天福、天明、天德、月德、建、除、开、闭、定、成日、天喜、天地转杀日。

天恩吉日：甲子、乙丑、丙寅、丁卯、戊辰、己卯、庚辰、辛巳、壬午、癸未、己酉。

天福吉日：己卯、辛巳、庚寅、辛卯、壬辰、癸巳、己亥、庚子、辛丑、乙巳、丁巳、庚申。

大明吉日：辛未、壬申、癸酉、己卯、壬午、甲申、壬寅、甲辰、丙午、己酉、庚戌、丙辰、己未、庚申、辛酉。忌朱雀、黑道、正四废、九土鬼、伏断、十恶、火星、勾绞、受死、荒芜、灭没、大败、天贼、执、破、危、收、平日。

逐月吉日与上置造乐器同看。

十恶无禄凶日：甲己年：三月戊戌，七月癸亥，十月丙申，十一月丁亥。乙庚年：四月壬申，九月乙巳。丙辛年：三月辛巳，九月庚辰，十月甲辰。丁壬年：无忌。戊癸年：六月己丑。

火星凶日：寅申巳亥月：乙丑、甲戌、癸未、壬辰、辛丑、庚戌、己未。子午卯酉月：甲子、癸酉、壬午、辛卯、庚子、己酉、戊午。辰戌丑未月：壬申、辛巳、庚寅、戊申、丁巳。

上宜忌、吉凶星俱同乐器局查看。

打造桔槔

（谓造水车、附造纺车、互车等事）

造水车吉日：宜黄道、青龙、平定日。逐月吉日与上置造乐器同看。

忌黑道、虚耗、焦坎、天百穿、天火、地火、九土鬼、水隔、水痕、四废、勾绞、伏断、执、破日。

造纺车、互车吉日：宜黄道、天地转杀、建、除、满、闭、定、成日。忌勾绞、四废、伏断、荒芜、赤口日。逐月吉日亦同上层置乐器吉日。

种莳栽植

（谓播五谷、菜蔬、栽花木等事）

栽植吉日：宜六仪、母仓、除、满、成、收、开日。忌死神、死气、乙日、建、破日。

栽木吉日：甲子、丙子、丁丑、乙卯、癸丑、壬辰，宜四相、成日。

移接花果吉日：宜满、收、成、开、闭日，甲子、丙子、丁丑、乙卯、癸未、壬辰。正、二月丙吉。

栽竹吉日：宜辰日、午日、十三日、竹醉日。又云：正月一日、二月二日、三月三日，吉。

新种吉日：宜甲子、乙丑、丁卯、己巳、庚午、辛未、癸酉、乙亥、丙子、丁丑、戊寅、己卯、辛巳、壬午、癸未、甲申、乙酉、丙戌、己丑、辛卯、壬辰、癸巳、甲午、丙申、戊戌、己亥、庚子、辛丑、壬寅、癸卯、甲辰、丙午、戊申、己酉、癸丑、丙辰、丁巳、戊午、己未、庚申、辛酉、癸亥。

浸谷吉日：宜甲戌、乙亥、壬午、乙酉、壬辰、乙卯、成、开日，今人多用社日，浸谷大吉。

下秧吉日：宜辛未、癸酉、壬午、庚申、甲午、甲辰、乙巳、丙午、丁未、戊申、己酉、己卯、辛酉吉。

栽木吉日：宜庚午、壬申、癸酉、己卯、辛巳、壬午、癸未、甲午、癸卯、甲辰、己酉、收、开日，吉。忌田痕日。

种莳吉日：宜母仓、生气、除、满、平、收、开日。忌焦坎、地火、月杀、建、破日。

种麻吉日：宜四月三卯日。种豆：宜六月三卯日。种麦：宜八月三卯日。

种菜吉日：宜母仓、除、满、成、收、开日。忌詹家天，八月十三起至廿三止。天地火、六不成日、焦坎日。

鼠雀不食日：甲午、癸亥日是宜下种种莳。

百虫不食日：乙丑、乙亥、乙未、己亥、壬寅、癸卯、壬子，宜下种子。忌天地火、焦坎日。

飞虫不食日：初一、初四、初五、初七、初九、初十、十八、廿一、廿九日，宜种五谷。

天地不成收日：丙戌、乙未、壬辰、辛亥。忌天贼、地贼、空亡日，种作无收。

美风旬日：秋社前，逢庚入秋社，后逢己住此，十日忌种菜。

田祖、田父、田夫、田主、后稷死葬日：丙戌、丁亥、丁未、甲寅、乙巳、辛亥、癸巳日，忌种植。

田痕忌日：大月初六、初八、廿二、廿三日。小月初八、十一、十三、十七、十九。

《阴阳书》曰：凡种禾，宜寅、午、申日。忌乙丑、壬癸，秋忌寅。晚禾忌丙。大麦宜亥、卯、辰，忌子、丑、戌、巳日。小麦与大麦同种。稻宜戌、己四季日，忌寅、卯、申、乙日。黍宜巳、丑、戌日，忌寅、卯、丙、午日，种忌未、寅日。

大豆宜申、子、辰日，忌卯、午、丙、子、甲、乙日，小豆忌与大豆同。

麻忌四季日、戊己日。

田事实录：田祖甲寅日葬。田父丁亥日死，丁未日葬。田母丙戌日死，丁亥日葬。田主乙巳日死，辛亥日葬。田夫丁亥日死，辛亥日葬。后稷癸巳日死，播种五谷。以上并忌田事。

论乡俗，以八月十三日起至二十三日，凡十日为詹家天，最忌栽种。凡种菜，待果熟摘取，候肉烂核种之。

凶日月忌耕种。

凶日　　　月	正	二	三	四	五	六	七	八	九	十	十一	十二
小耗	未	申	酉	戌	亥	子	丑	寅	辰	巳	卯	午
大耗	申	酉	戌	亥	子	丑	寅	卯	辰	巳	午	未
天贼	辰	酉	寅	未	子	巳	戌	卯	申	丑	午	亥
地贼	子	子	亥	戌	酉	午	午	午	巳	辰	卯	子
受死	戌	辰	亥	巳	子	午	丑	未	寅	申	卯	酉
焦坎	辰	戌	丑	未	卯	子	酉	午	寅	亥	申	巳

（续表）

凶日　　月	正	二	三	四	五	六	七	八	九	十	十一	十二
天火狼籍	子	午	卯	酉	子	午	卯	酉	子	午	卯	酉
次地火地狼籍	戌	酉	申	未	午	巳	辰	卯	寅	丑	子	亥
死气	午	未	申	酉	戌	亥	子	丑	寅	卯	辰	巳
死神	巳	午	未	申	酉	戌	亥	子	丑	寅	卯	辰
土瘟	辰	巳	午	未	申	酉	戌	亥	子	丑	寅	卯
荒芜	巳	酉	丑	申	子	辰	亥	卯	未	寅	午	戌
鬼火即成日	戌	亥	子	丑	寅	卯	辰	巳	午	未	申	酉
地隔	辰	寅	子	戌	申	午	辰	寅	子	戌	申	午
水隔	戌	申	午	辰	寅	子	戌	申	午	寅	辰	子
月建转杀	春	卯	日	夏	午	日	秋	酉	日	冬	子	日

逐月考定栽作种植吉日

正月：丁卯、癸酉、乙卯、辛卯、丁酉、己卯、癸卯、己酉、己亥、癸亥，外辛亥、丁丑、癸丑。

二月：甲子、戊子、庚子、己亥、丁未、乙未、庚戌、丙戌、戊戌、辛亥。

三月：丁卯、己卯、丙子、辛卯、己巳、辛巳、癸卯、癸丑、丁巳。

四月：甲子、丙寅、丁卯、庚午、丙子、戊寅、己卯、壬午、庚寅、辛卯、甲午、庚子、壬子。

五月：戊辰、辛未、庚辰、辛巳、甲辰、丙辰。

六月：丙寅、戊寅、庚寅、壬寅、甲申、丙申、庚申。

七月：丁卯、己巳、己卯、辛巳、癸巳、癸卯、丁巳、庚申、壬申、甲申。

八月：甲戌、庚戌、壬戌。

九月：辛未、己未、己酉、甲戌、壬戌。

十月：甲子、庚午、癸酉、丙子、壬午、戊子、甲午、丁酉、庚子、己酉、壬子、辛酉。

十一月：癸酉、甲戌、丁丑、己酉、庚戌、癸丑、辛酉。

十二月：壬申、甲戌、庚申、丙申、戊申、戊戌、庚戌、壬戌、甲申。戊日犯荒
芜，吉多可用。

上吉不犯大小耗、受死、天火、地火、鬼火、天贼、地贼、地隔、土瘟、月建转
杀、地空、死气、死神、天地不成、收日，生气吉日，每月开日是也。

六种收割

（谓收割稻粟、麦豆、麻子等事）

正月：庚午、壬午、甲午、己卯、癸卯、癸酉，外丙午、丁卯、辛卯、乙卯、乙
酉、丁酉、己亥、辛亥。

二月：己巳、辛巳、癸未、癸巳、乙巳、丁巳、甲戌、丙戌、戊戌、壬戌、丁亥、
己亥、癸亥。

三月：己卯、癸卯，外丙子、戊子、丁卯、乙卯、己巳、癸巳、乙巳。

四月：丁卯、庚午、己卯、癸卯、壬午、甲午，外丁丑、己丑、辛丑、辛卯、戊
辰、丙辰、丙午、戊午。

五月：乙丑、戊辰、己巳、辛巳、癸未、丁丑、辛丑、戊寅、丙寅、甲寅、庚寅、
庚辰、丙辰、辛未、乙未、丁未、己未。

六月：癸酉、己酉、丁卯、己卯、丁巳，外丙申、戊申、庚申、甲申、丙寅、戊
寅、壬寅、甲寅。

七月：己卯、癸卯、甲辰，外丁卯、庚辰、丙辰、己巳、癸巳、丙申、庚申、
戊申。

八月：甲辰、戊辰、庚辰、丙辰、壬辰、己巳、癸巳、丁巳、戊申、庚申、丙戌、
丁亥、己亥、癸丑、庚戌。

九月：庚午、壬午、甲午、癸酉，外丙午、丁酉、辛酉、戊戌、丙戌。

十月：甲午、庚午、癸酉、己酉，外甲子、庚子、戊午、戊子、辛未、乙未、乙
酉、壬戌。

十一月：癸未，外戊子、乙丑、己丑、辛丑、癸丑、辛未、乙未、乙酉、乙亥、己
　　　　亥、辛亥。

十二月：己卯、癸卯，外甲子、庚子、乙丑、辛丑、辛卯、庚申、戊申、乙卯。

五谷试新
（谓试食五谷等事）

建日尝新宅长亡，除日贫穷满祸殃。危日吉庆平利福，
定日招客上高堂。执破大凶官事起，成收二日足田庄。
开闭二日皆吉利，吉凶留下与君详。

逐月试新吉日

正月：癸酉、丁酉。

二月：己亥、丁亥、辛亥、癸亥。

三月：丙子、庚子、己卯、癸卯、丁卯、辛卯。

四月：乙丑、辛卯、癸卯、己卯、丁丑、己丑、癸丑。

五月：丙辰、戊辰、甲辰、庚辰、壬辰、辛巳、己丑、己巳、戊寅、乙丑、庚寅、
　　　辛丑、乙巳、甲寅。

六月：己卯、辛卯、癸卯、丙寅、庚寅、甲寅、乙卯、丁卯。

七月：辛未、戊辰、己巳、庚辰、辛巳、壬辰、癸巳、丙辰、丁巳、丁卯、辛卯、
　　　癸卯、乙未。

八月：己巳、乙巳、辛巳、丁巳、戊辰、庚辰、壬辰、癸巳。

九月：庚午、壬午、丙午、癸酉、丁酉、癸丑、辛丑。

十月：庚午、辛未、癸酉、甲午、乙未、戊午、己未、辛酉、壬戌。

十一月：无吉日。

十二月：庚申，外壬申、丙申、戊申、甲申。

上吉不犯建、除、满、破、执、定日、九空、空亡、财离、荒芜、天地贼、受死、
四忌、四方耗、五穷、正四废、伏断、灭没、九土鬼、赤口日。

接木法

接木之时,不可饮酒及滋味之物。将木锯断,用利刀削齐平,将其削成马耳形,却将接头包养温暖,假人之生气也。种接务要比较枝肉紧密相对,以物缚扎坚固外,以物包高二三寸许,则扎之以土并活草覆之,自然易活。若其本身生枝去之,若不去接枝,不得下阴,又不活矣。

桃接李红而甘,李接桃生子仍是桃。桑树接杨梅不酸,梅树接桃则脆。桃接杏则大。槐接柿,柿上再接金无核橙,可接柑橘,葡萄栽于枣侧,春间穿枣窍,引葡萄枝穿窍中,过后长大,塞满有生意砍断葡萄根,令枣养生,则实大,而美梨接林榆易活。

凡接枝要向日者,及生果枝接则易生。

凡果树有蛀虫,以元花纳孔中,或百部叶亦可,柑橘生虫,取其窠安子上岂,入咬虫必死。

凡果树作穴,纳钟乳粉少许,固密则子多美味。老树于根上揭开皮纳钟乳,固皮复茂。

凡木有碓者,多不结实,可鉴方寸,取雌填之,则生试之可见。

凡果木忌麝香,则存不结。又初生之年,或被僧尼、孝子、孕妇取果,再难结实,最忌之。

栽竹忌火日及西风,则难茂,花木亦然。

俗云:竹无时下雨便移竹,有碓者不生笋,下开双花者,雌择走鞭存丈许,则易盛。

竹结实如稗谓之米,初生则一二竿,治法将生米竹锯断,存二尺许,通其节,以厕物灌入,复之则止,不治久则满林尽败。栽正月为上,二月次之,三月不及。《淮南子》曰:移木失其阴阳之性,则莫不枯矣。

堆垛禾杆

（谓堆垛禾杆、埋了打椿等事）

宜天德、月德、暗金、伏断、三白、建、除、闭、成、定日,忌年三杀、太岁凶方。

逐月堆垛吉日

正月:乙卯、己卯、壬午、癸卯、乙卯。

二月:乙亥、戊寅、癸未、乙未、丁未、甲寅、丁亥、己亥。

三月:甲子、己巳、戊子、壬子、乙卯。

四月:戊辰、庚辰、庚午、丁丑、己丑、甲辰;

五月:己巳、辛未、甲戌、戊寅、辛巳、庚寅、乙未、戊戌、乙巳、丁未、己未、甲寅。

六月:辛未、乙亥、丁亥、乙未、丁未、辛亥、己未。

七月:戊辰、庚辰、戊子、庚子、壬子。

八月:己巳、丁丑、乙丑、辛巳、壬辰、癸巳。

九月:庚午、壬午、丁亥、戊戌、辛亥。

十月:庚子、辛未、戊子、乙未、戊戌、庚子、壬子、壬戌。

十一月:戊辰、庚辰、壬辰、甲辰、乙亥、辛亥。

十二月:甲子、乙丑、庚子、壬子、癸丑、己丑。

上吉不犯大小耗、天贼、地贼、四方耗、荒芜、正四废、火星、执、破、危日。

开凿池塘

（谓牵养鱼禽等事）

吉日:宜甲子、乙丑、甲申、壬午、庚子、辛丑、辛亥、癸子、癸丑、辛酉、戊戌、乙巳。忌满、成、执、建、破、魁罡、死气、天百穿、天贼、地贼、大小耗、天瘟、土瘟、九空等凶杀。

天狗守塘日:春卯、夏午、秋酉、冬子日。用此凿塘,獭、耗远避。

暗金伏断日:太阳值年,逢巳日房宿是。太阴值年,子虚未张日。火星值年酉觜寅室日。水星值年,辰箕亥壁日。木星值年,午角日。金星值年,丑斗申鬼日。土星值年,卯女宿、戌胃宿二日是也。

开塘放水法:用罗经于塘心格定,取辰、戌、丑、未、寅方,放水去并吉。如辰、戌方用庚戌日,放丑、未方用乙丑、乙未日,放寅方用丙寅日,合开水路,置视安窟,亦用此日吉。再合娄星二宿日,大吉。

开池塘合宿吉日:乙丑牛,丙寅尾,庚辰亢,乙未鬼,庚戌娄,并此宿值日。次吉:辛亥、丁巳、辛酉、癸巳、癸丑、癸亥。

放鱼吉日:七元伏断择日,一元内丙寅、辛亥,二元内乙丑、癸巳、辛酉,三元内丙辰、庚辰,四元内乙未、癸丑,五元内乙未、庚戌、癸亥,六元内乙未,七元内乙巳吉。宜用此日放鱼,仍忌鹤神日游方。

取鱼吉日:辛巳、戊子、辛卯、壬辰、丙申、己酉、辛酉。

凶日　　　月	正	二	三	四	五	六	七	八	九	十	十一	十二
天贼	辰	酉	寅	未	子	巳	戌	卯	申	丑	午	亥
地贼	子	子	亥	戌	酉	午	午	午	巳	辰	卯	子
小耗	未	申	酉	戌	亥	子	丑	寅	卯	辰	巳	午
大耗	申	酉	戌	子	丑	寅	卯	辰	巳	午	未	亥
土瘟	辰	巳	午	未	申	酉	戌	亥	子	丑	寅	卯
龙日 伏龙咸池	卯	子	酉	午	卯	子	酉	午	卯	子	酉	午
荒芜	巳	酉	丑	申	子	辰	亥	卯	未	寅	午	戌
天瘟	未	戌	辰	寅	午	子	酉	申	巳	亥	丑	卯
水隔	戌	申	午	辰	寅	子	戌	申	午	辰	寅	子
九空	辰	丑	戌	未	卯	午	酉	子	寅	亥	申	巳
受死	戌	辰	亥	巳	子	午	丑	未	寅	申	卯	酉
死气定日	午	未	申	酉	戌	亥	子	丑	寅	卯	辰	巳
池耗	申	戌	子		辰	丑	申	戌	子	辰		丑
地耗	辰	卯	寅	未	子	巳	戌	酉	申	丑	午	亥

（续表）

凶日　　　月	正	二	三	四	五	六	七	八	九	十	十一	十二
天休废	初四	十三	廿二	初四	十三	廿二	初四	十三	廿二	初四	十三	廿二
	初九	十八	廿七	初九	十八	廿七	初九	十八	廿七	初九	十八	廿七
鬼贼	初二	初三		初五	初二	初三		初三	初十	初二	初九	初七
五虚		丑			子			未			寅	

四耗:春壬子,夏乙卯,秋戊午,冬辛酉。

天转地转:春乙卯、辛卯,夏丙午、戊午,秋辛酉、癸酉,冬壬子、丙子。

天地正转:春癸卯,夏丙午,秋丁酉,冬庚子。

月建转杀:春:二月卯日,夏:五月午日,秋:八月酉日,冬:十一月子日。

正四废:春庚申、辛酉,夏壬子、癸亥,秋甲寅、乙卯,冬丙午、丁巳。

九土鬼:乙酉、癸巳、辛丑、庚戌、丁巳、戊午、壬寅、己酉、甲午。

天百空(凶日):每月初五、初七、十三、十六、十七、十九、廿一、廿七、廿九日是也。

土痕日:大月初二、初五、初七、十五、十八。小月初一、初二、初六、廿二、廿六、廿七。

黄獭星日:丁丑、癸未、庚寅、壬辰、甲午、己亥、丁未、甲寅、戊午、壬戌。

狐狸星日:大月危日是。小月定日是。

鹦鹉星日:大月初五、初十、十九。小月初五、初八日。

鱼破群日:正月逢子二亥即,三犬四鸡五猴殃。六羊七马八蛇位,九龙十兔子寅强。十二逢牛君莫取,十个鱼儿九个亡。

以上凶星,开池塘并忌。

逐月开凿池塘吉日

正月:甲子,外癸酉、丁酉、己亥、癸亥、庚子、丙子、辛亥。

二月:戊寅、庚寅、甲寅,外丁亥、乙亥、己亥。

三月:无吉日,一外丁卯、己卯、乙卯、己巳、乙巳。

四月:甲子、乙丑、庚子、丁巳丑、庚午。

1399

五月：乙丑、辛未、己未，外丁丑、己丑、己巳、辛巳、乙巳。

六月：戊寅、甲寅，外丁卯、己卯、辛卯、庚寅。

七月：丙辰、戊辰，外丁未、庚午、辛未、丙午、庚辰。

八月：壬辰、丙辰，外戊辰、庚辰、己巳、辛巳。

九月：无吉日，外己酉、壬午、丙午。

十月：乙未、未辛，外庚午、戊戌、丙戌、甲子、甲戌、己未。

十一月：辛未、己未、乙亥、己亥、己亥，外乙未、丁未。

十二月：甲申、庚申、丙申，外戊申。

上吉不犯玄武、黑道、天地贼、大小耗、土瘟、天瘟、龙口伏、九空、水隔、受死、死气、池耗、地耗、四部、五虚、四耗、转杀、鬼贼、天百空、九土鬼、土痕、天休废、黑帝死、冬壬癸日、荒芜、灭没、四废、破败、不举。建、破、平、收同日，则亦不忌。

修作陂塘

（谓满积水、利灌阴田禾等事）

作陂塘吉日：宜甲子、己巳、庚午、癸酉、甲戌、戊寅、己卯、辛丑、癸未、甲申、乙酉、乙巳、庚寅、丙申、己亥、戊申、庚戌、壬子、癸丑、乙卯、伏断、闭、成日。

修筑堤防：宜闭日，白清明后、立冬前，遇成、闭、天月德、黄道、上吉日，宜修筑。

忌满、破、闭日、冬壬癸日及滕崩、龙蛇会日。

塞水吉日：宜伏断上、闭日。忌土瘟、破、开日。

江河泱水吉日：宜癸酉、戊申、四吉星、伏断、水闭日。忌壬不决水。

开沟渠吉日：宜甲子、乙丑、辛未、乙卯、庚辰、丙戌、戊申、平、开日。

忌天贼、四废、子日不开沟。筑堤防宜成、土闭日。

红嘴朱雀日：辛未、庚辰、己丑、戊戌、丁未、丙辰。忌开凿沟渠，凶。

吉日伏断日：子（虚）、丑（斗）、寅（室）、卯（女）、辰（箕）、巳（房）、午（角）、未（张）、申（鬼）、酉（觜）、戌（胃）、亥（壁）。

凶日　　　月	正	二	三	四	五	六	七	八	九	十	十一	十二
天贼	辰	酉	寅	未	子	巳	戌	卯	申	丑	午	亥
龙日伏咸池凶	卯	子	酉	午	卯	子	酉	午	卯	子	酉	午
龙会	未	戌	亥	亥	丑	戌	未	卯	戌	丑	戌	卯
蛇会	午	未	戌	戌	戌	戌	丑	丑	辰	戌	戌	亥
受死	戌	辰	亥	巳	子	午	丑	未	寅	申	卯	酉
小耗	未	申	酉	戌	亥	子	丑	寅	卯	辰	巳	午
大耗	申	酉	戌	亥	子	丑	寅	卯	辰	巳	午	未
四部	午	午	午	卯	卯	卯	子	子	子	酉	酉	酉
无翘忌修作	亥	戌	酉	申	未	午	巳	辰	卯	寅	丑	子
荒芜	巳	酉	丑	申	子	辰	亥	卯	未	寅	午	戌

天转地转:春乙卯、辛卯,夏丙午、戊午,秋辛酉、癸酉,冬壬子、丙子。

天地正转:春癸卯,夏丙午,秋丁酉,冬庚子。

月建转杀:春:三月卯日,夏:五月午日,秋:八月酉日,冬:十一月子日。

正四废:春庚申、辛酉,夏壬子、癸亥,秋甲寅、乙卯,冬丙午、丁巳。

九土鬼:乙酉、癸巳、辛丑、庚戌、丁巳、戊午、壬寅、己酉、甲午。

天百穿忌日(盖屋亦忌):初一、初三、初十、十一、十三、十六、十七、十九、廿七、廿三、三十。

水痕忌日:大月初一、初七、十一、十七、廿三、三十。小月初三、初七、十二、廿六。

考正逐月修作陂塘吉日

正月:癸酉、戊寅、庚寅、丙寅,外乙丑、癸丑、丁酉。

二月:戊寅、庚寅、丙寅、甲寅、乙亥、己亥,外丁亥、辛亥。

三月:甲子、壬子、己巳、甲申、己卯、丁卯、丙子、庚子,外丙申、戊申、乙巳。

四月:癸酉、癸丑、己丑,外甲子、戊子、庚子、丁酉、辛酉。

五月:戊寅、庚寅、辛巳、丙寅,外己巳、乙巳。

六月:戊寅、庚寅、乙亥、己亥、辛亥,外甲申、戊申、庚申、丙申。

七月:壬辰、丙辰,外戊辰、甲辰、戊申。

八月:戊申、庚申、甲戌,外己巳、辛巳、丙申、甲申、戊戌。

九月:庚午、壬午、丙午、丙戌,外己巳、乙巳。

十月:己卯、乙卯、辛未、乙未、己未,外庚午、辛卯。

十一月:癸未、甲申、戊申、庚申、丙辰,外辛未、己未、己亥、乙亥、辛亥、丙申。

十二月:甲申、丙申、戊申、庚申,外甲辰、戊寅、庚寅、甲寅、乙丑。

上吉日,不犯天贼、受死、龙日伏、土瘟、魁罡、勾绞、龙会、蛇会、龙咸池、小耗、大耗、转杀、四部、无翘、正四废、九土鬼、水隔、开日、天百穿日、荒芜。

暗金伏断时例

太阳房昴虚星,四宿值日,子、寅、酉时是伏断。

太阴心危毕张,四宿值日,午时得伏断。

木星角斗奎井,四宿值日,辰、亥时是伏断。

金星亢牛娄鬼,四宿值日,申时是。

土星氐女胃柳,四宿值日,巳时是。

火星危室觜翼,四宿值日,丑、卯、戌时是。

水星箕壁参轸,四宿值日,未时是伏断。

以上宜暗金伏断日时修作陂塘筑堤,断獭用此大吉。

修作陂塘总论

论修作陂塘忌龙会、蛇会、龙口伏、天百穿、土瘟日及破日、天贼、荒芜。忌月建与天地转杀同日,如二月卯日、五月午日、八月酉日、十一月子日是也。

网鱼畋猎
(谓作网罟、畋猎、擒捕禽兽等事)

渔猎吉日:宜月杀、飞廉、十干上朔日、危、收日、五合日、寅卯日。注云:

壬寅、癸卯、江河合日宜渔猎。渔猎宜用三奇死门,主得禽兽鱼物。

捕鱼、鸟吉日:宜己巳、甲辰、丁巳、戊午、鱼鸟会日,宜捕鱼、打鸟,获利。

结网罟、起大曾吉日:戊辰、庚辰、己亥、己巳、甲辰、壬子、丙辰日。又得月杀、飞廉、受死、黑道、天地转杀及收、执、危日,十分获利。忌天赦、天恩、月恩、大小空亡日,及天解、月解、日解、大小耗、开日、九空、焦坎,不宜捕鱼、行猎。

鱼会日:戊辰、庚辰、己亥,宜捕鱼。又云:雨水后、立夏前,执、收、危日,宜捕鱼。霜降后、立春前,执、收、危日,畋猎吉利。忌山隔、林隔日。

山、林隔日:正、七卯未,二、八丑巳,三、九亥卯,四、十酉丑,五、十一未亥,六、十二巳酉。

凶日　　　月	正	二	三	四	五	六	七	八	九	十	十一	十二
山隔忌出猎	未	巳	卯	亥	丑	酉	未	巳	卯	丑	亥	酉
林隔忌出猎	卯	丑	亥	酉	未	巳	卯	丑	亥	酉	未	巳
月恩忌断獭	丙	丁	庚	己	戊	辛	壬	癸	庚	乙	甲	辛
天赦不宜塞	春	戊	寅	夏	甲	午	秋	戊	申	冬	甲	子
天恩忌出猎	甲子壬午	乙丑癸未	丙寅己酉	丁卯庚戌	戊辰辛亥	己卯壬子	庚辰癸丑	辛巳日是				
月杀宜塞鼠	丑	戊	未	辰	丑	戊	未	辰	丑	戊	未	辰
飞廉	戊	巳	午	未	寅	卯	辰	亥	子	丑	申	酉
受死出猎吉	戊	辰	亥	巳	子	午	丑	未	寅	申	卯	酉
天狗食畜日	子	子	子	卯	卯	卯	午	午	午	酉	酉	酉
刀砧日塞鼠出猎	春	亥	子	夏	寅	卯	秋	己	午	冬	申	酉
天狗下食断獭日	子	丑	寅	卯	辰	巳	午	未	申	酉	戌	亥
天狗下食断獭时	亥	子	丑	寅	卯	辰	巳	午	未	申	酉	戌
三合时月日	子	丑	寅	卯	辰	巳	午	未	申	酉	戌	亥
三合日宜出猎	午戌	亥未	申子	酉丑	戌寅	亥卯	子辰	巳丑	寅午	卯未	申辰	酉巳
六合日宜出猎	亥	戌	酉	申	未	午	巳	辰	卯	寅	丑	子
三合时宜出猎	申辰	巳酉	午戌	亥未	申子	酉丑	寅戌	亥未	子辰	巳丑	寅午	卯未
六合时宜出猎	丑	子	亥	戌	酉	申	未	午	巳	辰	卯	寅

八禄日时宜出猎	甲寅乙日	丙	丁	戊	己	庚	辛	壬	癸
	日时卯时	辰	巳	午	未	申	酉	亥	子

逐月结网鱼猎吉日

外者忌结网用,宜筑池断獭同用。

正月:甲戌、丙戌、戊戌、癸酉、乙酉、丁酉、辛酉、乙亥、丁亥、乙亥、辛未、丁未、乙未、己未、壬戌、癸亥。

二月:丙子、戊子、庚子、丙申、庚申、甲戌、丙戌、戊戌、己巳、癸巳、丁巳、乙巳,外壬申、甲申、甲戌。

三月:庚午、甲午、丙午、戊午、辛未、己未、乙未、癸酉、乙酉、丁酉、乙亥、丁亥、己亥,外丁未、辛酉。

四月:甲戌、丙辰、庚寅、甲寅、壬寅、甲辰、丙戌、戊戌,外壬戌、丙寅、戊寅、壬辰。

五月:辛丑、庚寅、壬寅、甲寅、乙亥、丁亥、己亥、己丑,外丁丑、戊寅、癸亥。

六月:甲戌、丙戌、戊戌、壬戌、辛卯、癸卯、己卯、戊寅、庚寅、壬寅、甲寅。

七月:甲辰、丙辰、辛卯、癸卯、乙卯、己巳、乙巳、丁巳,外壬辰、丁丑、己丑、辛丑、癸巳。

八月:甲辰、丙辰、乙亥、丁亥、己亥、庚寅、壬寅、甲寅,外壬辰、癸亥、戊寅。

九月:丙子、戊子、庚子、辛丑、乙丑、癸卯、辛卯、乙卯、己巳、乙巳,外丁巳、丁丑、癸巳。

十月:甲戌、丙戌、戊戌、丙辰、庚午、甲戌、甲申、丙申、戊申、庚申、甲辰,外壬戌、壬辰、壬申。

十一月:乙未、己巳、癸酉、丁酉、丁巳、乙酉、辛酉、辛未、丁未、己未、癸巳。

十二月:甲辰、丙辰、癸酉、乙酉、丁酉、辛酉、庚午、丙午、戊午、壬申、甲申、丙申、壬辰、甲午、庚申。

上吉不犯天赦、天恩、月恩、天解、月解、大小空亡、大小耗、九空、焦坎、山林隔、开日,不利。

今将暗金伏断七元起例详载定局,凡用伏断,须明五星逐月日时,方准。

五星逐月日局

	正	二	三	四	五	六	七	八	九	十	十一	十二
岁星木	丑	子	亥	戌	酉	申	未	午	巳	辰	卯	寅
镇星土	卯	寅	丑	子	亥	戌	酉	申	未	午	巳	辰
辰星水	巳	辰	卯	寅	丑	子	亥	戌	酉	申	未	午
荧惑火	未	午	巳	辰	卯	寅	丑	子	亥	戌	酉	申
太白金	亥	戌	酉	申	未	午	巳	辰	卯	寅	丑	子

七元伏断日:子(虚)、丑(斗)、寅(室)、卯(女)、辰(箕)、巳(房)、午(角)、未(张)、申(酉)、尾(觜)、戌(胃)、亥(壁)。

七元伏断日起例法

一元甲子值虚,金上起。二元甲子值奎,火上起。三元甲子值毕,日上起。四元甲值鬼,月上起。五元甲子值翼,火上起。六元甲子值氐,水上起,七元甲子值箕,木上起。并顺行逢丑退一位,金上是伏断日。

掌 诀

金月木

伏日水

断土火

上用十二支作图,以值日宿重见亢牛娄鬼宿为暗金伏断。难晓新增掌诀,起例俾易上掌耳!大明嘉靖四十三年甲子值虚日,鼠乙丑危至万历元年,癸酉至癸卯年,觜火至值井木。

起例总局　值年宿

土金木日月火水,太阳值年,一年之内只有已日犯暗金。

角亢氏房心尾箕,太阴火星值年,一年之内子未酉寅二日犯暗金。

斗牛女虚危室壁,水星、土星值年,一年之内午日卯戌一二日犯暗金。

奎娄胃昴毕觜参,木星值年,一年之内辰亥日二犯暗金。

井鬼卯星张翼轸,金星值年,一年之内丑申二日犯暗金。

假如金星值年,遇申日值鬼宿,即是暗金伏断,极凶。申属金,金上见金为重。

推七元暗金伏断诗例
（一元倒一指例）

一元时宿报君知,日宿月鬼火从箕,水毕木氏金奎位,土宿还从翼宿推。

二元时宿报君知,日鬼月箕火毕随,水氏木奎金翼位,土宿还从虚上推。

三元时宿报君知,日箕月毕火从氏,水奎木翼金虚位,土宿还从鬼上推。

四元时宿报君知,日毕月氏火动奎,水翼木虚金鬼位,土宿还从箕上推。

五元时宿报君知,日氏月奎火翼随,水虚木鬼金箕位,土宿还从毕上推。

六元时宿报君知,日奎月翼火从虚,水鬼木箕金毕位,土宿还从氏上推。

七元时宿报君知,日翼月虚火鬼随,水箕木毕金氏位,土宿还从奎上推。

时师要识值时宿,但把推禽从子移。

论七元伏断时定局
（逐日看历下值日宿）

七元	一元虚	二元奎	三元毕	四元鬼	五元翼	六元氏	七元箕
太阳值日时	子酉寅	午	卯丑戌	未	辰亥	申暗金	巳
太阴值日时	午时	卯丑戌	未	辰亥	申暗金	巳	子酉寅
火星值日时	卯丑戌	未	辰亥	申暗金	巳	子酉寅	午
水星值日时	未时	辰亥	申暗金	巳	子酉寅	午	卯丑戌

（续表）

七元	一元虚	二元奎	三元毕	四元鬼	五元翼	六元氐	七元箕
木星值日时	辰亥	申暗金	巳	子酉寅	午	卯丑戌	未
金星值日时	申暗金	巳	子酉寅	午	卯丑戌	未	辰亥
土星值日时	巳时	子酉寅	午	卯丑戌	未	辰亥	申暗金

　　假如一元甲子，乃虚星值日，即曰：一元虚宿起子，子时即伏断。丑时危宿，寅时室宿寅亦为伏断。

　　或问何见子虚寅室之类为伏断？

　　答曰：盖一元甲子，将星虚加子重数一轮至子得鬼宿是虚，重见鬼金宿伏藏于子，名曰：伏断。将星虚加子寅得室宿，室属火，火从箕即以箕加子重数至寅，得牛金亦是伏断也。七元各以将星加子重数暗见四金星，即为伏断。若合暗金杀齐到，名曰：暗金伏断。

　　或问何为暗金杀？何为倒指法？

　　答曰：如一元甲子，虚倒一指即用虚日，虚加子至巳上，值鬼是暗金。

　　二元奎倒二指，即用娄金奎加子丑上、娄申上鬼是暗金。又如三元乙丑日，觜倒三指即用井木氐加子至午土牛是暗金，余皆仿此推之。

　　或问掌上七位仿断时如何？

　　起诀曰：金、土、日、月、水、火、木，七政分作七元金上为伏断。

　　看官历值日是何宿？

　　一元甲子符头虚日，从金上起子时顺数到丑上，退一位寅又到金卯，转上至酉又到金，此一元虚日宿值日，子酉寅三时是伏断。二元甲子符头奎木，从土上起子时。三元甲子毕月，从日上起子时。四元甲子鬼，从月上起子时，五元甲子翼火，从上起子时。六元甲子氐土，从水上起子时，七元甲子箕水，从木上起子时。各依前例顺行而去，逢丑退一位，金上即是伏断也。二元土日、三元金、四元木、五元水、六元火、七元月巳上值日。以轮到金上起子时，一元金、三元水、四元火、五元月、六元日、七月土。又论到土上起子时，一元水、二元火、四元日、五元土、六元金、七元木。又轮到日上起子时，一元月、二元日、三元土、五元木、六元水、七元火。又到月上起子时，一元土、二元金、三元木、四元水、六元月、七元日。又到火上起子时，一元木、二元水、三元火、四元月、五元日、七元金。又到水上起子时，一元火、二元月、三元日、四元土、五元金、六元木。

又到木上起子时，一时行一位，周而复始。

或问曰：伏断之义何谓也？

答曰：乃十干逢壬癸不为江河之隔，即绝路空之义也。

又问只有六甲分为六元，何分为七元也？

答曰：六甲原本分作六元，因有壬癸之水为截路之空，故分作七元耳！

缘壬癸为江河阴隔之地，故分作一元。凡遇一元壬癸之位，莫能往也，故曰：伏断。因壬癸之阻，每元甲子交而进壬癸之十六会也。

又问：星有四金，独以牛金退转，何也？

答曰：辰戌未三金俱属土，原不在金局之例，惟丑会在金局，故言丑也、艮止也，故不行也。

凶日　　　　月	正	二	三	四	五	六	七	八	九	十	十一	十二
天贼	辰	酉	寅	未	子	巳	戌	卯	申	丑	午	亥
地贼	子	子	亥	戌	酉	午	午	午	巳	辰	卯	子
受死	戌	辰	亥	巳	子	午	丑	未	寅	申	卯	酉
天瘟	未	戌	辰	寅	午	子	酉	申	巳	亥	丑	卯
土瘟	辰	巳	午	未	申	酉	戌	亥	子	丑	寅	卯
九空	辰	丑	戌	未	卯	子	酉	午	寅	亥	申	巳
官符	午	未	申	酉	戌	亥	子	丑	寅	卯	辰	巳
大耗	申	酉	戌	亥	子	丑	寅	卯	辰	巳	午	未
小耗	未	申	酉	戌	亥	子	丑	寅	卯	辰	巳	午
荒芜	巳	酉	丑	申	子	辰	亥	卯	未	寅	午	戌
飞廉	戌	酉	午	未	寅	卯	辰	亥	子	丑	申	酉
血忌	丑	未	寅	申	卯	酉	辰	戌	巳	亥	午	子
水隔	戌	申	午	辰	寅	子	戌	申	午	辰	寅	子
伏断日宿	子虚	丑斗	寅室	卯女	辰箕	巳房	午角	未张	申鬼	酉觜	戌胃	亥壁
开日	丑	寅	卯	辰	巳	午	未	申	酉	戌	亥	子

●泉竭日:辛巳、己丑、庚寅、壬辰、戊申。

●泉闭日:戊辰、辛巳、庚寅、甲申、巳丑日,是也。

九土鬼日:乙酉、癸巳、甲午、辛丑、壬寅、巳酉、庚戌、丁巳、戊午。

水痕忌日:大月初一、初七、十一、十七、廿二、三十。小月初三、初七、十一、廿六。

天地正转:春癸卯,夏丙午,秋丁酉,冬庚子。

天转地转:春乙卯、辛卯,夏丙午、戊午,秋辛酉、癸酉,冬壬子、丙子。

月建转杀:春二月卯日,夏五月午日,秋八月酉日,冬十一月子日。

正四废日:春庚申、辛酉,夏壬子、癸亥,秋甲寅、乙卯,冬丙午、丁巳。

筑池断獭

逐月吉日与畋猎网鱼同看。

筑池断獭:开池用人狗坐塘日,用天狗不食日时,天狗食音日,暗金伏断日时,宜选用家时,尾火虎、箕水豹、奎木狼、娄金狗,四宿能倒其獭。若时真日正,永断其獭也。但宜另择生旺吉日,放鱼下池吉也。宜于池中心定罗经,从戌方开门,埋水沟,以戌方属犬也。仍宜用前法,择日时埋水沟,筑池门,永无厄也。

又宜子寅方筑池门水沟吉。

天狗坐塘日:宜开池筑池门,埋水沟能断獭,其法以每月初一日是辰、戌、丑、未日,则此月有天狗日。不是辰、戌、丑、未,值初一则此月无天狗日。其例将初一辰入中宫,顺数九宫,遇戌入中宫,便是天狗坐塘日。

修池塘:宜暗金伏断日。宜补垣、塞穴、断獭、塞篱垣、径路、塞水漏俱是。宜暗金伏断日。

断白蚁、断小儿乳宜伏断日。

收割蜜蜂
（谓移安蜂王、取蜜等事）

割蜂蜜宜忌歌曰：

除危定执旺蜂家，建满平收生黑鸦，
更有开成宜可用，破闭从来忌用他。

蜂王杀日歌诀：

春忌丙寅并六辛，夏忌辰戌巳双神，
秋忌戊辰冬丙戌，此是蜂王大杀神。
切忌取蜜割蜂。

逐月割蜂蜜吉日

正月：丁卯、乙卯、癸酉、己酉、乙酉、癸卯。

二月：乙丑。

三月：己巳、癸巳、乙巳。

四月：甲子、丙子、戊子、庚子、丁丑、己丑、辛卯、庚午、甲午、丙午、戊午。

五月：辛未、乙未、丁未、己未。

六月：甲申、丙申。

七月：辛卯、丁卯、癸卯。

八月：丁丑、己丑、癸丑。

九月：丁亥、辛亥、癸亥。

十月：甲子、戊子、庚子、壬子、庚午、壬午。

十一月：甲戌、庚戌、壬戌、庚辰、甲辰。

十二月：壬寅、己巳、乙巳。

上吉日，不犯建、破、平、收、满、闭日、天贼、天瘟、受死、飞廉、荒芜、四废、破群、灭没、火星、天休废、四方耗、凶败、大败、六不成日。

开井吉日：宜庚子、辛丑、壬寅、辛卯、乙卯、甲子、乙丑、甲午、癸酉、辛亥。

修井吉日：用壬午、戊戌日，主得横财。忌卯日及三月、六月、七月，凶。

泉闭日：己丑、戊申、庚寅、辛巳、甲寅，此日穿井则泉不出矣。

开井忌日：用者四季月破、血忌、土忌、伏断、空亡、大小耗、官符、三杀、飞廉、七杀、流财、泉闭、九良星、牛黄杀。以上诸杀，犯之大凶。

穿井导泉
（谓格龙定方、凿井尺寸、附淘修符法等事）

穿井吉日：宜甲子、乙丑、甲申、丁亥、甲午、乙未、庚子、辛丑、壬寅、乙巳、己酉、辛亥、癸丑、丁巳、辛酉，外有壬午、戊戌，系通泉日。又宜开日。惟三月、六月、九月、十月犯天贼日，忌起工动土。历法兼取癸酉、丙子、癸未、乙酉、戊子、癸巳、戊午、己亥、癸亥、庚申日，穿井大吉。忌土符、土府、地囊、建、破、平、收、闭日，开池井忌子卯日。

修井吉日：宜甲申、庚子、辛丑、乙巳、辛亥、癸丑、丁巳日。穿井宜通用。

修井穿井凶日：忌天地转杀与月建同日、土瘟、正四废、伏断，求穿井方道取本山生旺方，流泉大穿井方道论神杀方穿井忌犯年家、三煞、州县官符及月家要紧凶煞，皆不可犯，若在一百二十步外，不忌。若岁官交承之际，惟择日，不问方道。

修井忌年：九良星、丁丑、癸未、乙未、壬寅、己未、庚申，其年占井，若在前其地原无井，则无是杀占，即今择日鼎新穿井不忌其杀。若在前其地原有井，则其方有杀占，切忌修整淘洗。

修井忌月：大小耗星，二、八月在井，七、八、九月在井。游龙八、九月在井。伏龙八月在泉。牛黄五、七月占，猪胎五、六月占，马胎、羊胎十月占。

以上各杀所值处犯之凶。淘井忌夏月，不可淘井，多致死人。宜先以鸡毛放井中试之，如摇动不宜便下井，必有浊气。说见《经验良方》。

逐月穿井吉日（修井同用，宜开日）

正月：甲子、丙子、庚子、壬子。

二月：辛亥、癸亥，外乙亥、己亥。

三月：甲子、丙子、庚子、癸未、乙未、己未、外庚午、丁丑。

四月：甲子、丙子、庚子、癸丑、乙丑、外庚午、丁丑。

五月：乙丑、癸丑、癸未、外丁丑、乙未。

六月：甲申、庚申、癸未、巳未。

七月：壬午，外丙午。

八月：外丙辰、己巳。

九月：癸丑，外丙戌、丙午。

十月：壬午、癸未、己未、己酉、癸酉，外乙未、辛未、庚子。

十一月：癸未、己未，外丁未。

十二月：甲申、庚申。

上吉不犯天瘟、土瘟、天贼、受死、土忌、血忌。忌飞廉、九空、小耗、大耗、水隔、泉竭闭、九土鬼、正四废、卯日、荒芜、天地转杀、月建转杀、闭、破、地贼、伏断、官符，诸凶杀。

袁天罡穿井吉凶方

子上穿井出颠人，丑上兄弟不和睦。寅卯辰巳方上宜，午戌方上俱不利。未亥方开井大凶，申上先凶后吉隆。

五音食水局

宫音属土，食宫水当不足，食角水败家门，食商水生贵子，食羽水出人聋哑，食徵水进田地。

商音属金，食商水当不足，食角水求不足，食徵水出人落水，食宫水主大吉，食羽水亦主吉。

角音属木，食角水出人落水，食羽水旺人丁，食商水主吉昌，食宫水无子招财，食徵水主人疾病。

徵音属火，食徵水当不足，食商水先吉后凶，食羽水多灾害，食宫水主大吉，食角水亦大吉。

羽音属水，食羽水当不足，食宫水先吉后凶，食徵水主人溺水，食角水主大吉，食商水大吉昌。

穿井符式

五音开井图局

李淳风《修井经》

（每步计三尺五寸常尺）

乾甲金　生巳　乾山巽向
　　　　旺酉　甲山庚向

东　艮上发龙得井
　　巳酉井清而洁

西　坤上发龙得井若
　　在巳酉半吉半凶

南　巽上发龙得巳井
　　佳酉不利主少亡

北　乾上发龙得巳井
　　吉在酉不利

1413

乾甲山利中宫,却无病水亦不是。八尺九尺之中有泉水。

坤乙土 生申　坤山艮向
　　　 旺子　乙山辛向

东 艮上发龙得井在
　 申子为本音生利

西 坤上发龙得申井
　 吉子井不利

南 巽上发龙得申井
　 吉若是子井不利

北 乾上发龙得申井
　 吉子井不利

坤乙山西南大利,东北不利,八尺九尺之中有泉水。

艮丙土 生申　艮上坤向
　　　 旺子　丙山壬向

东 艮上发龙得井在
　 申子上有横财

西 坤上发龙得申井吉
　 子井不利

南 巽上发龙得子在
　 吉若巳申并不利

北 乾上发龙得子井吉
　 申井不利

艮丙山利西南,不利东北,八尺九尺之中有泉水。

巽辛木 生亥　巽山乾向
　　　 旺卯　辛山乙向

东 艮上发龙得卯井
　 吉旺儿孙亥不利

西 坤上发龙得亥卯井
　 大利季月少泉

南 巽上发龙得亥井
　 最佳卯少亡失财

北 坤上发龙得卯井吉
　 亥不利人忤逆

巽辛山利西南,不利东北,八尺九尺之中有泉水。

震庚 生亥　酉向甲向
亥未木 旺卯　巳向丑向

东 艮上发龙得卯井
　 最好旺儿孙亥凶

西 坤上发龙得卯井
　 水清洁

南 巽上发龙得井
　 为佳亥井不利

北 乾上发龙得亥井吉
　 卯井不利

震庚亥未山利东南,不利西北,八尺九尺之中有泉水。

离壬　生寅　子向丙向
寅戌　火　旺午　申向辰向。

东　艮龙十二步得寅
　　井最佳午井平平　　　西　坤龙十二步得午井
　　　　　　　　　　　　　　最佳寅不利

南　巽上发龙得子井
　　为佳寅不利　　　　　北乾上发龙得寅井佳

离壬寅戌山利西南,不利东北,八尺九尺之中有泉水。

坎癸　生申　午向丁向
申辰　水　旺子　寅向戌向

东　艮上发龙得申子
　　井佳辰亦吉　　　　西坤上发龙得申井吉

　　　　　　　　　　　　乾上发龙得辰井
南巽上发龙得子吉　　北　亦有横财。

坎癸申辰山利东北,不利西南,八尺九尺之中有泉水。

兑丁　生子　卯向癸向
巳丑　金　旺酉　亥向未向

东　艮上发龙得井在
　　己酉清而洁　　　西　坤上发龙得井在
　　　　　　　　　　　　酉最吉己上小平

南　巽上发龙得己酉
　　井俱小利　　　　北　乾上发龙得辰井
　　　　　　　　　　　　亦有横财

兑丁巳丑山利西,不利北,得南井亦旺。己小女,因得人有。

中宫起十二步得井水,冬夏不干。起八步为贪狼,十二步为武曲。

总论

论井取方道,人家以茶亭为中宫,寺观以神座为中宫,取山向方十分大利为主,以视穿井方道。假如住屋在卯向酉龙,自坤申庚酉辛戌酉上来得卯方井水清而洁,余仿此。

论井:龙东艮寅甲卯乙辰,西龙:坤申庚酉辛戌,南龙巽己丙午丁未,北龙,乾亥壬子癸丑之方。

论穿井:避忌穿井用土之人,宜持齐不可饮酒,及无厌秽妨疑之人则穿井,后得水清洁。若前件有犯穿井,后虽有泉水,不能清洁,昏而且浊,宜慎之吉。

论穿井浅深法:穿井浅八尺、九尺得泉。穿井丈六得泉。或丈八深得泉。又深二丈七得泉。如西北之地,土厚得水尤深。

（新镌历法便览象吉备要通书卷之二十终）

新镌象吉备要通书
增补黄石公阳宅大八门又卷之二十

潭阳后学　魏　鉴　汇述

阳宅八门要旨真诀

夫阳宅大门者,本黄石公之秘传后人,不究其源,种种异论,繁冗类密,致学者无所适从。予究有年,颇得其详,今以阳宅诸论,探讨精确,删繁涤密,纂集《阳宅要览》,绘图东四宅,西四宅,八门动静,星宫生克秘旨,实系祸福存亡、兴废攸关。今诸公以海内,凡造宅者,宜于门开天乙、延年、生气,避却五鬼、六煞、祸绝。其廉贞、破军、禄存、文曲诸凶星,最宜低小失陷,辨认武曲、巨门、贪狼诸吉星,须要得位高强。精此可以凶宅而变为祖宇矣！谓之改一门胜改一屋,诚可为竖造开门之至宝也。

大游年歌

乾六天五祸绝延生,
坎五天生延绝祸六,
艮六绝祸生延天五,
震延生祸绝五天六,
巽天五六祸生绝延,
离六五绝延祸生天,
坤天延绝生祸五六,

1417

兑生祸延绝六五天。

后将游年第一句,如乾位大门横排竖看,七星所属五行何方吉星宜门、宜高强,得位何方凶星,宜低小失陷,不可开门,使学者一目了然,庶用之大,有造云无差误也。

五是伏位,指大门言。六是六煞,在天是文曲星,在五行中属水,不宜开门。须要失陷低小。

天是天乙,巨门星,阳土,二吉,须要得位高强,开门利。

五是五鬼廉贞星,属火,大凶不宜开门,要失陷低小吉。

祸是祸害,禄存星,阴土,大凶不宜开门,要失陷低小利。

绝是绝命,破军星,阴金,大凶不宜开门,要失陷低小吉。

延是延年,武曲星,阳金,三吉,宜得位高强,开门利。

生是生气,贪狼星,阳木,一吉,宜得位高强,开门利。

左辅右弼,此二星随本命而化,俱属阴木,大凶。

七星定位相生

巨门生武曲,武曲生文曲,文曲生贪狼,贪狼生廉贞,廉贞生禄存,禄存生破军,破军生文曲,文曲又生廉贞。如此周而复始,生生无穷,遇吉星高大得位者,则以吉断。若凶星高大,则以凶断,万无一失。巨门不生破军,廉贞不生巨门,文曲不生辅弼,辅弼无生。

五行生化

金生水,水生木,木生火,火生土,土生金。金克木,木克土,土克水,水克火,火克金。甲己化土,乙庚化金,丙辛化水,丁壬化木,戊癸化火。

凡相宅、相茔,定吉凶,推休咎,虽有八卦、九宫、七煞、九星及二十四山等数,其中不过赖五行定之。

七星变化诗诀

诗曰:七星变化有根因,金木水火土中寻。

透彻五行生克理,家家爻象得均平。

九星五行所属

八方虽排二十四山,审其所属,乃八卦之分派,是以相宅只以大八门定之,有言二十四向门户者,误也。

变法:生气贪狼木,五鬼廉贞火,天乙巨门土,延年武曲金,六煞文曲水,绝命破军金,祸害禄存土,辅弼皆属木,本宫即伏位,动静正维宅。

乾为父,坤为母。震一索而得男,故谓之长男。坎再索而得男,故谓之中男。艮三索而得男,故谓之少男。巽一索而得女,故谓之长女,离再索而得女,故谓之中女。兑三索而得女,故谓之少女。

二十四山图

巽震坎离为东四宅,

东四宅不开西四宅门。

乾坤艮兑为西四宅,

西四宅不开长四宅门。

戌亥属乾元,

壬癸属坎元,

丑寅属艮元,

甲乙属震元,

辰巳属巽元,

丙丁属离元,

未申属坤元,

庚辛属兑元。

二十四山图

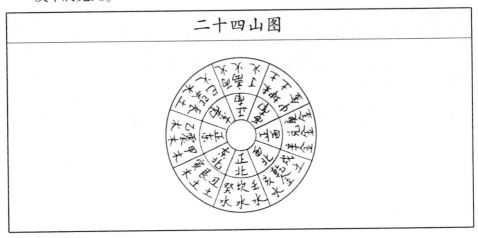

九宫方位图

九宫方位图

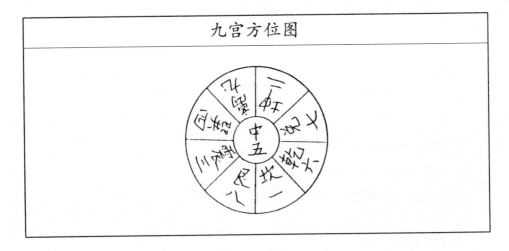

　　九宫方位图为阳宅大八门定式,凡相宅之法,必然先定门户,居在何卦上,次后却以大游年歌歇中本卦之句,逐位顺行至房上,见星落处,方论吉凶。夫门为宅之气口,是以相宅门为定要。

西四宅七星图

西四宅七星图
乾坤艮兑四宅同,东西卦爻不一逢。误将他来作一屋,人口伤亡祸必重。

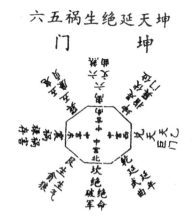

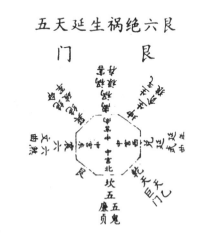

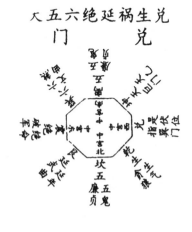

东四宅七星图

东四宅七星图

震巽坎离是一家,西四宅爻不犯他。若还一气修成功,子孙兴盛定无差。

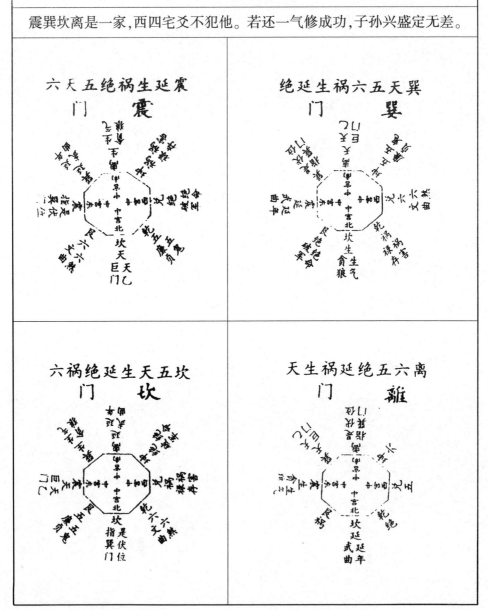

黄石公竹节赋

黄公祖师说宅元,一论分房二卦全。

三论来路真根本,四论五行生克篇。

五论爻象装成卦,初起一爻见的端。

先见一阳临阴二,一阴临二却是阳。

先房返卦初爻定,初阳返阴阴返阳。

次选门路定爻法,看成何卦细推详。

西四装东多不吉,东四装西也不祥。

震阳一宅须配巽,坎宅须配离家乡。

乾宅须配坤家主,艮宅须配兑家庄。

以上四句全在巧番八卦,反覆旋转以定延年之吉,此四延年即人道之夫妇也,为修宅之要。

乾兑配成震巽卦,长男长女定遭殃。乾兑金也,震巽木也。金能克木,况乾见震为五鬼廉贞星,见巽为祸害禄存星,二星俱凶。兑见震为绝命破军星,巽为六煞文曲星,二星俱凶。震为长男,巽为长女,又被克制,又遇凶星至金会局之年月,必殃及长男长女也。

震巽配成坤艮卦,少男老母在家丧。震巽木也,坤艮土也,木能克土。震见坤为祸害禄存星,见艮为六煞文曲星,俱凶。巽见坤为五鬼廉贞星,见艮为绝命破军星,俱凶。坤为老母艮为少男,又遇克制,又遭凶星,而于会局之年月,必殃及老母、少男也。

坤艮装成坎三阳,中男绝灭不还乡。坤艮土也,坎水也,木能克水。坤见坎为绝命破军星,艮见坎为五鬼廉贞星,俱凶。坎为中男,又遇克制,又逢凶星,而于会局之年月,中男必绝灭也。

中男合成离家火,夫妇先吉后还伤。坎为中男属水,离为中女属火,居卦中之夫妇也。坎离相见虽是延年,终为火遭水克,故曰:夫妇也,先吉而后伤。

中女合成天泽覆,老夫少女见丧亡。离为中女属火,天为乾属金,泽即兑属金,火能克金。离见乾为绝命破军星,见兑为五鬼廉贞星,俱凶。乾为老夫,兑为少女,又遭克制,而于会局之年月。老夫少女必受其殃也。

见其年限并月限,乾兑酉申克本方。或一宅修造门,开凶方,房立恶煞,卦体相伤,门房交克其发凶,知在何年月日也。若震巽之方遇凶星受克于乾兑金,其发凶必在申酉年月,故曰:乾兑云云。

震巽旺相寅卯木,克子坤家少子亡。震巽旺相在寅卯之方,天坤艮受克于震巽之木,其发凶必在寅坤之年月日也。坤为土,少子即艮土,故曰:克子云云。

坤艮四季伤中子,坎若克火子亥当。坤艮属土,土旺四季,夫四季卯辰戌丑未中,子即坎也。坤艮来克坎也,坤艮来克坎水者,其发凶必在辰戌丑未之年月日,故曰:坤艮云云。夫离火被坎水所克者其,发凶必在子亥之年月日,故曰:坎若克火云云。

离家巳午纯金怕,年限轮流见损伤。离火也,乾兑纯金也。凶星也,夫离火来克纯金,其发凶必在巳午之年月日,如年限轮流是金,即为木之交克,必见损伤丁财也。

阳多必定伤妇女,阴多必定损儿郎。阴阳配合家富贵,不须广览乱乖张。

合卦吉凶
（西江月调）

生气贪狼得位,
五子宅中建生。
本家人口顺将兴,
青龙入宅有应。

万事多逢大吉,
子孙渐渐昌荣。
相生多称意中情,
遇克中平推定。

天乙福神旺相,
造宅三子相生。
相克二子在宅中,
置田三段来增。

家人善行须有,
念佛更好有经。
凡诸谋望称心情,
黄蛇入宅吉庆。

延年武曲有喜,
定生少子发积。
白蛇刺猬入宅基,
百事多逢畅意。

相生增添喜气,
其家渐渐兴立。
小口年年无疾病,
遇克半滞半利。

五鬼贼火乱动，
阴人必主伤亡。
家中小口显灾殃，
当见主人丧亡。

盗贼俱遭五次，
是非明暗三场。
赤蛇宅内少祯祥，
家中定逢凶恙。
祸害阴人不利，
主死人口三重。
子孙秃瞎病生疯，
家中家怪惊多梦。

兄弟必然不睦，
蛇虫来入宅中。
相生害事还犹可，
相克定主发凶。

文曲逃淫疾病，
益伤投河落井。
妻儿小口多刑克，
败财伤损人丁。

寡妇房中孤息，
忤逆奸盗家庭。
相生亦主不荣华，
遇克生凶有定。
绝命星主发凶，
长房必有灾迍。
伤人须要见九重，
失火三次推论。

逢盗二六相并，
明三暗五私通。
家中人口甚不宁，
红狗蛇虫凶应。

凡相宅之法，自有一定之规，初则以门合房是为宾来合主，次以房合门是为主去合。务要宾主相合，星宫相顺，诸事亨通，富贵久远。此人只以房之高大者为定，假令吉星高大得位，不怕以下凶星，凶星若有高大，定欺低小吉星。

相宅定法

夫天下之宅，虽有万亿之多，若相宅得其定要，而视多而一，何也？盖以人之居宅，未必无门。门之所合，未必无方。既有方向，定有卦位，就看首门居在何卦上，然后用大游年歌中本卦之句，以门去合宅。上至大房屋遇吉星高大，则以吉断。遇凶星高大则以凶断。又论吉星得位不得位，得位者是。贪狼遇坎、遇震、遇巽，巨门遇离、遇坤、遇艮，武曲遇坤、遇艮、遇乾、遇兑，是为得位上吉，定主子孙兴盛，富贵久远。如贪狼遇离，巨门遇乾、遇兑，武曲遇坎是为泄气,中吉,主子孙微茂,富贵不巨。如贪狼遇坤、遇艮,巨门遇坎,武曲遇震、遇巽为克下,次吉,纵然人旺财兴,无不见损。言其顺利不长不得位者,是贪狼遇乾、遇兑,巨门遇震、遇巽、遇离,是为吉星受克,名失位,则主人丁克损,财物破败,诸凡不利。故曰:吉星受克反为凶,君子道消小人通。再假凶星高几倍,宅气尽时灭满门。

又曰:有静宅有动宅,静宅不育,动宅主生,是以宅分静动。何以为静宅?如坎离震兑开门,只有四合头,别无二三进房屋是为正静宅。相宅只以排定之法,断不用巧番八卦,故曰:静宅不育。何以为动宅?如坎离震兑开门,而房重重,至于三四五六进者,气动则生,是为正动宅。诀法:正四则用巧番八卦,假令坐北向南修一宅,盖三进房者,开门正南,离位就用大游年歌中,离六之句顺起至坎门,延年止,又从坎延年上用大游年歌中,坎五之句顺起至离门,上亦是延年,只此一番,就此巧番八卦就定。离门上是延年武曲金星,金生第二进房,文曲水,水生第三进房,贪狼木,故曰:动宅主生,其余坎震兑三正俱如此。如乾艮巽坤开门,只有四合头房是为四维,静宅相宅,只以排定之法,绝不用持接相生之法,故曰:静宅不育。何以为四维动宅?如乾艮巽坤四维开门,而房重重,至于三四进者,气动则生,是为四维动宅。假如坐北向南修一宅,盖四进者开门东南,巽房就用大游年歌中巽天之句,起至离房上,乃是天乙巨门,土星上生第二进武曲金星,金生三进文曲水星,水生第四进贪狼木星。故曰:动宅主生,其余乾坤艮三维,俱仿此。

八门动静宅图式

相宅八门定法并四正静宅、四维静宅、四正动宅、四维动宅法开列如下。

四正静宅图式

四正兑门静宅	四正坎门静宅
此宅坐东向西开兑门 用兑生祸延绝六五天	此宅坐南向北开坎门 用坎五天生延绝祸六
四正震门静宅	四正离门静宅
此宅坐西向东开震门 用震延生祸绝五天六	此宅坐北向南开离门 用离六五绝延祸生天

四正动宅图式

四正震门动宅	四正坎门动宅
此宅坐西向东开震门 用巧番八卦相生定之	此宅坐南向北开坎门 用巧番八卦相生定之
四正兑门动宅	四正离门动宅
此宅坐东向西开兑门 用巧番八卦相生定之	此宅坐北向南开离门 用巧番八卦相生定之

四维静宅图式

四维乾门静宅	四维艮门静宅
此宅坐南向北开乾门 用乾六天五祸绝延生	此宅坐南向北开艮门 用艮六绝祸生延天五
四维坤门静宅	四维巽门静宅
此宅坐北向南开坤门 用坤天延绝生祸五六	此宅坐北向南开巽门 用巽天五六祸生绝延

四维动宅图式

四维艮门动宅	四维乾门动宅
此宅坐西向东开艮门 中央接续则一字相生	此宅坐南向北开乾门 中央接续则一字相生
四维乾门动宅	四维艮门动宅
此宅坐东向西开乾门 中央接续则一字相生	此宅坐南向北开艮门 中央接续则一字相生

四维坤门动宅	四维巽门动宅
此宅坐北向南开坤门 中央接续则一字相生	此宅坐北向南开巽门 中央接续则一字相生
四维坤门动宅	四维巽门动宅
此宅坐东向西开坤门 中央接续则一字相生	此宅坐西向东开巽门 中央接续则一字相生

宅门断吉

乾宅坤门,富贵多珍。门开艮兑,代代腰金。

坤宅乾门,夫妇和宁。门开艮兑,世受皇恩。

艮气兑门,最旺儿孙。乾坤出入,家满黄金。

兑宅艮门,家道昌亨。乾坤出入,祖业丰盈。

震宅巽门,加官进丁。门开南北,平步青云。

巽宅震门,家出文人。门开南北,富贵骈臻。

坎宅离门,库满仓盈。出入震巽,百子千孙。

离宅坎门,广积金银。出入震巽,产子贤能。

阳宅总论

要知屋宇之兴衰,须究东西之两宅。乾坤艮巽门,曰四维,震兑坎离户,言四正。

乾坐西北,坤坐西南,艮坐东北,兑坐正西,为西四宅。震坐正东,巽坐东南,坎坐正北,离坐正南,为东四宅。凡东四宅不开西四宅门,西四宅不开东宅门,是也。四维、四正、干支申,明其下绘图可览。

四维有接续相生之秘:如乾坤艮巽上开门为四维门。凡开四维,从门上用大游年歌,顺去至第一进居中止,得何星,看此星五行属何,就从一进生第二进,以二进生第三进,以星宿五行重重生进去,谓之接续相生,看高处是何星疏,宅有何益损,使知宅之吉凶矣。

四正有巧番八卦之传:如震兑坎离上开门为四正门。凡开四正门,须从坐房主房高大上起用大游年歌,顺数至去门上止,得何星,是巧番八卦也。看此星五行属何,从门上一进起重,重生进去,看房屋高大者是何宿,与宅有何损益是也。下绘屋图可考。

静宅须察门堂之生克,详其星落何方。动宅当究星宫之喜忌,观其曜飞之处。

盖住宅一进、二进为静宅,三进、四进至有五、六、七、八进者,皆为动宅。动宅有四维,接续相生,有四正巧番八卦之法,谓之动,则生也。凡静宅,不论四维、四正皆从门上起数去,遇吉星高大者,主见败坏。然吉凶星皆不宜与宫克战,故曰:详其星落何方,观其曜飞何处。喜忌亦谓吉凶也。

延年武曲,金居西而获吉。天乙巨门土,坐东而会凶,五鬼廉贞畏坎乾兑,总非艮六煞,文曲愁坤艮离皆不吉,武军遇震巽及南离乃是仇家。贪狼逢坤艮,与中央遂成敌国。

延年即武曲属金,天乙即巨门属土,五鬼即廉贞属火,六煞即文曲属水,绝命即破军属金,生气即贪狼属木,祸绝即禄存属土,此是星宿之所属也。乾兑属金,震巽属木,艮坤及中宫属土,南离属火,坎北属水,此是八卦之所属也。延年金也,居西金地谓之星宫得位,故言其吉。天乙土也,坐东木地,谓之宫分克星,故言其凶。五鬼、六煞等皆宜类推。

生者昌克者亡,高低而论战者凶,比者吉,小大以推。

此承上文,星宫生克而言,凡相阳宅,必先看门开何处,后定四维、四正。门分动宅、静宅,看主房何处高大,以高大主房为星方位,为宫。宫生星者,吉宫星交战者,凶星生宫为泄气。星与宫同属,谓之比和,门与宫亦宜生宜比,不可克战。

乾曰父兮,坤曰母兮,震为长男,坎为次男,离巽是姑亦是媳,艮兑是女,亦是子。

乾居西北属金,为卦中老阳,故曰:父坤居西南属土,为卦中老阴,故曰:母震居正东属阳木,为卦中长男,巽居东南属阴木,为卦中长女,坎居正北属阳水,为卦中中男,离居正南属阴火,为卦中中女,艮居东北属土,为卦中少阳,为少男,兑居正西属金,为卦中少阴,为少女,卦中之五行,即天道之五行。卦中之父子即人伦之父子也。学者详之,而后知兴败,四句起矣,下文发明。

鬼入雷门,惠王子丧于齐,廉居天府伍相父刑于楚。

鬼者,五鬼廉贞凶星也。如震宅开乾门,宅被门克,从乾门上起至震房上,见五鬼落处,乾金震木,震被乾伤,主伤长子。如梁惠王太子丧于齐,是也。又如震门至乾上起高房,从震门上起至乾方,见五鬼廉贞落处,廉贞是火星,星克乾宫,主伤老父,如伍相国之父奢被楚平王所戮也。

甘罗早发宅,逢艮兑延年。吕望遇迟屋,会乾坤武曲。

艮兑,少阳少阴也。乾坤,老阳老阴也。延年武曲属金也,金逢乾兑则旺,金逢坤艮则生。星飞生旺之处,星宫相宜,艮兑乃少阳少阴,主早发。乾坤乃老阳老阴,主发迟,如甘罗、吕望之不同耳。

用星低泄贫,同原宪、黔娄。吉宿高强,富比陶朱、猗顿。

用星即吉星,凡延年、生气、天乙为吉星。如吉星低小,星落处星去生宫,请之泄气,主贫穷。如用星高大,星落处宫来生星,谓之高强,主富贵。如原宪黔娄之贫乏,陶朱、猗顿之素封也。

丧明之痛堪叹,震坎艮见遭伤损鼓盆之哀,谁诉兑巽离已遇其凌。

震为长子,坎为中男,艮为少男,此三宅星宫,如见伤克主克子。如子夏之痛子而丧明,兑为少女,巽为长女,离为中女,此三宅星宫,如见伤克主损妇女,如庄周之丧妻而鼓盆也。

蛇惊梦里,皆缘兑宅乾门,狮吼河东,只为离高坎陷。

兑宅乾门,乾宅兑门,是老阳同少阴,主多生女子,皆庶出《诗经》云:维虺蛇女子之祥,坎离为卦中夫妇,如离宅高而坎门低,则阳被阴欺,而有惧内之讯如东坡讥陈造畏妻,所谓忽闻河东狮子吼也。

火犯乾垣,炀帝杀父而自立,金侵雷府,易牙杀子以媚君。

如离宅乾门,乾宅离门,或五鬼廉贞火星落乾宫,皆火犯乾垣,乾是卦中之父,受克则出,忤逆子孙。如震宅乾门,乾宅震门,或绝命破军金星落震宫,震为雷,故曰:金侵雷府,则震被乾伤,主子失爱于父。火犯乾,金侵雷,皆主父子相残,以至绝嗣也。

辅弼入乾垣,项羽获沛公之父。辅弼入艮兑,郭氏绝贾相之嗣。左辅、右弼二星属木,艮坤宫属土,乾兑宫属金,木入坤艮则星去克宫,木入乾兑则宫来伤宿,乾坤是父母,艮兑是子孙,父子不相顾,悍妇绝宗,秘有如此。

小畜之妬中□,有新台之丑,大过之睽绣帏,窥韩寿之容。

巽宅乾门是风天小畜,乾宅巽门是天风姤,兑宅巽门是泽风大过,离宅兑门是火泽睽,犯此二者,则闺门秽乱,非有新台之行,即有偷香之女,真阳宅之切忌也。

震入艮有斗粟尺布之讥,艮入乾见捧橄舞班之乐。

震为兄,艮为弟,震入艮则艮被震克,而有以兄凌弟之患,妯娌不睦之变。艮为子,乾为父,艮入乾,则乾得艮生,而有父寿子荣之喜矣。

禄存破军得势,晁错自贴伊戚,延年、天乙归垣,平津得遇殊恩。祸害即禄存星,属土,绝命即破军星,属金,皆是西宿也。若遇凶星归垣,谓之得势,则有不测,无妄之祸。延年即武曲星,属金。天乙即巨门星,属土,皆是吉星也。若遇吉星,归垣得势,则有不意中之富贵。如汉时晁错,以劝削吴楚见杀,而公孙弘以布衣封侯入相之荣也。

定理昭然吉凶,通别绪言浅陋,聊以共晓,于当时图画详明,用是并垂于下幅。

黄石公《阳宅八门秘旨》,愚细考究,乃八卦为主,九星为宾。得宜者吉,失宜者凶。配星装卦各有所司,绘成八门吉凶图式。俾人人知所趋避而获福无疆矣!

八门忌格图式断法

鬼入雷门	廉居天府
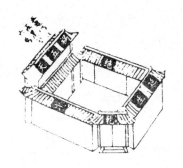	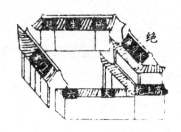
○此宅坐东向西,静宅开乾门,震上起主房,从乾门上用大游年歌乾六之句,顺起至震上见五鬼凶星。又乾门金克震房之木,主损长子。	○此离宅北向开震门,西北乾上立高房,从震起用震延之句,至乾见五鬼凶星属火,火克乾宫,金乾为父星,父受克之象,主损父。
巽克艮宫	巽门克坤
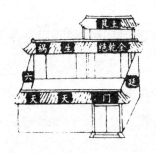	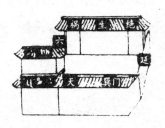
○坎宅向离开巽门,艮上立高房,从巽门上起巽天之句,顺至震上见绝命破军凶星。又巽门克艮,主姊妹叔嫂不和,损伤幼子。	○坎宅离向巽上开门,坤上起高房,或主房在坤上,见五鬼廉贞凶星。又巽门克坤宫,坤为老母,主克母姑。又主长绝长女忤逆。

金侵雷府	兑克巽宫
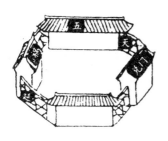	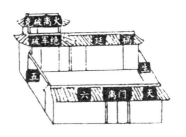（上兑克巽宫图）
○离宅向北开兑门，震上起高房，从兑门用兑生之句，数至震上见破军金凶星，震为长男，此门与星克宫主妹欺兄，伤克长子。	○艮宅向坤开兑门，巽上起高房，从兑门上用兑生之句，顺至巽房见六煞文曲凶星。又艮门克巽宫，巽为艮女，主伤长女、长媳。
坤克坎宫	火犯乾垣
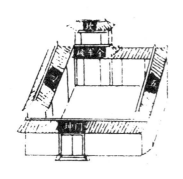	
○艮宅向坤开坤门，正北坎上起高房，从坤门上用大游年坤天之句，至坎房见破军凶星。又坤土克坎水，坎为中南，主克次子。	○坎宅向离开离门，从利门用大游年离六之句，至高房见乾上破军凶星。又离门克乾金，乾为父，主克父，或被次女、次媳害家。

星宫交战	禄存得势
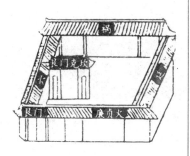	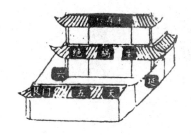
○坎宅艮门至艮方上,见五鬼廉贞火凶星,被坎宫水克。又艮门上克坎水,坎为中男,艮为少男,与星宫互见伤损,主绝嗣。	○离宅开艮门,用大游年艮六之句,至离房见祸害禄存土凶星,禄存到离得火以生,是凶星得权势也,主有祸害及阴人搅家。
震克艮门	巽克艮宫
	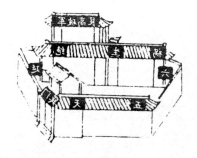
○震宅艮门用大游年艮六之句,从门至震见六煞凶星,艮土被震木克,艮为小口,艮震又为兄弟,主兄弟不睦,阴人及堕胎。	○艮宅巽门用巽天之句,至艮见绝命破军凶星。又巽木克艮土,艮为幼母,巽为长女,主嫂凌叔,姑害侄,父绝嗣,又主出疯吉。

离克兑宫	贪狼入乾
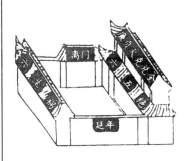	
○兑宅离门用离六之句,至兑房见廉贞火凶星,兑为少女属金,兑为口金属肺,金被火克,主产痨、咳嗽、血症、大灾,伤少女、少媳。	○乾宅兑门用兑生之句,至乾见生气贪狼木吉星,则木被金克,谓之吉星走位,乾为父,木数三、金数四,主伤老父及第三、四子。
贪狼入艮	四正巧番
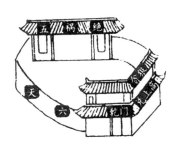	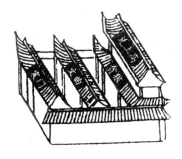
○巽宅乾门,兑上有高房,从乾上起乾六之句,至兑见贪狼木吉星,木被兑克,巽被乾克,乾为翁,巽为媳,主闺门秽乱及伤少女。	○兑宅震门屋有三进,是四正动宅,从兑上用兑生之句,巧番至震见破军金,金生二进,文曲水,水生三进,贪狼木亦是贪狼入兑。

巨门入震	禄存入巽
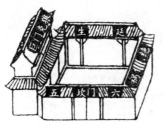	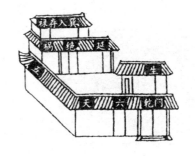
○坎门震上有高房，从门上起坎五之句，至震方高处见天乙巨门土吉星，是巨门土入震宫，土被震木克，主家业破财，伤男人。	○开乾门巽上有高房，从门上起乾六之句，至巽方高处见祸害禄存土凶星，即星被宫克，宫被门伤，主损阴人及有家丑外扬。
六煞入坤	文曲入艮
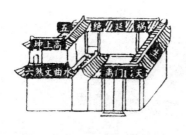	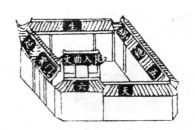
○坎宅离门，见坤方有高房，从门上起大游年离六之句，至坤见六煞文曲水凶星，星被宫克，主伤阴人、六畜，又主老母多疾。	○开震门见艮方有高房，从门上起大游年震延之句，至艮见六煞文曲水凶星，星被宫克，宫被门伤，主兄弟结仇、损小口、绝嗣。

四维接续	四正巧番
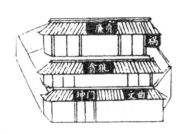	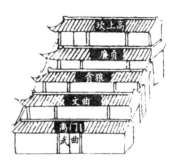
○坎宅向南开坤门,屋三进是四维动宅,用接续相生法,以坤六句从门起至离见文曲水,水生二进,贪狼木,木生三进,廉贞火。	○此宅坐北坎向,南离开离门,屋有四进是四正动宅。动则一生用巧番八卦之法,从坎宅上起用大游年坎五之句,顺至离门见延年武曲金星,金生四进文曲水星;水生第五进贪狼木星;木生第四进廉贞火星,此亦廉贞入坎也,断法与前。
四维接续	破军入离
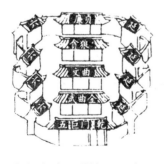	
○此坎宅向南开巽门,屋有五进是四维动宅。凡动则生用接续相生之法,从巽方门上起大游年歌巽天之句,至南上见天乙巨门土星,生第二进武曲金星,金生第三进文曲水星,水生第四进贪狼木星,木生第五进廉贞火星,亦是廉贞火坎,断法同前图。	○离宅乾门,从乾门上起用乾六之句,顺至离见绝命破军金凶星,又宫门相战,主遭命盗,代出军戎,又主犬马伤人,女媳不孝。

廉贞入坎	离高坎陷
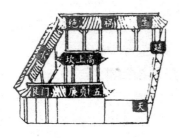	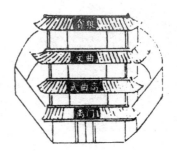
○艮门坎房高门上起艮六之句,至坎见五鬼火凶星,星被宫克,宫被门伤,坎宫属水、五鬼临之,主遭水难、游荡、流落,出子癫狂。	○坎宅陷离门,高屋有三进,是四正动宅,从坎上起坎五之句,巧番至离门上,见延年武曲金吉星,金被离克,主克夫,妇悍失惧。
武曲入离	廉居天府
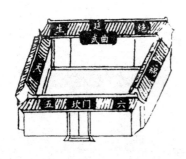	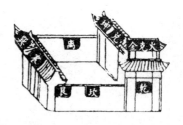
○坐南向北开坎门,用坎五之句,从门上起,至坎宅见武曲金吉星,虽金星被离宫火克,然延年吉星无碍,不过主夫妇常反目。	○此图前已陈明,但知震门乾上高者是,恐不知乾上牌坊及高塔在屋之逼近者亦是,故绘图详列廉贞之吉凶,前已悉陈。

巨门入坎	禄存入坎
	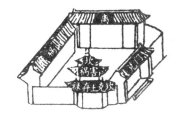
○震上开门,坎上起高房,用大游年震延之句,至坎见天乙巨门土星,星虽吉不宜土克坎宫水,主克子、败财、出寡妇、遭风木。	○兑门见艮上起高房,用大游年兑生之句,至坎见祸害禄存土凶星,土克坎宫水、坎为卦中中男,主克中子并招无妄之祸。
贪狼入艮	破军入震
	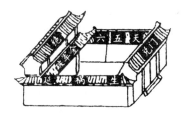
○坎宅向南开坤门,艮方屋旁有大树,从坤门起坤天之句,至艮见生气贪狼木星,贪狼虽吉宿,嫌其克艮方及幼子,主损幼子。	○震宅开兑门,震上起高楼,从门上起兑生之句,至震见绝命破军金凶星,震被金星克战,震为长男,则祸及长子,主败绝。

武曲入震	文曲入离
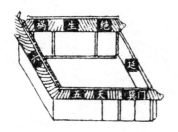	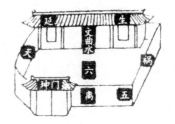
○此宅开巽门,震房屋旁有高塔,从巽门上起巽天之句,至塔上见延年武曲金星,虽武曲吉宿,总不宜克宫,主伤长子及长孙。	○坎宅向南开坤门,屋前正南离上有石幢高立,从坤门起坤天句,至离见六煞文曲水凶星。水克离火,主损孕妇、退财丁。
左辅入乾	左辅入乾
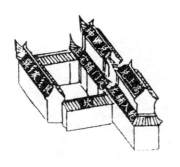	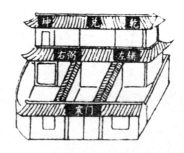
○左辅入乾者是兑宅向震,并造二宅,乾方有高屋开震门共出入。谚曰:一宅分为两院,是也。左辅是木星,被乾宫金克,主败绝。	○兑宅向东,在主房左首另造高楼共一门出入,亦是左辅入乾也。

右弼入乾	右弼入乾
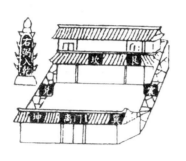	
○右弼入乾者,坎宅向南,并造二宅,开门于两宅中界,或开一边、两边通同出入,一门者是也。右弼是木星被乾宫金克,主绝嗣。	○坎宅向南,在主房西边另造一高房,或有高塔亦是右弼入乾。如高房不同出入者,如高塔与房间造者,勿论右弼入乾,是也。
左辅入兑	右弼入兑
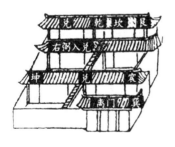	
○左辅入兑者,离宅向北,主房左首正西另造一高房,一门出入,或有高塔逼近屋左首是为左辅入兑,其吉凶与左辅入乾同看。	○右弼入兑者,坎宅向南,主房右首有高屋,一门通同出入者,或主房右首逼近有牌楼及高塔者皆是,吉凶与右弼入乾同看。

贪狼入坤	左辅入坤
	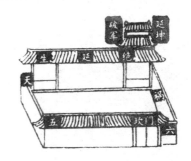
○离宅艮门,坤方如有高异石木上堆,从艮上起艮六之句,至坤见贪狼木星,星虽吉,然不可克宫,坤为母,主母灾,招有横祸。	○离宅坎门,主门左首屋角坤方有高亭,成左辅形局致坤上,被左辅木克。况亭上又见绝命破军凶星,坤为母,主伤母,损阴人。
四维接续	武曲入巽
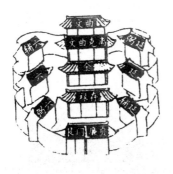	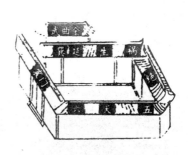
○离宅向北艮上开门,造四进房屋,是四维动宅。凡动则生用接续相生之法,从艮门起艮六之句,至巽一进中坎见廉贞火星,火生第二进禄存土星,土生第三进武曲金星,金生第四进文曲水星,水星高大克离宫之火,离为中女,主产难、损妻、败财。	○开震门见巽上立高房,用大游年震六之句,至巽得延年武曲金星,延年虽吉宿,嫌其金星克巽宫木,主寡汉无妻,主见丧母。

禄存得势	破军入巽
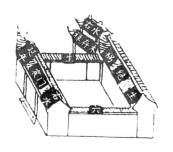	
○兑宅坐西向东开震门,西南角上坤方接造一高阁,用大游年震六之句从震门上起,顺数至坤方高阁上,得祸害禄存土凶星,土居坤宫,谓之禄存凶星得势,况此高阁为宅之右侧右弼,又入坤宫,不但克老母,损丁败财,更恐大祸自招矣。	○开艮门见巽方起高房,用大游年艮六之句,至巽得绝命破军凶星,破军属金,巽宫属木,巽为长女,被破军克,主损妇女,绝嗣。
贪狼入中	贪狼入中
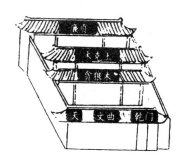	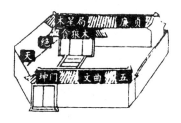
○凡屋三进,以第二进为中宫,五进以第三进为中宫,中宫属土,忌值贪狼木星克战,高大者更凶,主妇女肝肺病丧,出残疾人。	○坎宅开坤门,屋有三进,第二进中为中宫属土,用四维接续相生之法,中宫遇贪狼木星,不但中宫土被克,而坤门土亦遭伤矣。

四正巧番	宅吉星凶
○兑宅震门,用四正巧番八卦法,一进得破军金星,二进生文曲水,三进贪狼木,四进廉贞火,系廉贞入兑,非贪狼入中,伤少女。	○兑宅艮门,大忌造三进屋,盖缘第二进遇贪狼入中,第三进遇廉贞入兑,谓之宅吉星凶,主败绝,学者切勿概以艮兑延年论。
四维接续	
○兑宅巽门,用四维接续相生之法,一进震方见武曲金,三进文曲水,三进贪狼木,四进廉贞火是廉贞入兑,主阴人血痨、产厄。	

新镌历法便览象吉备要通书卷之二十一

潭阳后学　魏　鉴　汇述

营造宅经
（附修作杂件、宜忌等事）

《周书秘奥》云：昔黄帝造成宅舍，人得居之，宅者，人之根本，人从宅中而生，宅旺人乐，宅败人丧也。故圣人将欲纳民于富寿，使移利而避害。余遍采宅经，勘其可否，削其繁冗，撮诸秘要，济物利民，不亦美欤。

屋舍入宅，欲左有流水，谓之青龙。右有长道，谓之白虎。前有汙池，谓之朱雀。后有丘陵，谓之玄武，为最贵地，若无此相，凶。不若种树，东种桃柳，南种梅枣，西种杷榆，北种柰杏。

宅东有杏，凶。宅北有李，宅西有桃，皆为淫邪。宅西有柳，为被刑戮。宅东种柳，益马。宅西种枣，益牛。中门有槐，富贵三世。宅后有榆，百鬼不近。

凡宅东高西下，富贵雄豪。前高后下，绝无门户。后高前下，多足牛马。

凡杂地欲平坦，名曰梁土。后高前下，名曰晋土，居之并吉。西高东下，名曰鲁土，居之富贵，当出贤人。前高后下，名曰楚土，居之凶。四面高、中央下，名曰卫土，居之先富后贫。

凡宅不居当街口处，不居古庙寺及祠社炉冶处，不居草木不生处，不居故军营战地，不居正当水流处，不居山春冲尖处，不居大城门口处，不居对狱门处，不居百川口处。

凡宅东有流水达江海，吉。东有大路，贫。北有大路，凶。南有大路，富贵。

凡树木皆欲向宅者,吉。背宅,凶。

凡宅地形,卯酉不足,居之自如。子午不足,居之大凶。子丑不足,居之口舌。南北长、东西狭,吉。东西长、南北狭,先凶后吉。

凡人居宅滋润光泽阳气者,吉。干燥无润译者,凶。

凡宅前低后高,世出英豪。前高后低,长幼昏迷。

　　左下右昂,男子荣昌。阳宅不居,阴宅不强。

　　右下左高,阴宅丰豪。阳宅不吉,主必奔逃。

　　两新夹故,死须不住。两故夹新,光显宗亲。

　　新故俱半,陈粟朽贯。实东空西,家无老妻。

　　有西无东,家无老翁。坏宅留屋,终不断哭。

　　宅材鼎新,人旺于春。牮屋半住,人散无主。

　　间架成双,潜资衣食。接栋造屋,三年一哭。

凡住祖父之宅,如欲修造,即要祖上作阳宅,阴宅运用方偶,如是则累代富贵,子孙隆盛。如屋处不利,即宜转阳作阴。或如阴如阳吉。

凡人居住之宅,必须周密。勿令有细隙,致有风气得入。但觉有风,勿强忍之久坐,必须急忽避之。

居处不得绮靡华丽,令人贪婪无厌乃祸害之源,但令雅素洁净。

盖屋布椽,不得当柱头筑上著,须是两边骑梁。云不得以小压大也。

凡造屋,切忌先筑墙围并外门,必难成。

凡起新屋,防木匠放木笔于屋柱下,令人家不吉。

起宅毕其门,刷以醇酒及线香末,盖礼神之至也。

凡人家不可多种芭蕉,久而招祸。又云:人家房户前不宜多种芭蕉,俗云引鬼,妇人得血疾。

住宅四畔竹木青翠进财。

屋架与间不用双,须单,为大吉。水詹头相射,主杀伤。内射外,外人死。外射内,谓内当。

凡屋外檐头广阔为上,不得通促。斜雨泼壁,家内痢疾。风吹不着,不用服药。厨屋漏浆,新妇与良。梁栋遍欹,家多是非。屋势倾欹,赌博贪花。瓦移栋催,子孙贫赢。

凡柱尾为枋,枋尾为枡。枡在枓下,为不顺,主有不孝子弟。枡在枋下,大吉。

凡桁梁以木头朝柱,主人大吉,木匠有成。

宅四面高冲,子孙祛弱。

古路灵坛、神前佛后,水田灶之所,其地并不堪居。

宅若前高后下,主孤儿寡妇,令男子懒惰,使妇人淫奔。

宅中聚水汪汪,养蚕桑之难得。

屋头有厦,衰病莫不由斯。桑不宜作屋木,死树不宜作栋梁。

何谓安处?曰:非华堂、邃宇、重栏、广榻之谓也。在乎南向而坐,东首而寝,阴阳适中,明暗相伴。屋无高,高则阳盛而明多。屋无卑,卑则阴盛而暗多。谓明多则伤魄,暗多则伤魂。人之魂阳而魄阴,苟伤明暗则疾病生焉。此所谓居处之高下,使之然也。况天地之气有亢阳之攻肌,淫阴之侵体,岂不防慎哉!修养之所,倘不法此,非安处之道术。曰吾所居室,四边皆窗户,遇风即闭,息风即开。吾所居坐则帘后屏,太明则下帘,以通其内杀。太暗则卷帘,以通其外曜。内以安心,外以安目。心目皆安,则安身矣。明暗尚然,况太多思虑,太多情欲,岂能安其外哉!故学道以安处为次楼。

凡居宅造楼莫近大街头。低吉高凶,能招五通。门楼高大,须荣贵厅堂。

凡人之居宅,厅后不宜作灶。画堂应干,须用偶数,则主家和睦。私居厅不必广大,亦要数单厅上。单栋恐招内攻预事。私居堂要十分华饰,则夫妇偕老,子孙昌盛。有厅无堂,孤寡难当。堂前有绿树,吉。南厅连于西屋,令岁月之忧煎。折裹为厅终不利,折厅为裹则无妨。

庭轩若有大树近轩,疾病连绵。人家种植中庭,一月散财万千。中庭种树主分张。门庭双枣喜嘉祥。庭心树木主闭困。长植庭心主祸殃。

房室但凡人卧室宇,当令洁净。净则受灵气,不净则受故气。故气之乱室宇者,所为不成,所作不立。一身亦尔,当洗沐澡洁,不尔无冀。

人卧床当令高,高则地气不及,鬼气不干。鬼气之侵,人当依地而逆上耳,高谓一尺以上也。昔有一人病在地卧,于病中乃见鬼神于壁穿下,以手为管吹之,此即是鬼吹之事也。房屋堂头莫安柜,房门两壁莫开窗。

房门不得正对天井,主此房人口频灾。灶房门亦不可对卧房门,主口舌病患。挂帐不用开日,犯者蚊蝇不能净,须用水闭日为佳。若用土闭日,泥饰屋宇,蚊不入,累效。

门户但凡门以栗木为关者,夜可以远盗。凡门面两畔壁,须大小一般。左大换妻,右大孤寡。门面上枋空蛀窟痕,主动瘟疮痹之疾。门栋柱不着地,无家长。栋柱空蛀,家长聋盲。门塞栋柱家忧惧。退财破田,血畜耗始。大门十柱,小门六柱,皆着地,吉。门高于壁,法多哭泣。门装虚坐,频招瘟火。粪屋对门,痈疖常存。仓口向门,家退动瘟。捣石当门居,屋出离书。门前直屋,家无余谷。门口水坑,家破伶仃。大树当门,罗豉天瘟。墙头当门,当被人论。交路夹门,人口不存。众路直冲,家无老翁。门被水射,家散人哑。神灶对门,常病时瘟。门中水出,财散冤屈。门着井水,家招神鬼。正门前不宜种柳。

所居向异方开门隙穴开窗之类,立有灾害,无免者。又日夜忌于官舍正所私家,正堂南向坐,多招异事。当门勿安卧榻,不利。庚寅日不可作门,门大夫死日人家。门左右不可安插堂,主三年一次哭。扫冀草置门下,令人患白虎病。东人呼为历骨风。白虎鬼如猫在冀堆中。亦云粪神疗法以鸡子揾病人痛咒原送着粪堆头,勿反顾。凡宅门下水出,财物不聚。东北开门,多招怪异之重重。宅户三门莫相对。门前青草多愁怨,门外垂柳非吉祥。水路冲门,悖逆子孙。

井灶人勿豉井,今古大忌。见露井莫窥,损寿。俗以清明日淘井为新泉,以铅十斤余置之井中,水清而甘。开井近江近海处,须择江风日,开则吹江水入泉脉必甘。若海风顺日,则吹海水入泉脉,必咸。如江在水之西南方,是日有西南风,则凿之。井勿取东向。三百六十步外见一青石,以酒煮放井中立止。如不穿井,井泉不香。勿塞故井,令人耳聋目盲。凡堂前不可穿井,男子越井,妇人上灶,皆招口舌,分外之祸。勿越井越灶。井在灶边,虚耗年年。井灶相看,法主男女之内乱。井灶不可令相见,女子祭灶事不祥。井北灶南家悖逆,井畔栽花物业荒。厅内房前休凿井,主人堂后莫开泉。刀斧不宜安灶上,欺帚灶前,令人家不安。凡于厅后安灶两火,惶惶有灾殃。践害灶上令人患疮。灶堂无礼家必破。灶前歌笑大惊惶。粪土无令壅灶凶。

灶中午夜绝烧烟,午夜乃是后帝灶君交会之夜,宜避之,即安。妇人勿豉坐灶,大忌。向灶骂詈言不祥。可对灶吟咏及哭,不可将灶火烧香。

阳宅秘论

（谓论阳基龙脉、造作宜忌等事）

出《玉体真经》。

　　阳宅阴坟龙无异，但有穴法分险易。
　　阴穴小巧亦可托，阳宅须用宽平势。
　　明堂直须容万马，厅堂门庑先立位。
　　东厢西廊及庖厨，庭院楼台园圃地。
　　三十六条分屋脊，三百六十定磉位。
　　或从出居分等级，或是广坂得平地。
　　水木金土四星龙，作此住基终吉利。
　　惟有火星甚不宜，只可剪裁作阴地。
　　仍听尖曜无所得，不比坟墓求秀气。
　　惟有卓笔及牙旗，耸在外阳方无忌。
　　更须水口收拾紧，不宜大迫成小器。
　　财星近案明堂宽，案近明堂亦复窄。
　　家非巨富小小税，此言住基大局面。
　　若论门庭先论水，屋上流水莫交时。
　　家道不和向此起。

　　中堂天井纳分流，引得外人相窥向。
　　视身又须防倒射，仆夫谋主散杀弑。
　　其次精详行地水，地水流行须吉位。
　　阳水不得杂阴流，去来皆要星辰利。
　　假如亥坐向巳方，巽巳长生去有妨。
　　但有斜穿丙丁去，不然左穿指卯方。
　　折归巳巽横斜过，欲穿丙丁去未良。
　　仍忌午与坤申位，更有吉辰非去方。

举此凡例可类取,更有图记为君详。

行水既明看屋法,莫将楼阁头上插。

后堂行堂仍可安,厅亦欺人太相压。

更有廊屋可以安,龙凤昂头却是法。

中堂莫将暗视装,暗视有病在衷肠。

寿星不出人夭亡,梁枋笋要出小笋。

如菱广方胜其小,员星为寿星藏头。

不出则主人短命(主小儿难养),折压梁头亦不良。

人不起头多夭死,妇人少壮守空房。

天井不可作一字,一字带杀少神气。

一丈必须五尺阔,长短折半随所至。

砖高不过十五级,只取下阶平水例。

其次十一是合数,过此皆非吉与利。

假如堂屋作九间,分作三井方为是。

堂前门廊不可空,窗称隔梁须抵蔽。

中堂不可架直屋,直屋停丧长不利。

堂柱用九厅用七,间五间皆单数利。

至如折柱论火数,亦须单数方为美。

间架广狭及高低,并不从获从单数。

其数门径当审阳,详行水路亦有方。

两胁开张聚为一,宛如个字在两旁。

似此名为带剑水,穴主凶逆生不祥。

水出两旁面前合,一出一缩合从长。

恰如人字方出去,此名交剑亦有殃。

先吉后凶主门兢,破财更有逢杀伤。

一家八口同一聚,同出同门同一处。

水路纵横两肋来,一切凶祸归中央。

两卷名为抽剑水,抽剑杀人出轻狂。

门路各家不如巷,水路空阔则不妨。

两肋不可分两路,前横合一过一方。

顺从一边行过去，此水得地乃无伤。

合流须是一家水，析作之玄随短长。

更看方位有吉凶，如此门法多富贵。

蓄水斜出明堂里，此为神煞名抛枪。

堂后不可有蓄水，此又名为背后枪。

家道不和子媳少，财产合退不可当。

白虎头边莫行破，人行常是起官方。

青龙头上莫开口，杀名倒实虚耗当。

仍主口舌当击括，男女受谤日月长。

白虎头上莫开口，白虎口开人口伤。

杀名吞啖难养人，产妇常常病在床。

若还更有人行破，官祸在门不可当。

更有碓磨居其上，家宅不宁发瘟瘴。

门外不须更架屋，蔽却好山坏明堂。

造星从来有次第，先内后外起自堂。

若还造门堂不造，客胜主人召官方。

中堂戊主失中馈，钱财易散失祸殃。

先造两间不造堂，儿孙争斗不可当。

公婆父母禁不住，兄弟各路行别方。

造得门成要龙虎，龙虎可从门上装。

下水青龙要居外，上水青龙要内方。

下水白虎要居外，上水白虎内方藏。

莫道明堂外自有，不知门内是明堂。

来龙在后碓居前，不可春撼有损伤。

震动不宁龙亦病，家宅不安事无常。

来龙在左碓居右，来龙在右碓左旁。

碓头要向前头去，人从后榻无祸殃。

若是碓头踏向里，人踏居前向宅堂。

被人檐碓打住居，家财冷落少人亡。

茶磨必须居左腹，右腹搅动白虎肠。

主生疾病搅肠痛,出入偏窄结肚胀。

厨灶必须居左位,不宜安在白虎方。

阳宅若还依此法,定须子孙炽且昌。

大凡人家起屋,莫要先筑墙,为之,困字,主人家不兴发,亦起不成住场吉。

凡人家起屋,屋后莫起小屋,为之,停丧屋损人口,难为住。

凡人家起丁字屋,主无家主,绝人丁。

凡人家起屋,前低后高,主发财禄兴旺。

凡人家起披孝屋,即后屋接连披盖是也,主横死人丁,退田蚕。

凡人家起屋,莫开池塘,主家财退,绝人丁,无子女,为之漏胎泄气。

凡人家起屋,门前不可开新塘,主绝无子,名为之血盆照镜。若门稍远,可开半月塘,可也。

凡人家屋,前门不许如箭来射,主出子孙忤逆不孝。

凡人家门前,不要见石块,高二三四尺者皆是也。红白赤星所主立见。

凡人家正屋,后不许起仓屋,为之,龙蟠宅,主家财不兴。

凡人家门前不要红赤黑石,必主麻疯患眼。为之,火星,又主火厄。

凡门不要朝空,亡贵人,小退财不发。

凡人家屋后见拍脚山,出淫妇,通僧道。

凡人家门前有探头山,四时防盗。若近屋,出军贼之人。

凡人家住屋拆去半边及中间拆去者,为之,破家,杀主人,不旺,贫穷。

凡人家住宅,不要屋角侵射及当门射来,本主聋哑之人。

凡人家起屋,莫飞走回圭,主忤逆弟兄不和之人。

凡人家屋后或有峻岭路道,或前冲后射,主出盗贼之人。

凡人家开门路及车门,不要直射,为之,穿心杀,主家长横死之患。

凡人家屋后莫开车门,要被盗退财,如在侧边不妨,北方开门亦然。

凡人家屋后不要绝尖尾地,主绝人丁。门前屋后方圆吉。

凡人家门前,不要朝垂飞水返背者,是也,主出淫乱之妇。

凡人家门前见水声,悲,今主退财。

凡人家门前屋后见流泪水,主眼病。

凡人家门前朝平头山,是土星,吉。出僧道属兴旺。

凡人家开车门,不要在子午坤艮四方,为鬼路,主疾病,损人口。

凡人家门前屋后沟渠水,不可分八字水,主绝嗣散财。

凡人家天井不可积屋水,主患疫痢。不可堆乱石,主患眼。

凡人家不可在当门开井,主官讼。

凡人厕屋不可冲大门,秽人门庭,主生灾祸。

凡人家食乳小儿,秽衣不可高晒并过夜,主生疾病。

论作灶法

作灶法:长七尺九寸,上象北斗,下应九州。广四尺,象四时。高三尺,象三才。口阔一尺二寸,象十二时辰。安两釜,象日月。突大八寸,象八风。

须备新砖,净洗,以净土和合香水泥,不可用壁泥相杂,大忌之。以猪肝和泥,令人孝顺。凡作灶泥,先除地面上土五寸,即取下面净土。以井花水并香和泥,大吉。凡灶面向西南吉,向东北凶。

灶神晦日归天,白人罪过灶主食萝者得食。子孙满堂,灶在明堂。徵音明堂在午,宫音在子,羽音明堂在戌,商音、角音明堂在申地。丙丁作灶引火光。

凡遇釜甑鸣鬼名婆女,但呼其名字亦不为灾,却招吉利。釜鸣不得惊呼或男子作妇人拜,妇人作男子拜,即可止之。釜鸣甑虚气冲则鸣,非怪但揭去盖,亦可矣。凡人家头锅过夜,须备洗净满注水,切不可令干,如空则使人心焦。又云:锅釜夜深莫停水,意以停水为是凶。

论天井

天井大凡四向,堂屋前着过道,中亭有二天井,象日月。为屋有眼目,主人发火灾。若只作一天井,亦发。只是多出患眼及损少丁、少妇。

天井着花栏,主淫佚。又云:天井着栏杆主病心、病瘴,眼着花防小口患。凡人家天井,方者为上,不可直长,主丧祸。厅前天井停水不出,主患病。父子相拗,有下痔肠风之疾及漏肝伤孕之厄。天井栽木大凶。天井内种花,主妇人淫乱,切不可种。天井中不可积屋水,主患疫痢,不可堆乱石,主患眼。

窗若门壁有窗主横事。天窗宜就左边开,乃青龙天开眼,吉。

沟渎,凡沟渠通后屋宇,洁净无秽气,不主瘟疫病。水路冲门,悖逆儿孙。水寄宅过,东流无祸。门前屋后,沟渠水不可分八字水,主绝嗣、散财。

论造屋间架数吉凶

凡阴阳二宅,造屋一间,单独二间,自如。三间吉,四间凶,东三间,无子,主绝。五间吉,六间贫破凶。七间大吉。堂屋五间、厅四间,或堂屋三间、厅五间,法主三年杀五人,五年杀七人,七年祸发破败逃亡。谓五间属土,三间属木,木克土,故也。堂屋四间、厅三间,堂屋三间、厅四间,三年杀四人,五年杀七人,火来克金,故也。堂屋三架,厅屋七架,主凶,亦如是。

凡通造堂屋五间,别无屋宇,必主伤折。

凡宅横造三重乃五间,别无屋宇,此名三阴,主败。

凡前造厅屋,末造余屋,直入裹作者,必害三人。

凡于厅屋下安灶,两火星人,故有灾殃。

凡屋有所无堂,孤寡难当。凡造屋一间经数年,主夫妻不和,合出孤寡。

凡造宅三重并无厅厢,名三绝。若姓同,居自如,后亦主凶。《经》曰:前屋为厅屋,中屋为堂屋,后屋为遮屋,何必有妨。三重横屋,两畔无厢屋,生自应主凶。惟人本命人天宫年起造,破命格灾,大凶。子人辰年、丑人戌年、寅人未年、卯人丑年、辰人午年、巳人子年、午人申年、未人寅年、申人酉年、酉人卯年、戌人亥年、亥人巳年。

集正历推禄宅起造年月

甲癸生人禄宅属土,乙亥生命禄宅属水,俱以申、酉、戌、亥、子年月日吉,余并凶。

丙辛生人禄宅属木,亥、子、丑、寅、卯年月日吉,余凶。丁生人禄宅属金,巳、午、未、申、酉年月日吉,余凶。

庚、己、壬生人禄宅属火,寅、卯、辰、巳、午年月日吉,余凶。以上吉年月日,凡起造、入宅移居、上官、出行、婚姻、安葬,并宜用之。禄宅有禄,前五辰是也。以本生年支用五虎元遁起寅上,顺数至禄宅上,看是何纳音。假如甲生人禄在寅,禄宅在未,便遁起丙寅至辛未是土,故禄宅属土,其余依此,各从禄宅之长生至帝旺,五位年月日吉。

地宅形势吉凶图

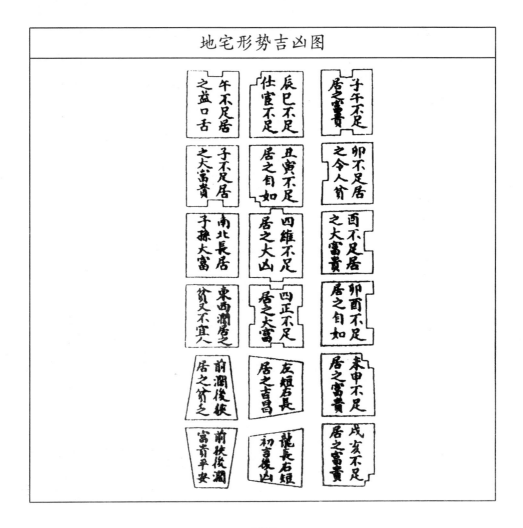

地宅形势吉凶图

午不足居之益口舌　辰巳不足仕宦不足　子午不足居之富贵

子不足居之大富贵　丑寅不足居之自如　卯不足居之令人贫

南北长居子孙大富　四维不足居之大凶　酉不足居之大富贵

东西阔居之贫叉不宜人　四正不足居之大富　卯酉不足居之自如

前阔後狭居之贫之　友烦右长居之吉昌　未申不足居之富贵

前狭後阔富贵平安　龙长右短初吉後凶　戌亥不足居之富贵

杂件宜忌

黄帝问玄女曰：世人所用日辰，造作屋宇何兴废？如许不一宜传示人。玄女对曰：凡造宅，值天开地通六合，主之三神，是吉，万事大吉。若值玄武、勾陈、朱雀、白虎四神传之日，并凶，不宜起造。

大明日：唐李淳风奏用此十二日，合《大明历》，乃天地开通太阳所照之辰，百事大吉。辛未、壬申、癸酉、丁丑、己卯、壬午、甲申、丁亥、壬辰、乙未、壬寅、甲辰、乙巳、丙午、己酉、庚戌、辛亥、丙辰、己未、庚申、辛酉。

全吉日：甲子、乙丑、丙寅、己巳、庚午、辛未、癸酉、甲戌、乙亥、丙子、丁丑、癸未、甲申、丙戌、庚寅、壬寅、壬辰、乙未、丁酉、庚子、癸卯、丙午、丁未、癸丑、甲寅、丙辰、己未。

宅长年命
（出《造宅便览》）

大凡创立宅舍及修造房屋，止看家主年命，再无合家通论之理。今将家主年命备开于后。

丑寅年生：遇丙辛丁壬戊癸年利。卯辰年生：遇乙庚丙辛丁壬年利。巳午年生：遇甲己乙庚丙辛年利。未申酉年生：遇甲己乙庚戊癸年利。亥子年生：遇甲己丁壬戊癸年利。

推十二命进退年月

申子辰人猪入栏，亥卯未人虎上山。
寅午戌人蛇当路，巳酉丑人猴位同。

从前六辰为进神年月吉,后六辰为退神年月凶。

申子辰人进神:申子辰进亥卯乡,若逢寅子更相当。仕人加秩才人遂,经商居室旺田庄。并方向正、二、三、十一、十二月进神吉,余不利。

亥卯未人进神:亥卯未人龙虎蛇,兔羊马地作生涯。丙丁庚甲宜修作,书香赫奕享荣华。并方向正、二、三、四、五、六月是进神,余不利。

寅午戌人进神:寅午戌生巳酉修,未申酉戌吉方求。天星地曜加临照,百代英雄福寿优。并方向四、五、六、七、八、九月是进神吉,余不利。

巳酉丑人进神:巳酉丑人申进乡,库禄加添在丑场。造作兴工逢吉曜,仓箱富足显荣章。并方向七、八、九、十、十一、十二月进神吉,余不利。

申子辰人退神:巳午年月莫修泥,官灾未子鬼来迷。未申酉戌为五鬼,犯着重丧无改移。四、五、六、八、九月是退神,凶。

寅午戌人退神:寅午戌人值退神,莫修寅卯亥子辰。退落家财人口死,阴人讼耗冷门庭。正、二、三、十、十一月是退神,凶。

巳酉丑人退神:巳酉丑人值退神,修茔动土便惊人。寅卯辰巳午未退,起造兴工灾祸临。正、二、三、四、五、六月是退神,凶。

退方:申子辰年莫作东方卯,亥卯未年莫作南方午。寅午戌年莫作西方酉,巳酉丑年莫作北方子,子午卯酉为灾退。

诗曰:

今人犯作误傍宫,此是五行逢败绝。

病中驷马子相逢,马前灾退造之凶。

起造动榔槌凶方忌太岁退方

甲己年东寅方吉,乾方师,坤申匠,巽巳主。乙庚年亥方吉,坤方师,巽方匠,艮寅主。丙辛年酉方吉,午方师,卯方匠,子方主。丁壬年甲方吉,巽方师,艮方匠,乾方主。戊癸年巽方吉,艮方师,乾方匠,坤方主。

天德方:春午、夏辰、秋子、冬寅。

华盖方:春丑、夏申、秋子、冬酉。

四季旺方:春东寅卯辰,夏南巳午未,秋西申酉戌,冬北亥子丑方。

金神七煞:甲己年午未申酉方,乙庚年辰巳方,丙辛年寅卯午未方,丁壬年寅卯戌亥方,戊癸年申酉子方。人家不足邻人嗔。

正槌杖杀

正月匠午主人子师子方。　二月匠丑主人丑师丑方。

三月匠子主人丑师未方。　四月匠酉主人戌师卯方。

五月象卯主人辰师酉方。　六月匠卯主人辰师未方。

七月匠子主人丑师未方。　八月匠卯主人辰师酉方。

九月匠子主人丑师午方。　十月匠卯主人辰师酉方。

十一月匠午主人未师子方。　十二月匠卯主人辰师酉方。

寻亡煞

甲己年槌煞在乾，不杀师人便杀主。乙庚之岁打出坤，

主人无事便匠凶。丙辛之年居午上，宅长公事须臾至。

丁壬戊癸四年方，忌从艮上发槌凶。子午之年居酉上，

丑未之岁卯辰方。寅申岁上亥为煞，巳亥巽位必主凶。

卯酉之年申上是，辰戌只碍子丑方。

月家凶日：子午卯酉月在乾，寅申巳亥定居巽，辰戌丑未坤方是。

日家凶方：申子辰日子，寅午戌日申，巳酉丑日庚，亥卯未日丙方是。

起造、定磉、筑墙、砌碨忌日兀、时兀、天返地覆日时，凶。

日兀子寅辰午申戌日，属阳年，忌阳兀，各选出日下。丑卯巳未酉亥日，属阴年，忌阴兀。

时家兀定局

时家兀

寅日申上兀辰下兀　　丑日午上兀子下兀

子日午上兀辰下兀　　卯日辰上兀戌下兀

辰日午上兀酉下兀　　巳日卯上兀酉下兀

午日丑上兀卯下兀　　未日丑上兀午下兀

申日戌上兀辰上兀　　酉日戌上兀辰下兀

戌日即上兀酉下兀　　亥日卯上兀酉下兀

天返地覆凶时

正月巳天返亥地覆　　二月辰天返戌地覆

三月卯天返酉地覆　　四月寅天返申地覆

五月丑天返未地覆　　六月子天返午地覆

七月巳天返亥地覆　　八月戌天返辰地覆

九月卯天返酉地覆　　十月寅天返申地覆

十一月丑天返未地覆　十二月子天返午地覆

倒家杀日

（竖造忌）

年干五虎遁甲子,甲定支辰位上安。

仍跨虎头支顺支,遇寅名曰败家亡。

其法:如甲子年五虎遁起丙寅,遁至甲干定在戌位上,就在戌位又遁五虎丙寅丁。卯在亥戌,辰在子巳,巳在丑庚,午在寅,每遇寅上是也,余仿此。

甲己年:甲午、丙午、戊午、庚午、壬午。

乙庚年:甲申、丙申、戊申、庚申、壬申。

丙辛年:甲戌、丙戌、戊戌、庚戌、壬戌。

丁壬年:甲子、丙子、戊子、庚子、壬子。

戊癸年:甲寅、丙寅、戊寅、庚寅、壬寅。

暗伤杀

（修造忌）

本命五虎遁其方，遁到其方仔细看。

又将太岁五虎遁，到山克命切须防。

假如丙戌生人修造作辰巳方，用本命五虎遁得壬辰、癸巳方，属水。如用癸酉年，以癸酉五虎遁得丙辰、丁巳土到方，克命是也。昔有一人在此方作马坊仓厂，果死人丁不少，慎之慎之。

天伤地伤杀

（修造忌）

丙子生人属水神，即将太岁五虎轮。

遁见丙辰为属土，天伤夺命不堪亲。

地伤庚子支辰是，庚子支宫土克人。

其年若犯休修造，伤克其人必死真。

假如丙子生，属水，用戊癸年修造。将太岁遁得丙辰，属土，名暗伤杀，克丙子水命人是也。丙为天干，子为地支。又如丙子生人属水，用丙辛年修造，用五虎遁得支辰庚子，纳音属土，土克丙子，水命凶。起例仿此。

的命杀

（修造忌）

太岁中宫寻本命，寻着本命不堪修。

再将月建中宫发，顺寻本命迭知休。

三将月建中宫遁，去寻太岁本年头。

三者到位君休作，财散人亡公事忧。

以上乃布衣三不修,是也。其法:将太岁入中宫,顺寻本命到处不可修也。又将月建入中宫,寻作本命到处亦不可修也。三将月建入中宫,寻本年太岁到处又不可修也。名曰"三不修",犯之损作,主伤人、官讼、退财。

吟补三杀方
(修造忌用)

四孟月寅申巳亥日酉方,四仲月子午卯酉日巳方。四季月辰戌丑未日丑方。

年家白虎杀方

甲子元年乞宝瓶,甲戌老母元符坤。

甲申横宿是震上,甲午元来问巽位。

甲辰中宫寻白虎,甲寅乾上问行分。

六十日子排方位,斗杀伤是见血光。

月游白虎月:甲乙、丙丁、戊巳、庚辛、壬癸。

月游白虎日:亥辰、卯未、午戌、辰申、子寅。

旬中白虎入中宫:甲子旬戊辰、甲戌旬丁丑、甲辰旬癸丑、甲申旬丙戌、甲午旬辛丑乙未、甲寅旬壬戌。

四季白虎:

春来白虎向南游,夏月东方不可修。秋月北方行凶败,冬月西方人自忧。

白虎阴中二杀:忌作山又名阴中杀,太岁脚下注是。

天赦日:春戊寅,秋戊申。惟夏甲午,冬甲子二日,天地转杀,凶败。赦詹外,詹内不赦。

年	子	丑	寅	卯	辰	巳	午	未	申	酉	戌	亥
白虎杀	申	酉	戌	亥	子	丑	寅	卯	辰	巳	午	未
阴中杀	未	午	巳	辰	卯	寅	丑	子	亥	戌	酉	申

毛头星方

寅申巳亥年：东北丑寅方。辰戌丑未年：西南坤申方及未方。子午卯酉年：在中宫。癸巳至己酉共十七日，在宫中动作。

剑锋煞日

正七连庚甲，二八乙辛当。丁癸五十一，四十丙壬方。辰戌丑未月，戊己是重丧。

五木杀日
（忌架马入山）

一木一人当，二木二人伤。

五木五人着，犯者见血光。

正月木呼日：壬申辰巳日四木。二月木呼日：庚子卯日四木。三月木呼日：戊辰酉戌日四木。四月木呼日：庚戌午未日四木。五月木呼日：丁亥卯日四木。六月木呼日：巳未亥子辰日四木。七月木呼日：乙未巳亥日四木。八月木呼日：乙丑丑未日四木。九月木呼日：壬戌寅卯日一木。十月木呼日：丁巳甲巳日四木。十一月木呼日：癸未午日五木。十二月木呼日：乙丑未日五木。

逐月瘟星日

正羊、二犬、三辰、四寅、五马、六酉、七子、八申、九巳、十亥、十一牛、十二卯,时人莫伏魄,染着瘟瘟便杀人。

杨公大败日

正月:十三。　　二月:廿一。　　三月:初三。

四月:初七。　　五月:初五。　　六月:初二。

七月:初七。　　八月:廿一。　　九月:初五。

十月:廿三。　　十一月:十九　　十二月:初九。

凡起工、造作、埋葬、嫁娶并忌,凶。

杨公月忌日:正月:十三。二月:十一。三月:初九。四月:初七。五月:初五。六月:初三。七月:初一、廿九。八月:廿七。九月:廿五。十月:廿三。十一月:廿一。十二月:十九。

一年留下十三日,动容须防有损失。

诸凶恶神天地决日:正卯、二八寅、三七丑、四六丑、五亥,十月、十二月辰,十一月巳。

总论

阐空子曰:凡选造作,先取宅长本命生旺年月,忌见本命刃星及旬中空吉。六壬死运相冲相克之年,不犯阴府,年克空亡三煞。外却以太岁入中宫顺飞,寻宅长本命真禄马贵人加临其方。或月建入中宫,顺寻太岁真禄马贵人同到,发福最快。但忌本命刃星及宅长的命煞不可误犯,若本命禄马贵人同到,亦可避凶趋吉,斟酌用之,否则不可轻易。昔有丙寅生人,壬戌年九月作离宫,以壬戌太岁入中宫,顺寻丙寅命座离,又在月建庚戌入中宫,飞德甲寅,水到离丙寅生命受克,况修方已犯命座又被月家克制,此人俞月而死,姑举此为例。其余阴阳的杀及身皇定命,吉星能制。说见后论。如非倒堂,则不忌。终龙入土三元运日,不准勿泥。

年命修造

（谓选年命运白通利等事）

忌旬中空亡修占。

甲子旬生 忌戌亥年月日时方

甲戌旬生 忌申酉年月日时方

甲申旬生 忌午未年月日时方

甲午旬生 忌辰巳年月日时方

甲辰旬生 忌寅卯年月日方时

甲寅旬生 忌子丑年月日时方

例申六壬生运年月定局

例申六壬生运年月定局

	生	冠	官	旺	胎	养	败	衰	病	死	墓	绝
申子辰属水	申	戌	亥	子	午	未	酉	丑	寅	卯	辰	巳
巳酉丑命金	巳	未	申	酉	卯	辰	午	戌	亥	子	丑	寅
寅午戌命火	寅	辰	巳	午	子	丑	卯	未	申	酉	戌	亥
亥卯未命火	亥	丑	寅	卯	酉	戌	子	辰	巳	午	未	申

又一例合利田吉,六壬生运吉,六壬死运凶。

申子辰命水	亥子丑寅卯	申酉戌亥子	丑寅卯辰巳午未
巳酉丑命金	申酉戌亥子	巳午未申酉	戌亥子丑寅卯辰
寅午戌命火	巳午未申酉	寅卯辰巳午	未申酉戌亥子丑
亥卯未命木	寅卯辰己午	亥子丑寅卯	辰己午未申酉戌

以上二例,前一例以长生、冠带、临官、帝旺、胎养位为吉,以败、衰、病、死、墓、绝位为凶,可以准信。后一例有合利田吉者,而六壬运则凶。不合利田者,而六壬运则吉。其他十二命修造,命刑、命杀、基杀、天杀、地杀、天宫、三虚、五墓、三灾星、大岁、大宅、破基、破宅、身运三元、集正三元、盘古三元、老子三元、破军三元、女柳三元、永定总圣三元、通天窍、九星、大小运、天镜图、玄机图、天福经、帝星运、五甲三元、猪头、身壬、金楼运、五行壬运、五音、胎音、五音三斗火一十八局、通天窍运、透天、大小六壬、走马中六壬、五杀年月、一林血海种,以上异名,互相矛盾,殊无理趣,皆不堪信。义山所云,屡用无效,将彼吉此凶,将安所据,今宜删去,使不惑世。《天机歌》曰:天机歌诀值千金,不论行年姓与音。先贤开首便教人,不拘于年命,恐后学泥于六壬运白而错过吉日。

五音三斗火

（出《元龟》或论纳音）

未(吉) 申(吉) 酉(地火) 戌

午(天火)

巳(吉) 辰(人火) 卯(乙) 寅

角出龙头逆数流,商音卯上顺行求。徵音起戌必须逆,宫羽还循未顺游。天火地火、年年灾祸,造葬主亡,哭声凄凉。假如角音姓人癸酉生,四十四岁修造,从辰上起甲子,逆数癸酉本命到辰,又从辰上起十一,卯二十,寅三十,戌四十,零年亦逆,数四十四在午,值天火,大凶。余仿此。

五音胎运

乾(六白) 兑(七赤) 艮(八白) 离(九紫)

中(五黄)

巽(四绿) 震(三碧) 坤(二黑) 坎(一白)

上元男甲子起坎,中元男甲子起巽,下元男甲子起兑。

上三元各于其宫起甲子逆行,寻本命在何宫?却用此宫之星入中宫,顺行至本命之宫,遇三白、九紫则吉,余凶。

通天窍运身修造局
(出于《圭玉》)

一局　合贵人官禄:甲子、庚戌、辛卯命。

二局　死败牛马:丁丑、壬午、丙申、己酉命。

三局　妻死退落:甲寅、辛巳、乙未、庚子、乙亥命。

四局　生离死别:乙卯、丁卯、戊午命。

五局　因公进田:丙戌、庚寅命。

六局　吉庆旺人:辛未、壬申、辛亥、甲辰、丁巳命。

七局　徒刑火光:丙子、乙酉、癸丑命。

八局　决杖纳命:庚辰命。

九局　血光痨病:己丑、丁未、丁亥、癸卯、丙寅、壬戌命。

十局　火光徒刑:甲午、辛酉命。

十一局　八败退田:己卯、癸巳、戊戌、壬子命。

十二局　六畜进田:丙辰、庚午命。

十三局　庄产库务:己巳、丁酉、戊子、壬寅命。

十四局　(原文缺)。

十五局　衙税公事:戊寅命。

十六局　离乡死别:庚申、己亥、壬辰、丙午、己未命。

十七局　因公致富:甲戌、辛丑命。

十八局　天瘟失火:戊辰、乙巳、癸酉、戊申命。

上从生命起一十顺数,零年看其吉凶。如甲子生命二十四岁从一局。上从本命生起一十顺数,零年亦顺数,周而复始,遇吉则吉,遇凶则凶。

假如甲子生命行年二十四岁,从一局起,一十二局起二十,零年亦顺数,二十四到六局吉庆旺人,大宜修造,不论男女俱顺数。

论六壬死运求年月

其法以十二命分五行,申子辰生人属水,寅午戌生人属火,巳酉丑生人属金。五辰为宅神,七辰为墓命,后一辰为破宅命,前一辰为破墓。

假如子生人数至巳为宅神,亥为破宅,未为墓,丑为破墓,以用年五子元遁至宅神上,得何干以别吉凶,若得甲乙在命前五辰上命青龙入宅,旺人丁,吉。得丙丁名喜神,主喜事大吉。得戊己白仓库神,主禾谷杀盈仓。得庚辛曰白衣神,二年后主哭声不利。得壬癸名曰盗贼入宅,主十四个月招盗,不利建造。

论交生修作:如壬子生人,八月十四日生,用丁丑年修造。如八月十三以前,用丙子年修之,吉。如八月十四日以后修造,作丁丑年却犯六壬死运,如得酉戌子月日时,亦吉。余仿此。

论修造作主:如家长不利,用次人命利者为作主,以姓名、年名昭告山头龙神,或立符使起辰移宫修方俱用此人年命。行符起杀,但用作主一人名姓昭告龙神。

论修造宅长年命:大凡创立宅舍及修造房屋,止看家长年命,再无合家通论之理,今将家主年命备开于后。

丑寅年生人遇丙辛丁壬年利。卯辰年生人遇乙庚丙辛丁壬年利。巳午年生人遇甲己乙庚丙辛年利。未甲酉戌年生人遇甲己乙庚戊癸年利。亥子年生人遇甲己丁壬戊癸年利。修造家主年合此大吉,利选择五行生旺吉日相合,用之更吉。

论竖造吉日:先以例田年月合命,次合六壬生运,详查勿犯山命、三杀、带刃、财禄、贵生命、真官符、三元官符、纳音克命造成吉课,则富贵绵延矣。

修造用官符三杀年月:申子辰生人属水,官符在亥,三杀巳午末。巳酉丑生人属金,官符在申,三杀寅卯辰。寅午戌生人属火,官符在巳,三杀亥子丑。亥卯来生人属木,官符在寅,三杀申酉戌。

三元九宫数图

九宫图

乾(六) 兑(七) 艮(八) 离(九)

中(五)

巽(四) 震(三) 坤(二) 坎(一)

男上元七宫,中元一宫,下元四宫,起甲子并逆行。

男中五寄二宫,女中五寄八宫。

女上元五宫,中元二宫,下元八宫,起甲子并顺行。

三元男女九宫定局

三元男女九宫定局	上 元	中 元	下 元
甲子 癸酉 壬午 辛卯 庚子 己酉 戊午	男七女五	男一女二	男四女八
乙丑 甲戌 癸未 壬辰 辛丑 庚戌 己未	男六女六	男九女三	男三女九
丙寅 乙亥 甲申 癸巳 壬寅 辛亥 庚申	男五女七	男八女四	男二女一
丁卯 丙子 乙酉 甲午 癸卯 壬子 辛酉	男四女八	男七女五	男一女二
戊辰 丁丑 丙戌 乙未 甲辰 癸丑 壬戌	男三女九	男六女六	男九女三
己巳 戊寅 丁亥 丙申 乙巳 甲寅 癸亥	男二女一	男五女七	男八女四

（续表）

三元男女九宫定局	上 元	中 元	下 元
庚午　己卯　戊子 　丁酉　丙午　乙卯	男一女二	男四女八	男七女五
辛未　庚辰　己丑 　戊戌　丁未　丙辰	男九女三	男三女九	男六女六
壬申　辛巳　庚寅 　己亥　戊申　丁巳	男八女四	男二女一	男五女七

三元男女各从本宫上起甲子,男顺女逆,寻本命所落。假宫就于其宫起一十顺行,零年节节数去,看行年泊在何宫,天福、天贵、天禄、天财、天庆、天寿、天富、天喜、天德、天爵,俱吉。惟辰戌天罗、天罡二宫,贵人不临之地,凶。

申^{天喜}　酉^{天德}　戌^{天纲}　亥^{天爵}　　一坎入子坤入申三震入卯四巽入巳

　　　　　　　　　　五中男入丑女入未

未^{天富}　辰戌罗纲之　福^{天福}　　七乾入亥七兑入酉八艮入寅九离入午

午^{天寿}　宫不起甲子丑　贵^{天贵}

巳^{天庆}　辰^{天罗}　卯^{天财}　寅^{天禄}

假如上元七宫女癸巳,生三十四岁起造,就酉上起甲子逆行本命,癸巳在辰宫,就辰上一十数到戌宫,是三十四岁,则此年不利。

又如中元癸酉男命,三十四岁起造,系一宫男就子上起甲子顺行,癸酉在酉上一十顺行,二十在戌,三十在亥,酉上起三十一,丑上起三十二,寅上三十三,卯上三十四,为天财宫,吉。

十二年命修建吉年定局

十二年命	宅破	墓破	甲己	乙庚	丙辛	丁壬	戊癸
建造年	神宅	墓	年	年	年	年	年
子生人	巳亥	未丑	仓库	白衣	盗贼	青龙	明喜
丑生人	午子	申寅	白衣	盗贼	青龙	明喜	仓库
建造年	神宅	墓	年	年	年	年	年
寅生人	未丑	酉卯	白衣	盗贼	青龙	明喜	仓库
卯生人	申寅	戊辰	盗贼	青龙	明喜	仓库	白衣
辰生人	酉卯	亥巳	盗贼	青龙	明仓	仓库	白衣
巳生人	戊辰	子午	青龙	明喜	仓库	白衣	盗贼
午生人	亥巳	丑未	青龙	明喜	仓库	白衣	盗贼
未生人	子午	寅申	青龙	明喜	仓库	白衣	盗贼
申生人	丑未	卯酉	青龙	明喜	仓库	白衣	盗贼
酉生人	寅申	辰戊	明喜	仓库	白衣	盗贼	青龙
戊生人	卯酉	巳亥	明喜	仓库	白衣	盗贼	青龙
亥生人	辰戊	午子	仓库	白衣	盗贼	青龙	明喜

论运白起例:以三元命推。弘治十七年甲子为上元,嘉靖四十三年甲子为中元。凡六阳命:子、寅、辰、午、申、戊是。六阴命:丑、卯、巳、未、酉、亥,是也。

十二年命修造凶年定局

凶年	命刑	命破	三	灾	星	太岁	宅墓	劫杀	灾杀	天杀	地杀	天宫	三丘	五墓
子生命	卯	午	寅	卯	辰	巳	午	未	申	酉	戌	亥	戌	辰
丑生命	戌	未	亥	子	丑	午	丑	寅	卯	辰	巳	戌	戌	辰
寅生命	巳	申	申	酉	戌	未	戌	亥	子	丑	寅	未	丑	未
卯生命	子	酉	巳	午	未	申	酉	未	申	戌	亥	丑	丑	未
辰生命	辰	戌	寅	卯	辰	酉	辰	巳	午	未	申	辰	丑	未
巳生命	申	亥	亥	子	丑	戌	丑	寅	卯	辰	巳	子	辰	戌
午生命	午	子	申	酉	戌	亥	戌	亥	子	丑	寅	申	辰	戌
未生命	丑	丑	巳	午	未	子	未	申	酉	戌	亥	寅	辰	戌
申生命	寅	寅	寅	卯	辰	丑	辰	巳	午	未	申	酉	未	丑
酉生命	酉	卯	亥	午	丑	寅	丑	寅	卯	辰	巳	卯	未	丑
戌生命	未	辰	申	酉	戌	卯	戌	亥	子	丑	寅	亥	未	丑
亥生命	亥	巳	巳	子	未	辰	未	申	酉	戌	亥	巳	戌	辰

年命总论

　　论利田年月,即是十二命利田、建田年月。今人修造,大利田蚕。假如申子辰生命用亥子丑为利田年月,寅卯为建田年月,大抵申子辰生命惟用寅卯二年月是建田,却犯三灾星、六壬死运。若用寅卯年修造,又得申酉戌亥子月,合六壬生运,亦吉。日时合得生运亦可,余仿此推选。

修造运白

（谓诸修造、诸家白星、吉凶年月等事）

天元运身

天元运身	一十	二十	三十	四十	五十	六十	七十	八十	九十
上元人	三碧	四绿	五黄	六白	七赤	八白	九紫	一白	二黑
中元人	九紫	一白	二黑	三碧	四绿	五黄	六白	七赤	八白
下元人	六白	七赤	八白	九紫	一白	二黑	三碧	四绿	五黄

　　起例：上中下元三六九顺行求年下，数零年节节顺宫，遇紫白值年吉。上天元运身，论家主所作之年修造，值三白大吉，九紫次吉。若造作之年不值紫白，修后终不兴旺，但运白人多用之，亦不可全拘于此也。

集正三元

集正三元	一十	二十	三十	四十	五十	六十	七十	八十	九十
上元人	三碧	二黑	一白	九紫	八白	七赤	六白	五黄	四绿
中元人	六白	五黄	四绿	三碧	二黑	一白	九紫	八白	七赤
下元人	九紫	八白	七赤	六白	五黄	四绿	三碧	二黑	一白

　　起例：上元男起三碧，中元男起六白，下元男起九紫，以一十并逆行，零年亦依例逆行，值紫白并吉。

盘古三元

盘古三元	一十	二十	三十	四十	五十	六十	七十	八十	九十
上元男	六白	七赤	八白	九紫	一白	二黑	三碧	四绿	五黄
中元男	九紫	一白	二黑	三碧	四绿	五黄	六白	七赤	八白
下元男	三碧	四绿	五黄	六白	七赤	八白	九紫	一白	二黑

起例：上元男起八白，中元起九紫，下元起三碧，十并顺行，零年依例。

老子三元

老子三元	一十	二十	三十	四十	五十	六十	七十	八十	九十
上元男	一白	九紫	八白	七赤	六白	五黄	四绿	三碧	二黑
中元男	四绿	三碧	二黑	一白	九紫	八白	七赤	六白	五黄
下元男	七赤	六白	五黄	四绿	三碧	二黑	一白	九紫	八白

起例：上元男起一白，中元男起四绿，下元男超七赤，一十并逆行，零年亦依例。

破军三元

破军三元	一十	二十	三十	四十	五十	六十	七十	八十	九十
上元男	六白	五黄	四绿	三碧	二黑	一白	九紫	八白	七赤
中元男	九紫	八白	七赤	六白	五黄	四绿	三碧	二黑	一白
下元男	三碧	二黑	一白	九紫	八白	七赤	六白	五黄	四绿

起例:凡上元男一十起八白,中元男一十起九紫,下元男一十起三碧并逆行,零年依例。

永定总圣三元定局

定局	一十	二十	三十	四十	五十	六十	七十	八十	九十
三元男	三碧	四绿	五黄	六白	七赤	八白	九紫	一白	二黑

例云:永定三元男同,俱一十起三碧顺行,零年亦依例顺行。

遁天窍白

遁天窍白	一十	二十	三十	四十	五十	六十	七十	八十	九十
申子辰生	三碧	四绿	五黄	六白	七赤	八白	九紫	一白	二黑

寅午戌

天镜图运	天哭	天杀	天鬼	天禄	天败	天财	天宝	天福	天祸
天机图运	天怨	天灭	天贼	天德	天狱	天口	天运	天建	天空
天福经运	天灾	天劫	天耗	天荣	天虎	天华	天谷	天安	天刑

上六阳命以一十起三碧,顺行,零年自下数至上。

通天窍白	一十	二十	三十	四十	五十	六十	七十	八十	九十
巳酉丑生	二黑	一白	九紫	八白	七赤	六白	五黄	四绿	三碧

亥卯未

天镜图运	天祸	天福	天宝	天财	天败	天禄	天鬼	天杀	天灾
天机图运	天空	天建	天运	天库	天狱	天德	天贼	天灭	天怨
天福经运	天刑	天安	天谷	天华	天虎	天荣	天耗	天劫	天灾

上六阴命,以一十起二黑,逆行,零年自上数至下。

女柳三元

女柳三元	一十	二十	三十	四十	五十	六十	七十	八十	九十
上元男	七赤	六白	五黄	四绿	三碧	二黑	一白	九紫	八白
中元男	一白	九紫	八白	七赤	六白	五黄	四绿	三碧	二黑
下元男	四绿	三碧	二黑	一白	九紫	八白	一白	七赤	六白

起例:上元男起七宫,中元男起一宫,下元男起四宫,并从本宫起一十,零年依例逆行。

九星金楼运

	一十	二十	三十	四十	五十	六十	七十	八十	九十
	奎	珠	魁	众	匀	甫		嘴	镇

起例:如一岁起奎,二岁珠,逐位顺行,惟有奎、珠、嘴、镇四大吉,其余并凶。

坤一	十岁	二十	三十
兑二	十一	廿一	卅一
坎四	十三	廿三	卅二
中五	十四	廿四	卅四
艮六	十六	廿六	卅六
震七	十七	廿七	卅七
巽八	十八	廿八	卅八
离九	十九	廿九	卅九

其法:不问阴阳命人,并自坤宫起,一岁顺行兑、乾、坎、中、艮、震、巽、离八宫,每遇五数与五十,其年便入中宫。

以上八卦九宫,惟乾、坤、艮、巽不可用,惟坎、离、震、兑、中宫用之,无不利。人命每五数之年,如五岁、十五、二十五、三十五,其年并入中宫,并坎、离、震、兑、中宫,名金楼,大正之年利修造,吉。乾、坤、艮、巽,名金楼不正之年,不利修造,凶。

修造壬运

(谓生命遁合、诸家星运等事)

透天大壬大运:一十、二十、三十、四十、五十、六十、七十、八十。

申子辰:四十九、四十一、四十二、四十三、四十四、四十五、四十六、四十七、四十八、五十八、五十一、五十二、五十三、五十四、五十五、五十六、五十七。

六阳命:功曹、大吉、神后、登门、河魁、从魁、传送、小吉、胜光、太乙、天罡、大冲。

寅午戌:寅、丑、子、亥、戌、酉、申、未、午、巳、辰、卯。

假如六阳命人,四十九岁修造,一十起寅,二十丑,三十子,四十亥,四十一戌,四十二酉,节节数去,四十九岁在寅,得功曹星,吉。余仿此。

透天六壬大运:一十、二十、三十、四十、五十、六十、七十、八十。

巳酉丑:五十八、五十一、五十二、五十三、五十四、五十五、五十六、五十七、六十七、六十一、六十二、六、十三、六十四、六十五、六十六。

亥卯未:申、酉、戌、亥、子、丑、寅、卯、辰、巳、午、未。

六阴命:传送、从魁、河魁、登门、神后、大吉、功曹、太冲、天罡、太乙、胜光、小吉。

假如六阴命,五十八岁修造,一十起申顺行,二十酉,三十戌,四十亥,五十子,五十一丑,节节数去,五十八在申,得传送星,余仿此。

透大六壬小运:一岁、十一、二十一、三十一、四十一、五十一。

申子辰:二十九、二十二、二十三、二十四、二十五、二十六、二十七、二十八、三十七、三十二、三十三、三十四、三十五、三十六。

寅午戌:寅、丑、子、亥、戌、酉、申、未、午、巳、辰、卯。

六阳命：功曹、大吉、神后、登明、河魁、从魁、传送、小吉、胜光、太乙、天罡、太冲。

假如六阳命，三十五岁修造，一岁起寅，功曹逆行，十一子，二十戌，三十一申，零年节节逆行，数到三十五岁，得天罡吉，余仿此。

透大六壬小运：一岁、十一、二十一、三十一、四十一、五十一。

巳酉丑：二十九、二十二、二十三、二十四、二十五、二十六、二十七、二十八、三十七、三十二、三十三、三十四、三十五、三十六。

亥卯未：申、酉、戌、亥、子、丑、寅、卯、辰、巳、午、未。

六阴命：传送、从魁、河魁、登明、神后、大吉、功曹、太冲、天罡、太乙、胜光、小吉。

假如六阴命，二十九岁修造，一岁起申顺行，十一戌，二十子，零年节节顺行，数到二十九岁，其年在申，得传送星，大吉，余仿此。

走马六壬中运：一十、二十、三十、四十、五十、六十、七十、八十、七十六、二十一、二十二、二十、三、二十四、二十五、十二、七十五、七十、三、七十四、七十一、五。

申子辰寅午戌：子、丑、寅、卯、辰、巳、午、未、申、酉、戌、亥。

亥卯未巳酉丑：神后、大吉、功曹、太冲、天罡、太乙、胜光、小吉、传送、从魁、河魁、登明。

猪头身壬

子寅辰：四十五、四十四、四十三、四十二、四十一、四十八、四十九四十七、四十六、九十、六十、五十、四十、三十、三十。

午申戌：午、未、申、酉、戌、亥、子、丑、寅。

六阳命：胜光、小吉、传送、从魁、河魁、登明、神后、大吉、功曹。

丑卯巳：五十三、五十四、四十、五十一、五十二、二十、三十、十岁、五十、六十、七十。

未酉亥：午、未、申、酉、戌、亥、子、丑、寅、壬。

六阴命：胜光、小吉、传送、从魁、河魁、登明、神后、大吉、功曹。

法起:运白身壬,举理甚多,惟猪头身壬颇近于理。盖以六十甲子并从亥起,故名曰:猪头。其法不问阴逆顺,一岁起亥,循环九宫,十岁便归于亥。所谓九宫者,以十二支掌,内指退卯辰巳三位顺行,则从寅过午,逆则从午遇寅为定例。

假如阳命从亥起十岁,隔节顺行,二十在丑,三十逆回在子,四十亥,五十戌,六十四,七十申,零年亦随此逆数。如四十五岁在午为胜光,吉。跳过巳辰卯三宫,阴命亦从亥起十岁,隔节逆行,二十在酉,三十在顺回在戌,四十亥,五十子,六十丑,七十寅,零年亦随比顺数。如五十一岁在丑,凶。五十二岁在寅,跳过卯辰巳三宫不数,则五十三在午为胜光,吉。以阴阳二命但值子午寅申四宫为吉,若值未酉戌亥丑五宫,凶。

壬运活法之图

起例法:阳命一岁起寅,十一岁起子,二寸一岁起戌,三十一岁起申,三十二岁转酉,零年节节顺数,遇子午寅申四宫者吉。

阴命一岁起申,十七岁戌,二十一子,二十二亥,零年节节逆数,如遇子午寅申者吉。

假如阳命戊辰木生人,行年三十四岁,八月遇火,论年是一岁起寅,十一子,二十一戌,三十一申,三十二转酉,三十三戌,三十四至亥,就亥土起正月,逆数至辰位是位,是八月天罡,却将天罡从三十四岁亥上数顺行,天罡亥、太乙子、胜光丑是小墓。小吉寅、传送卯是宅神。神后未,大墓此宅命、宅神二墓,皆吉。

又如阴命乙丑金生人,行年四十三岁,六月遇火,一岁起申,十一戌,二十一子,三十一寅,四十一辰,四十二转卯,四十三寅,就寅上起正月逆数至酉位,是六月从魁,却又将从魁四十三寅上顺行,从魁寅、河魁卯、登明辰、神后巳,大吉,午功曹,未为小墓,金命吉。六月入宅,合得五月临运,用之吉。

五行壬运

(谓迁居入宅、移入祖先福香火等事)

木命人	卯为宅神	亥为宅命	大墓在未
火命人	午为宅神	寅为宅命	大墓在戌
金命人	酉为宅神	巳为宅命	大墓在丑
水土命人	子为宅神	申为宅命	大墓在辰

总论

论五行六壬运,李仙辈云:修造论交生过火,论年却不论交生。凡人迁居入宅,得吉星到所用月分,然后择吉日。此一例专论六壬运,若丑未生人过火得神后、功曹、胜光、传送,吉。归火最为大利,前人用之大有验。

修造诸家壬运排岁定局

生命横推身看	甲丙戊庚壬生人属阳					乙丁己辛辰生人属阴				
	金楼运	身猪壬头	壬透运六	壬透运六	壬走马运六	金楼运	身猪壬头	壬透运六	壬透运六	壬走马运六
		大天	小天	中			大天	小天	中	
十岁	坤宫	功曹	功曹	太乙	吉	坤宫	传送	传送	太乙	凶
十一岁	兑宫	大吉	大吉	神后	凶	兑宫	从魁	从魁	功曹	吉
十二岁	乾宫	神后	神后	登明	吉	乾宫	河魁	河魁	登明	凶
十三岁	坎宫	登明	登明	河魁	凶	坎宫	登明	登明	神后	吉
十四岁	中宫	河魁	河魁	从魁	吉	中宫	神后	神后	大吉	吉

十五岁	中宫	从魁	从魁	传送	凶	中宫	大吉	大吉	功曹	吉
十六岁	艮宫	传送	传送	小吉	吉	艮宫	功曹	功曹	太冲	凶
十七岁	震宫	小吉	小吉	胜光	凶	震宫	胜光	太冲	天罡	吉
十八岁	巽宫	胜光	胜光	太乙	吉	巽宫	小吉	天罡	太乙	凶
十九岁	离宫	功曹	太乙	天罡	凶	离宫	传送	太乙	胜光	吉
二十岁	坤宫	大吉	大吉	太冲	吉	坤宫	从魁	从魁	小吉	吉
廿一岁	兑宫	神后	神后	河魁	吉	兑宫	河魁	河魁	神后	凶
廿二岁	乾宫	登明	登明	从魁	凶	乾宫	登明	登明	大吉	吉
廿三岁	坎宫	河魁	河魁	传送	吉	坎宫	神后	神后	功曹	凶
廿四岁	中宫	从魁	从魁	小吉	凶	中宫	大吉	大吉	太冲	吉
廿五岁	中宫	传送	传送	胜光	吉	中宫	功曹	功曹	天罡	凶
廿六岁	艮宫	小吉	小吉	太乙	凶	艮宫	胜光	太冲	太乙	吉
廿七岁	震宫	胜光	胜光	天罡	吉	震宫	小吉	天罡	胜光	凶
廿八岁	巽宫	功曹	太乙	太冲	凶	巽宫	传送	太乙	小吉	凶
廿九岁	离宫	大吉	天罡	功曹	吉	离宫	从魁	胜光	传送	凶
三十岁	坤宫	神后	神后	大吉	吉	坤宫	河魁	河魁	从魁	凶
三十一岁	兑宫	登明	登明	传送	凶	兑宫	登明	登明	功曹	吉
三十二岁	乾宫	河魁	河魁	小吉	吉	乾宫	神后	神后	太冲	凶
三十三岁	坎宫	从魁	从魁	胜光	凶	坎宫	大吉	大吉	天罡	吉
三十四岁	中宫	传送	传送	太乙	吉	中宫	功曹	功曹	太乙	凶
三十五岁	中宫	小吉	小吉	天罡	凶	中宫	胜光	太冲	胜光	吉
三十六岁	艮宫	胜光	胜光	太冲	吉	艮宫	小吉	天罡	小吉	吉
三十七岁	震宫	功曹	太乙	功曹	凶	震宫	传送	太乙	传送	吉
三十八岁	巽宫	大吉	天罡	大吉	吉	巽宫	从魁	胜光	从魁	凶
三十九岁	离宫	神后	太冲	神后	凶	离宫	河魁	小吉	河魁	凶
四十岁	坤宫	登明	登明	登明	凶	坤宫	登明	登明	登明	吉

（续表）

四十一岁	兑宫	河魁	河魁	胜光	吉	兑宫	神后	神后	天罡	凶
四十二岁	乾宫	从魁	从魁	太乙	凶	乾宫	大吉	大吉	太乙	吉
四十三岁	坎宫	传送	传送	天罡	吉	坎宫	功曹	功曹	胜光	凶
四十四岁	中宫	小吉	小吉	太冲	凶	中宫	胜光	太冲	小吉	凶
四十五岁	中宫	胜光	胜光	功曹	吉	中宫	小吉	天罡	传送	凶
四十六岁	艮宫	功曹	太乙	大吉	凶	艮宫	传送	太乙	从魁	吉
四十七岁	震宫	大吉	天罡	神后	吉	震宫	从魁	胜光	河魁	凶
四十八岁	巽宫	神后	太冲	登明	凶	巽宫	河魁	小吉	登明	吉
四十九岁	离宫	登明	功曹	河魁	吉	离宫	登明	传送	神后	吉
五十岁	坤宫	河魁	河魁	从魁	吉	坤宫	神后	神后	大吉	凶
五十一岁	兑宫	从魁	从魁	天罡	凶	兑宫	大吉	大吉	胜光	吉
五十二岁	乾宫	传送	传送	太冲	吉	乾宫	功曹	功曹	小吉	凶
五十三岁	坎宫	小吉	小吉	功曹	凶	坎宫	胜光	太冲	传送	吉
五十四岁	中宫	胜光	胜光	大吉	吉	中宫	小吉	天罡	河魁	凶
五十五岁	中宫	功曹	太乙	神后	凶	中宫	传送	太乙	河魁	吉
五十六岁	艮宫	太乙	天罡	登明	吉	艮宫	从魁	胜光	登明	凶
五十七岁	震宫	神后	太冲	河魁	凶	震宫	河魁	小吉	神后	吉
五十八岁	巽宫	登明	功曹	从魁	凶	巽宫	登明	传送	大吉	凶
五十九岁	离宫	河魁	大吉	传送	吉	离宫	神后	从魁	功曹	吉
六十岁	坤宫	从魁	从魁	小吉	凶	坤宫	大吉	大吉	太冲	吉
六十一岁	兑宫	传送	传送	功曹	吉	兑宫	功曹	功曹	传送	凶
六十二岁	乾宫	小吉	小吉	大吉	凶	乾宫	胜光	太冲	从魁	吉
六十三岁	乾宫	胜光	胜光	神后	吉	坎宫	小吉	天罡	河魁	凶
六十四岁	中宫	功曹	太乙	登明	凶	中宫	传送	太乙	登明	吉
六十五岁	中宫	大吉	天罡	河魁	吉	中宫	从魁	胜光	神后	凶
六十六岁	艮宫	神后	太冲	河魁	凶	艮宫	河魁	小吉	大吉	吉

（续表）

六十七岁	震宫	登明	功曹	传送	吉	震宫	登明	传送	功曹	凶
六十八岁	巽宫	河魁	大吉	小吉	凶	巽宫	神后	从魁	太冲	吉
六十九岁	离宫	从魁	神后	胜光	吉	离宫	大吉	河魁	天罡	凶
七十岁	坤宫	传送	传送	太乙	吉	坤宫	功曹	小吉	太乙	凶
七十一岁	兑宫	小吉	小吉	神后	凶	兑宫	胜光	太冲	河魁	吉
七十二岁	乾宫	胜光	胜光	登明	吉	乾宫	小吉	天罡	登明	凶
七十三岁	坎宫	功曹	太乙	河魁	凶	坎宫	传送	太乙	神后	吉
七十四岁	中宫	大吉	天罡	从魁	吉	中宫	从魁	胜光	大吉	凶
七十五岁	中宫	神后	太冲	传送	凶	中宫	河魁	小吉	功曹	吉
七十六岁	艮宫	登明	功曹	小吉	占	艮宫	登明	传送	太冲	凶
七十七岁	震宫	河魁	大吉	胜光	凶	震宫	神后	从魁	天罡	吉
七十八岁	巽宫	从魁	神后	太乙	吉	巽宫	大吉	河魁	太乙	凶
七十九岁	离宫	传送	登明	天罡	凶	离宫	功曹	登明	胜光	吉
八十岁	坤宫	小吉	小吉	太冲	凶	坤宫	胜光	太冲	小吉	吉

命龙入土捷诀

纳音金生人,辰戌丑未年入土。纳音木生人,寅申巳亥年入土。纳音水火土生人,子牛卯酉年入土。

山命财空

亥山命:忌乙丑、己巳、癸酉日。

申山命:忌甲戌、戊寅、壬午日。

巳山命:忌甲辰、戊申、壬子日。

山命禄空

子山命:忌癸亥日。

午山命:忌丁亥、己丑日。

寅山命:忌甲辰日。

申山命:忌辛巳方。

亥山命:忌丙申日。

巳山命:忌丙申、戊戌日。

酉山命:忌庚辰日。

卯山命:忌乙巳日。

山命贵空

丑山命:忌甲寅、戊午、庚申日。

未山命:忌甲申、戊子、庚寅日。

申山命:忌乙亥、己卯日。

子山命:忌乙卯、己未日。

亥山命:忌丙寅、丁卯日。

酉山命:忌丙子、丁丑日。

巳山命:忌壬子、癸丑日。

卯山命:忌壬子、癸丑日。

寅山命:忌辛亥日。

午山命:忌辛卯日。

三元官符

天元虎遁天干,地元五虎遁之安。

人元本命寻纳音,用日遇此见死亡。

假如甲子人遁,得甲戌为天元,纳音火,忌壬辰,壬戌纳音水克之。子遁丙子为地元,纳音木,忌庚子、庚午,土克之。人元甲子金,忌戊子、戊午,火克之,余仿此。

凡竖造,忌每月初九日,主火灾。

刃雷忌二字全,单一字无冲不忌。如甲子生人,卯为阳刃,酉为阴刃,忌卯酉日时全。如有卯无酉,有酉无卯,不忌。余仿此推。

伤天元,主官事;伤地元,损血财;伤人元,主疾病;伤刃,当主家人不和。旧本纳音克支同而不冲,忌之,非也。

命龙入土定局

命局岁数	一十	二十	三十	四十	五十	六十	七十	八十	九十
甲子丙寅戊辰癸酉 乙亥戊寅癸未生命	吉	入土	吉	吉	入土	吉	吉	入土	吉
甲申丁亥癸巳甲午 丙申戊戌癸卯生命	吉	入土	吉	吉	入土	吉	吉	入土	吉
乙巳戊申癸丑甲寅 丁巳癸亥生命	吉	入土	吉	吉	入土	吉	吉	入土	吉
乙丑丁卯己巳庚午 丙午巳卯庚辰生命	入土	吉	吉	入土	吉	吉	入土	吉	吉
乙酉戊子庚寅乙未 丁酉己亥庚子生命	入土	吉	吉	入土	吉	吉	入土	吉	吉
丙午己酉庚戌乙卯 戊午庚申生命	入土	吉	吉	入土	吉	吉	入土	吉	吉
辛未壬申甲戌丁丑 辛巳壬午丙戌生命	吉	吉	入土	吉	吉	入土	吉	吉	入土

（续表）

命局岁数	一十	二十	三十	四十	五十	六十	七十	八十	九十
己丑辛卯壬辰辛丑壬寅甲辰丁未生命	吉	吉	入土	吉	吉	入土	吉	吉	入土
辛亥壬子丙辰己未辛酉壬戌生命	吉	吉	入土	吉	吉	入土	吉	吉	入土

假如甲子生,五十三岁修造归火,犯命龙入土,凶。余仿此。

术云:命龙入土推忌倒堂修造,犯者不吉。及三、六、九年内,主官事,损六畜。又云:修作中宫,尤忌。动土,凶。

（新镌历法便览象吉备要通书卷之二十一终）

新镌历法便览象吉备要通书卷之二十二

潭阳后学　魏　鉴　汇述

修方造作总览

破坏修营,修作命杀,修作中宫,修造权法,修造活法,玄女劫寨,偷修吉日。

大偷修吉日:宜壬子、癸丑、丙辰、丁巳、戊午、己未、庚申、辛酉。

以上八日乃凶神朝天,八方俱吉,任从起工、修作,无忌。

九天玄女劫寨三奇。此《经》曰:天宝偷修,乃轩辕黄帝亲授九天玄女,修造不忌官符、三煞、流财、火血。太岁管下诸位神杀,谨依此《天宝经》日辰修方、造作,万无一失。此法将罗经中宫格定二十四位,三日利在何方? 依此修之大吉。

修方总说

甲子、乙丑、丙寅日,宜修乾、亥、壬、子、癸、丑、艮、寅方。丁卯、戊辰、己巳日,宜修丙、午、丁、未、坤、申、庚、酉、辛、戌方。庚午、辛未、壬申日,宜修乾、亥、壬、子、癸、丑、艮、寅、甲、卯、乙方。

癸酉日,宜修甲、卯、乙、辰、巽、巳、丙、午、丁方。甲戌、己亥日,宜修中宫八方,二十四向并吉,诸神朝天。丙子、丁丑、戊寅日,宜修坤、申、庚、酉、辛、戌、乾、亥方。己卯、庚辰、辛巳日,宜修坤、申、庚、酉、辛、戌、乾、亥方。壬午、癸未、甲申日,宜修丙、午、丁、未、乾、方。乙酉、丙戌、丁亥日,宜修巽、巳、丙、午、丁、未、坤、方。戊子、己丑、庚寅日,宜修亥、壬、子、癸、丑方。辛卯、壬辰、癸巳日,宜修丙、午、丁、未、坤、申、庚、酉方。甲午、乙未、丙申日,宜修辛、戌、乾、亥、壬、子、癸、丑、艮方。甲午、乙未、丙申日,宜修辛、戌、乾、亥、壬、子、癸、丑、艮方。丁酉、戊戌、己亥日,宜修中宫,四方入位皆吉方,诸神朝天。庚子、辛丑、壬寅日,宜修坤、申、庚、酉、辛、戌、乾、亥方。癸卯、甲辰、乙巳日,宜修坤、申、庚、酉、辛、戌、乾方。丙午、丁未、戊申日,宜修未、坤、申、庚、酉、辛、戌、乾方。己酉、庚戌、辛亥日,宜修巽、巳、丙、午、丁、未、坤、申、庚、酉、辛、戌、乾方。壬子、癸丑、甲寅日,宜修乾、亥、壬、子、癸、丑、艮、寅方。乙卯、丙辰、丁巳日,宜修丙、午、丁、未、坤、申、庚、酉、辛、方。戊午、己未、庚申日,宜修壬、子、癸、丑、艮、寅、甲、卯、乙方。辛酉、壬戌、癸亥日,宜修巽、巳、丙、午、丁方。

总论

论偷修日辰:只宜小可修整,加年家、天地官符、月家、州县官符、小儿杀、大月建、剑锋血刃、阴阳的杀、身皇定命、打头火、月游火、三煞、灸退、独火,修葺主招灾祸,动土尤凶。若大杀日占方又须忌之。

论逐月神煞占方:忌修葺,如丘公暗刃、六甲胎神、牛皇、牛胎、马皇、马胎、猪胎、羊胎占处,或月流财、净栏、畜官、大小耗星所占,惟忌修整,犯之主损六畜。如年三煞、独火、官符、灸退、大小耗星、枋栏枋亦忌。

论修营:宜天德、岁德、月德、天德合、天恩、天赦、母仓所会日辰,修之吉福。

论天仙銮驾年月日时:俱得紫白到,宜小可修作,无妨。惟忌年家、天地官得、月家、州县官符、三煞、灸退、大小月建、剑锋占方,銮驾不能制之,以月建入中宫,看凶神消害受制否。

修方造作总论

论作方终始法:凡所作上在一宫择选固易,如连说数宫,有吉有凶,则如何?此当循吉宫而作之。自此连及不利之宫,庶无害也。此犹兴造者,月日利而工作未办,但略起造以应日子,自此牵连以作之,固无不可也。及其毕工断手,仍归福德之方,是为吉兆。

凡坐宅,如于身命年月,使其方吉利则作之为善。如或不利,与人事不便,而必欲作,则如何? 此当迁吉而去,取其方便利可也。其迁居则宜用出宅法,求年月之吉,取其方便利者,使迁居之处,视所作之方为吉利,是也。

假如身命年月利作兑,不利作震,则当迁居而东。既居于夷,则自其居视所作之方,昔为震者,今为兑矣。自此作之,无不可。如迁东之居不利,或无以居,又如何? 此又当别择可迁之居,终取其方便,可也。

如年家利便东南,则迁其居于所作之西北。自所居视之,则昔之为震者,今转而为巽矣。作之无不可。所作既成,欲入居之日,宜用入宅法,见入宅归火尾论。

论阴方、阳方、交接方修法

凡方道有三:阴方道、阳方道、交接方道。阴方道者,即中宫滴木是也。阳方道者,地基不与旧宅相接是也。交接方道者,或前后架、左右屋宇与旧宅相连是也。说见《李淳风修方法》。

注曰:如屋上起楼及架天井,就檐滴水之内,皆属中宫,名曰:阴方。只取中宫无杀,得吉,会为大吉利。

如建亭台、造轩阁,不进中宫,名曰:阳方,只取外方向首。

如就屋北连,接架增檐,添枅补廊,名曰:交接方,要内外俱有吉,会方为大利。

凡作宅据方隅,此当用此方法。

若开新基、立栋宇,或净尽拆除旧屋而创新基,此当用作山法也。

然造作之事,以人所居处为本宫。所居在所作百步外,则新创者,始可专用此作山法。

若所居在所作百步内,则虽新创,亦当兼以作方法论之。

若所居虽在所作百步外,内屋宇、旧房、门廊素立,则其宅已定,待向东而去向,除旧而换新。尚当用作方法者多,用作山法者少。作方之法,其言详矣,说见《阴阳备要》。

修作命杀

（谓修方、造主命紧杀等事）

论阳的杀：以太岁遁起五虎元，逢亥入中宫，顺数寻本命所到之宫，不可修作，谓之太岁寻本命，是谓阳的杀。

假如庚申生人于甲辰年修作，甲己之年，遁起丙寅，至亥是乙亥，便以乙亥入中宫，顺数丙子乾、丁丑兑、戊寅艮、己卯离、艮辰坎、辛巳坤，累累顺数去，寻戊午震、己未巽、庚申中，庚申生人甲辰年不可修中宫，凶。余仿此。

论阴的杀：以本命生命年遁起五虎，又逢亥入中宫，顺数寻太岁所到之宫，不可修作，谓之本命太岁，是为阴的杀。

假如甲辰年庚申生人，修作乙庚生人正月遁，正月遁起戊寅至亥，便以丁亥入中宫，顺数戊子乾、己丑兑，累累顺数去，寻癸卯震、甲辰巽，则甲辰年庚申生人不可修巽方，其余仿此。

上历书示，凡修方造作，必须究此二杀所在，不可先于其方上起工，先修吉方而后连及之。若在中宫，出火避宅方可修作。

阴阳的杀定局立成

○甲己太岁						○甲己生人
中	乙亥	甲申	癸巳	壬寅	辛亥	庚申	己巳
乾	丙子	乙酉	甲午	癸卯	壬子	辛酉	庚午
兑	丁丑	丙戌	乙未	甲辰	癸丑	壬戌	辛未
艮	戊寅	丁亥	丙申	乙巳	甲寅	癸亥	壬申
离	己卯	戊子	丁酉	丙午	乙卯	甲子	癸酉
坎	庚辰	己丑	戊戌	丁未	丙辰	乙丑	甲戌
坤	辛巳	庚寅	己亥	戊申	丁巳	丙寅	
震	壬午	辛卯	庚子	己酉	戊午	丁卯	
巽	癸未	壬辰	辛丑	庚戌	己未	戊辰	

●乙庚太岁				○乙庚生人		
中	丁亥	丙申	乙巳	甲寅	癸亥	壬申	辛巳
乾	戊子	丁酉	丙午	乙卯	甲子	癸酉	壬午
兑	己丑	戊戌	丁未	丙辰	乙丑	甲戌	癸未
艮	庚寅	己亥	戊申	丁巳	丙寅	乙亥	甲申
离	辛卯	庚子	己酉	戊午	丁卯	丙子	乙酉
坎	壬辰	辛丑	庚戌	己未	戊辰	丁巳	丙戌
坤	癸巳	壬寅	辛亥	庚申	己巳	戊寅	
震	甲午	癸卯	壬子	辛酉	庚午	己卯	
巽	乙未	甲辰	癸丑	壬戌	辛未	庚辰	

○丙辛太岁				○丙辛生人		
中	己亥	戊申	丁巳	丙寅	乙亥	甲申	癸巳
乾	庚子	己酉	戊午	丁卯	丙子	乙酉	甲午
兑	辛丑	庚戌	己未	戊辰	丁丑	丙戌	乙未
艮	壬寅	辛亥	庚申	己巳	戊寅	丁亥	丙申
离	癸卯	壬子	辛酉	庚午	己卯	戊子	丁酉
坎	甲辰	癸丑	壬戌	辛未	庚辰	己丑	戊戌
坤	乙巳	甲寅	癸亥	壬申	辛巳	庚寅	
震	丙午	乙卯	甲子	癸酉	壬午	辛卯	
巽	丁未	丙辰	乙丑	甲戌	癸未	壬辰	

●丁壬太岁　　　　　　●丁壬生人

中	辛亥	庚申	己巳	戊寅	丁亥	丙申	乙巳
乾	壬子	辛酉	庚午	己卯	戊子	丁酉	丙午
兑	癸丑	壬戌	辛未	庚辰	己丑	戊辰	丁未
艮	甲寅	癸亥	壬申	辛巳	庚寅	己亥	戊申
离	乙卯	甲子	癸酉	壬午	辛卯	庚子	己酉
坎	丙辰	乙丑	甲戌	癸未	壬辰	辛丑	庚戌
坤	丁巳	丙寅	乙亥	甲申	癸巳	壬寅	
震	戊午	丁卯	丙子	乙酉	甲午	癸卯	
巽	己未	戊辰	丁丑	丙戌	乙未	甲辰	

○戊癸太岁　　　　　　○戊癸生人

中	癸亥	壬申	辛巳	庚寅	己亥	戊申	丁巳
乾	甲子	癸酉	壬午	辛卯	庚子	己酉	戊午
兑	乙丑	甲戌	癸未	壬辰	辛丑	庚戌	己未
艮	丙寅	乙亥	甲申	癸巳	壬寅	辛亥	甲申
离	丁卯	丙子	乙酉	甲午	癸卯	壬子	辛酉
坎	戊辰	丁丑	丙戌	乙未	甲辰	癸丑	壬戌
坤	己巳	戊寅	丁亥	丙申	乙巳	甲寅	
震	庚午	己卯	戊子	丁酉	丙午	乙卯	
巽	辛未	庚辰	己丑	戊戌	丁未	丙辰	

年的命杀
（忌修方）

太岁入中宫,顺寻本命,泊在何宫?为年的命杀。如庚子生人,用甲申年顺寻庚子,泊震,则甲、卯、乙方宫忌修造。

月的命杀
（忌修造）

月建入中宫顺寻本命,泊在何宫,为月的命杀。如庚子生人,用甲申年七月壬申入,中宫,顺寻庚子在乾,则戌、乾、亥方忌修造。

男女身皇定命杀占向方定局

零年节节自上而下。

男女行年	一十	二十	三十	四十	五十	六十	七十	八十	九十
	艮	离	坎	坤	震	巽	中	乾	兑
	坤	坎	离	艮	兑	乾	中	巽	震
	中	乾	兑	艮	离	坎	坤	震	巽
	中	巽	震	坤	坎	离	艮	兑	乾
	坤	震	巽	中	乾	兑	艮	离	坎
	艮	兑	乾	中	巽	震	坤	坎	离
	中	巽	震	坤	坎	离	艮	兑	坎

（续表）

男女行年	一十	二十	三十	四十	五十	六十	七十	八十	九十
	中	乾	兑	艮	离	坎	坤	震	巽
	艮	兑	乾	中	巽	震	坤	坎	离
	坤	震	巽	中	乾	兑	艮	离	坎
	坤	坎	离	艮	兑	乾	中	巽	震
	艮	离	坎	坤	震	巽	中	乾	兑

上二杀，据术者云：师巫行符灵，应者可用符，使暂时遂起作之，不妨。候作主交生过，则无凶方，可卸符则吉。外命龙见出宅避火例。

论方道远近神杀

若城皇府县，寸金之地，或隔大街要道造作，未知所犯。如向京城府州县，正是寸金之地，所作之方，但隔街路作之，不如州县京城贵要处，有此修葺，为小可之作，并不问吉凶之方。但要吉日，余即不畏。州府京畿，以衙庭为正，作主不论吉凶方，吉日法大偷修日。又亥女偷修甲戌、乙亥日，若是乡村之地，修方道或隔大溪水，人渡不得，四时常流，则不问凶星煞。若隔大河，水渡不得，须用桥道、井舟，所渡处则不论吉凶。若隔水渡，溪间有常流不绝者，神杀小可不妨。说见郭璞《元经》。

注曰：若造小厅楼台之于居宅，阔大者虽于步塘沼，犹系本宅方隅地。惟隔长溪江河，四时常流，人不得渡，则与神杀始不干系。若隔大河水，人不得渡，须用桥道井舟，所渡则不论吉凶。若居城市，虽隔一街巷三五尺，非自己地，亦不犯方隅神杀。如欲近屋作楼台厅馆，虽是修方，亦取方道。有古神无凶杀，经之不妨。以上引用《元经》。

修作中宫

（谓修整中厅、佛堂、香火等事）

九良星:壬申、甲申、庚子、戊申年占中厅。土公:冬月占中厅,忌动土。

九良星:辰、申、亥、寅年在中厅。阴阳的杀忌入中宫。

凶年	甲	乙	丙	丁	戊	己	庚	辛	壬	癸
丘公暗刀杀（占厅）	三九	五十一	正七	三九	五十一	三九	五十一	正七	三九	五十一

修堂中宫、香火堂

凶年	甲	乙	丙	丁	戊	己	庚	辛	壬	癸
丘公煞（占厅）	三	五	七	九	十一	三	五	七	九	十一
饥渴血刃	四九	十一三	六八二	十七正八	五七十	四九	十一三	六八二七	十正六九	五七十
隐伏血刃	五八	二十一	五八	正三十二	六七	五八	二十一	五八	正三十二	六七
大月建	四	正十	七	四	正十	七	四	正十	七	四

九良星:丙子、甲申、庚子、戊申年占中厅。阴阳的杀忌入中宫。

土公:冬在堂中忌动土,主宅长、宅母足月中。土公败日不妨。

凶年	子	丑	寅	卯	辰	巳	午	未	申	酉	戌	亥
九良煞	中堂		后堂	后堂					中厅		堂	
天官符	正十	七十	四七	正四	正七	七十	四七	正四	正十	七十	四七	正四
地官符	正六	四七	五八	六九	七十	八十二	九十二	正十	二十一	三十一	正四	正五
小月建	正十	六	正十	六	正十	六	正十	六	正十	六	正十	六

（续表）

凶年	子	丑	寅	卯	辰	巳	午	未	申	酉	戌	亥
打头火	二十一	八十一	五八	二五	二十一	八十一	五八	二五	二十一	八十一	五八	二五
月游火	三七	十二		三	六	十二	四	八		五	九	
飞独火	二五	二十一	八十一	五八	二五	二十一	八十一	五八	二五	二十一	八十一	五八

凶月	正	二	三	四	五	六	七	八	九	十	十一	十二
九良煞	中庭						中庭				中宫	中堂
耗星					中庭							中庭
伏龙										堂	堂	
宅龙	中庭	中庭	中庭	堂	堂							

真太岁入中宫、忌修中宫

甲戌年九月，戊午年五月，辛卯年二月，丙申年七月，丁未年六月，庚辰年三月，壬子年十一月，癸亥年十月，乙酉年八月，壬寅年正月。大杀白虎、雷霆白虎修日忌入中宫，凶。命龙入土尤忌之。

论修向方山头法

在前元有堂屋，已归火安处入宅人眷，向后又欲作厅廊，谓之修方向。惟忌年家、浮天空亡、巡山罗睺、阴阳的身皇定命。兼忌月家方向紧杀。至如年月克山家、正阴凶、太岁等杀，俱不忌。若于中堂后又修作后堂，不出火避宅，山头方道，并须论之。

修造权法

（谓方隅神禁、择日通变等事，与偷修并览）

论岁官交承竖造宅舍：元论修造作主行年运，自得利。待新旧岁官交承之际，先择吉日立符，使请起祖先福神香火，随符出避。吉方起工架马，修葺木料，俟大寒五日后，择日起手拆屋。宜立春前择日竖造。如开山立向，吉多凶少，四课停当刑冲刃害，仍须避忌。至于克山及岁月诸凶，就竖造之日，请祖先福神香火，随符使入宅，无忌。已后节次用工，俟工完备，待山向得利或岁除方，可择日卸符，使安奉香火吉。

论岁官交承修作方道：每遇年边大寒中气五日后，择日用工，修作方道。立春后二日住工，谓之岁官交承之际，并不问方道吉凶神杀。如立春交节已过二日，则年月凶神方位已定，不可修作。如方位无凶神，修作无妨。

论岁官交承破屋修营：如破坏舍宇，依前修作吉日合诸吉，更会得偷修吉，尤吉。

坐宫修方活法总图

（谓修整方隅吉凶活法等事）

论坐宫修方法：假如坤申山艮寅向，屋欲于正屋廊前向左屋檐滴水外修造，先于茶亭中间，将罗经格定廊前，向左屋外在癸丑方上，其年癸丑方无杀，大利修造。宜于中间向右起符，使坐丁未，向癸丑。今师祝云：居住坤申山，艮寅向，起符坐丁未，向癸丑，修癸丑方，大抵不倒堂，不动中堂，不必轻易出火避宅，其余仿此。

坐宫修方活法总图

		坤 申		房	房
房	房	坐内堂		房 天井	
	天井	符使	于此起符使 坐丁未向癸 丑方 明	巷道	
	巷道	楼	正厅		
		井 天			
		正廊前门			

坐宫修方活法之图一

假如甲卯山庚酉向,屋欲修壬子方,就于楼中间向左取当中起符,坐丙午,面壬子。今师祝云:住居甲卯山,庚酉向,起符坐丙午,面壬子,修壬子方,谓之坐宫修方,不须出火避宅,其余仿此法。

坐宫修方活法之图

坐宫修方活法之图二

坐宫修方活法之图

　　假如甲卯乙庚酉向,屋欲修巽巳方,其年巽巳无紧杀,有吉会就屋中间,对栋柱中置罗经格定,屋外向右是巽巳方,去其年方道无紧杀,宜于中间向左起符,使坐乾亥,面巽巳。今师祝云:住居甲卯山,庚酉向,起符坐乾亥,面巽巳,修巽巳方,大抵不倒堂,不动中宫,不必轻易出火避宅,其余仿此法。

坐宫修方活法之图三

坐宫修方活法之图

假如乾亥巽巳向,屋欲修乙辰方,其年乙辰无凶杀,大利修造,只就内栋屋中间,对栋柱中置罗经格定,方位向右起符,坐辛戌,向乙辰方。今师祝曰:住居乾亥山,巽巳向,起符便坐辛戌,向乙辰,修乙辰方,谓之坐宫修方,余仿此。

论修方向

昔有一人先有后堂,已经归火入宅,原作丙向。后有一人癸卯年十月起造前厅,其年灾退占在午,十月地官符有占,巽巳小儿杀,又在丙午丁方作,后果损少丁六口。金银冷退,官非横至。据术者云:只论向首,不论方道紧杀,非也。主干年月克山,傍正阴府,正勿论李广箭,并逐月紧杀,并宜避忌。此论向方,不论山方,故曰:立向修方而论,是也。

论修方用工法

自竖造之后,相连用工不住手,虽过月节修作,无妨。若一住手,使月建节候已过,欲再起用工。又得吉神,盖照方道却可用工,但无凶杀,亦可用工。若遇月节为凶神所占,切不宜再起用工。若其方道无杀,亦可修作。至如择日,与竖造同例。

论坐宫修方法:且如今年二月,其年月乃方道,并无凶杀,而有吉会修作吉。若所修在本月内完葺工夫,即便卸符,亦可。

论方堆垛木料

凡坐宫修作方道,不出火,忌太岁年、独火、官符、年三杀,凶。流财、大小月建、杀身皇定命等方,止忌将木料抛放地土,凶。

论修作方道法

如作主人眷,既以出火避宅,则取土堆、木料、架马,与不问吉凶方运。如不动中宫,不必轻易出火。

论坐宫修方动土

如家主不出火避宅,系是坐宫修方,须忌土瘟、土皇及诸杀等方并动土凶日。如有年月紧杀占方,从吉方起手动土,而后连及之,如新立宅舍,出火避宅,则不问方道。

论坐宫修方取土

方道忌年三杀、独火、官符、月流财飞、州县官符、大小月建杀、土皇、土府、土符、土瘟等方,忌于其方取土。若在一百二十步外,则不问方道矣。

论修方竖造通用日

及玄女劫寨、三奇日,大吉。

移宫修方活法总图

移宫修方活法总图

　　论移宫修方法,今俗云:走马修造是也。假如乾亥山巽巳向,屋欲修明楼对过右畔屋檐滴水外,就明楼中心将罗经格定,是坤申方,其年为州官符所占,欲急修此方,可从权请起祖先香火,暂居空界,随符祀奉。若只就厅上坐符,使则茶亭对过右畔屋檐滴水外,要背之坤申方,今转而为庚酉方起符,使坐甲卯,面庚酉,修庚酉方。若就内堂向左坐符,使则昔之坤申方,今转而为丁未方起符,使坐癸丑,面丁未,修丁未方。大抵修方不动中宫,不必轻易出火避宅,其余仿此法。

移宫修方活法之图一

移宫修方活法之图

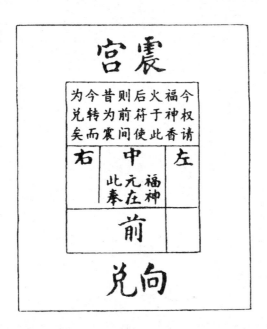

　　假如身命年月利作兑，不利作震元，所住之屋坐震，却其年震不利，宜从权请起祖先福神香火，随符坐后间，屋内用符使坐震面兑，则前间昔之震宫住屋，今转而为兑方。今师祝曰：坐震宫修兑方，不须出火避宅，若后元无空屋，宜权造小屋子，以出火也，其余仿此。于后间起符使，坐震向兑，此则谓移宫修方。

移宫修方活法之图二

移宫修方活法之图

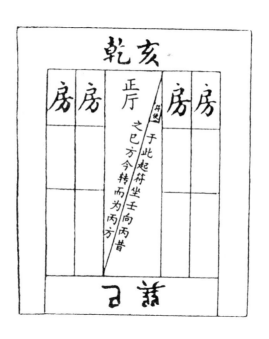

假如乾亥山,屋欲修造巽巳方,其年巽巳方道不利,丙方却利,宜择日起符使,请起祖先福神香火,同归左畔第一间屋内,将罗经格定起立符使,坐壬宫,面向丙,要昔之巳方道,今转而为丙方道。今师祝云:坐壬宫修丙方道,俟工毕,候月节已过,现住居中来巳上永定方向,及中宫无杀而有吉会,却又择吉日请祖先福神香火,元屋正堂安奉,或无吉日,或俟大寒节后五日,或岁除前后择日安奉亦可也,不须避火出宅,其余仿此。

上据术者云:凡杀盖宅舍中宫,及向无凶杀而有会,只就中宫起符便推,请起祖先福神香火,随符使一间奉祀,必须家主人眷出避吉方,但择吉日从中宫起手用工。又于中堂住手，俟工毕，别择吉日入宅，为之出避不出火。

盖新造宅舍，未经归火，如杀盖瓦砌粉饰，并不问中宫方向神杀，惟用吉日。自入宅归火后，若一住工过月俞节，又欲杀盖瓦砌，亦须中宫及向无杀可用工。凡杀盖舍宇，方道切忌三杀年月、官符、打头火、小儿杀、大月建、阳的杀、阴的杀、身星定命，忌于此凶方，起手用工杀盖，若其方有凶杀，先从吉方起手，吉方住手，修作无疑。

论移宫修方法

今俗云：走马修造是也。假如乾亥山巽巳向屋，欲修明楼对过右畔屋檐滴水外，就明楼中心将罗经格定是坤申方，其年为州官符所占，欲急修此方，可从权请起祖先香火，暂居空界，随符祀奉。若只就厅上坐符，使则茶亭对过右畔屋檐滴水外要背之坤申方，今转而为庚西方起符，使坐甲卯，面庚西，修庚西方。若就内堂向左坐符，使则昔之坤申方，今转而为丁未方起符，使坐癸丑，面丁未，修丁未方，大抵修方不动中宫，不必轻易出火避宅，其余仿此法。

论久住宅舍
（又欲修作）

水解、安碓磑、开渠、破屋、坏堆、作厕、筑墙，应诸杂事，如修作时，要所居方道上无年月家紧杀占之，却可修作。

论修中宫法

人家以茶亭为中宫，茶亭即今明楼也。神庙庵堂以殿堂为中宫，自屋檐滴水内，皆谓之中宫。凡修中宫，但要中宫无杀而有吉会，修作不妨。若一住手过月俞节，恐为凶神所占，不宜再起手用工。至如修中宫，宜明楼，中正坐符使。注曰:明楼者,即今之川堂,是也。有二天井,右曰日月眼。今人造屋后立堂屋,前起厅堂,其中一天井也。凡以寻方立向有川堂者,即于川堂对中为中宫。无川堂者,即于后堂对栋为中宫也。

论修作用盘针定中宫方道法

凡以公府以正厅为中宫。寺观以佛道圣像取坛座为中宫,社坛以神主为中宫。或是隔舍华堂,皆以向中一间为中宫。或单椽宅舍,祖先福神香火安于左右敖间内,人眷房舍住居一头,亦以中间房舍为中宫。若在正居畔侧横栋屋内住坐,安奉祖先福神香火于横栋屋内,亦取向中间为中宫。如人家止有正厅却无明楼,前有廊,后有房,只就正厅当中对栋柱置罗经。依此上置罗经格定,并无差失。

论修方择年月

先看作主行年利田,月利田运白。要不犯阴阳的杀、身皇定命。如有宅母,亦忌身皇定命方,并不得先于其方起工,必须先从吉向起工,后连及之,又从吉方住手。然吉。人云:立宅易,修方难。若修中宫或修道方,盖大小凶杀最多。如年家三杀、独火、州官符、县官符、大耗、小耗耗方。月家飞宫用县官符、打头火、小儿杀、大月建、净栏煞、灸退、大杀年月、逆血刃、孙钟仙、血刃、巡山、火星。然诸杀之紧凶,惟有年三杀、州县官符、小儿杀、打头火、大月建,其用法详见如此卷。若杀在中宫,犯之灾祸。如出火避宅,方可修作。其余凶神,若得三奇、禄马、銮驾帝星、撼龙帝星、通天窍星等吉到方,先从吉方起手,连及不利之方修作,无妨。

论邻家修作

就本家中宫置立罗经格,邻家所修之方,如值年月官符、太岁、三杀、月火、大小月建等杀,本家屋内前后左右起立符,使移宫活法,坐符便从权。请起祖先福神香火,暂居空界,将符使照起。邻家所修之方,今转向为吉方,候月节已过本家住居,当初永定方道无杀所占,然后奉回香火,待岁除卸符,无妨。凡神杀,论月不论节也。

论住屋一百二十步外修作:凡宅舍久处,人眷欲就宅舍一百二十步外之修作花园、庭院、亭台、楼阁、瓦砌花台、流觞曲水、磊石作山、开池塘、道、地作栏槛台榭所在。若在一百二十步外,并不问凶杀方道。

论方道遭火尽七日内择日起工

半月前择日竖造,并不问吉凶方道。

论方道年月日时,忌犯刑冲刃害,宜日命干建贵禄到方,始吉。

论彩画宅舍祠宇法

应杀盖及粉饰屋宅,先要中宫无官符及向不犯官符、浮天空亡、血刃。中宫须得吉星,奇、白、壬之类,仍家主年庚得运白尤好。盖此等工夫,必自中宫起手,举符必在中宫,故要中宫吉。如小儿杀、大月建在中宫,却不可举符。在中宫缘杀,盖工夫稍重,粉饰变换门户,故凶。星不可犯耳!

(新镌历法便览象吉备要通书卷之二十二终)

新镌历法便览象吉备要通书卷之二十三

潭阳后学　魏　鉴　汇述

修造动土
（谓开基、取土、填平基址、砌础等事）

动土：宜天德、月德、月空、天恩、黄道及除、定、收、平、成、开日吉。忌土瘟、土府、土忌、土痕，忌天贼、月建与天地转杀同日，建、危、闭、九土鬼日与建、破、平、收同日则凶。

论动土方：陈抟《玉伦匙》云、土皇方犯之，令人害风痨、水痘。土府所在之方，取土及动土犯之，主浮肿、水气。又据术者云：土瘟日并方犯之，令人两脚浮肿。天贼日起手动土犯之，招盗。

论取土动土，坐宫修造不出火避宅，须忌年家、月家、紧杀方，其杀见后。

起工架马内动土吉日

甲子、癸酉、戊寅、己卯、庚辰、辛巳、甲申、丙戌、甲午、丙申、戊戌、己亥、庚子、甲辰、癸丑、戊午，宜用成、开日。癸酉、土公生日、甲子、戊子、庚子、乙丑、辛丑、甲寅、戊寅、庚寅、乙卯、辛卯、甲辰、戊辰、庚辰、乙巳、己巳、辛巳、甲午、丙午、戊午、庚午、乙未、己未、辛未、甲申、戊申、庚申、乙酉、己酉、辛酉、甲戌、戊戌、庚戌、乙亥、己亥、辛亥、土公赦日。甲子、庚午、辛未、庚子、丙午、丁未、丙辰、丁巳、辛酉。土公败日，此日动土不避伏龙、土公。癸未、乙未、土公死葬日忌动土。戊午、黄皇帝死日忌，戊巳日不宜动土、填基，犯之大凶，解明注在安葬类。

填基吉日

宜甲子、乙丑、丁卯、戊辰、庚午、辛未、己卯、辛巳、甲申、乙未、丁酉、己亥、丙午、丁未、壬子、癸丑、甲寅、乙卯、庚申、辛酉。筑墙宜伏断、闭日大吉。补筑墙宅龙六月、七月占墙,伏龙六、七月占西墙。墙壁因雨倾倒就当日起工便筑,即为无犯,若俟天晴,停留三五日过,须择吉日,不可轻动。饰垣墙、平治道涂、砌阶基,宜平日吉。

年凶方	子	丑	寅	卯	辰	巳	午	未	申	酉	戌	亥
土皇杀（秋分后五日过）	巽	巽	坤	坤	乾	乾	子	卯	午	午	艮	艮
土皇游（不忌动土）	乾	乾	艮	艮	巽	巽	午	酉	子	子	坤	坤
月凶方	正	二	三	四	五	六	七	八	九	十	十一	十二
月土皇	巳	辰	卯	寅	丑	子	亥	戌	酉	申	未	午
土符方	丑	巳	酉	寅	午	戌	卯	未	亥	辰	申	子
日凶月	正	二	三	四	五	六	七	八	九	十	十一	十二
天贼	辰	酉	寅	未	子	巳	戌	卯	申	丑	午	亥
受死	戌	辰	亥	巳	子	午	丑	未	寅	申	卯	酉
天瘟	未	戌	辰	寅	午	子	酉	申	巳	亥	丑	卯
天罡	巳	子	未	寅	酉	辰	亥	午	丑	申	卯	戌
河魁	亥	午	丑	申	卯	戌	巳	子	未	寅	酉	辰
土忌	寅	申	巳	亥	卯	午	酉	子	辰	未	戌	丑
土符（今人所忌）	寅	卯	辰	巳	午	未	申	酉	戌	亥	子	丑
地破（收日）	亥	子	丑	寅	卯	辰	巳	午	未	申	酉	戌
月破	申	酉	戌	亥	子	丑	寅	卯	辰	巳	午	未
玄武黑道	酉	亥	丑	卯	巳	未	酉	亥	丑	卯	巳	未
动土取土（凶时）	巳	辰	卯	寅	丑	子	亥	戌	酉	申	未	午

土瘟日（并今人方忌）:辰、巳、午、未、申、酉、戌、亥、子、丑、寅、卯。

天地转杀:乙卯、辛卯,丙午、戊午,辛酉、癸酉,壬子、丙子。

天地正转:春:癸卯,夏:丙午,秋:丁酉,冬:庚子。

月建转日:二月卯,五月午,八月酉,十一月子。

正四废日:庚申、辛酉,壬子、癸亥,甲寅、乙卯,丙午、丁巳。

九土鬼日:乙酉、癸巳、甲午、辛丑、壬寅、己酉、庚戌、丁巳、戊午。

大杀入中宫:戊辰、丁丑、丙戌、乙未、甲辰、癸丑、壬戌。

土公箭神:每月初七、十七、二十七日,忌动土。

土痕忌:大月初三、初五、初七、十五、十八。小月初一、初二、初六、十二、二十六、二十七。

土公占:大月初二、初五、初八。小月初一、初十、二十八。

土公忌方:春:东及灶,夏:南及口,秋:西及井,冬:北及中庭。

起手取土填基吉方	正	二	三	四	五	六	七	八	九	十	十一	十二
生土方	辰	午	申	戌	午	未	酉	午	申	戌	子	巳
生气方		子	丑	寅	卯	辰	巳	午	未	申	酉	戌	亥
地仓方	午	申	亥	辰	丑	寅	巳	辰	午	酉	巳	辰

逐月动土吉日

正月:甲子、癸卯、庚子、乙丑、乙卯、丙午,外丁卯、丙子、壬子。

二月:乙丑、壬寅、庚寅、甲寅、辛未、丁未、癸未、甲申、戊申。

三月:癸巳、丁卯、戊子、庚子、癸酉,外丙子、壬子、辛酉。

四月:甲子、戊子、庚子、甲戌、乙亥、庚午,外丙子。

五月:乙亥、丁亥、辛亥、庚寅、甲寅、乙丑、辛未、丁未、己未、壬寅、丙辰,外丙寅。

六月:乙亥、戊寅、己卯、甲寅、辛卯、乙卯、甲申、戊申、庚申、丁亥、辛亥,外丙寅、丁卯。

七月:甲子、庚子、庚午、丙午、丁未、辛未、癸未,外丙子、壬辰、壬子。

八月:壬寅、庚寅、乙丑、丙辰、甲戌、庚戌。

九月:丁卯、辛卯、庚午、丙午,外癸卯。

十月:甲子、戊子、癸酉、辛酉、庚午、甲戌,外壬午。

十一月：丁未、辛未、甲申、庚申、壬辰、丙辰、乙亥、丁亥、辛亥。

十二月：甲子、壬寅、庚寅、甲寅、甲申、戊申、庚申，外丙寅。

上吉日，不犯建破、魁罡、勾绞、玄武、黑道、天贼、受死、天瘟、土瘟、土忌、土府、地囊、地破、天地转杀、九土鬼、正四废、土符、土忌、土痕、河魁、受死、月破、月建转日、土公占、土公箭、大杀白虎入中宫日，惟忌中宫动作，其余不忌。

凡起屋，如百日之家岂能皆合？只论宅长、宅母、对冲本命之日。

入山伐木
（谓斫伐木料等事）

入山伐木法：凡伐木日辰及忌工日，切不可犯穿山杀。匠人入山伐木起工日，用看好木头根数，具立平处斫伐，不可了草，此用人力以所为也。如或木植到场，不可放堆黄杀方，又不可犯黄帝入座、九天入座、三煞、灸退、官符、戊己方凶。

伐木吉日：己巳、庚午、辛未、壬申、甲戌、乙亥、戊寅、己卯、壬午、戊子、乙酉、甲午、乙未、丙申、壬寅、丙午、丁未、戊申、己酉、甲寅、乙卯、己未、庚申、辛酉。

宜明星、黄道、天德、月德日吉，定、成、开日。忌天贼、正四废、龙虎，赤口凶。

凶日 ＼ 月	正	二	三	四	五	六	七	八	九	十	十一	十二
刀砧鲁班杀	春	亥	子	夏	寅	卯	秋	巳	午	冬	申	酉
斧头杀	春	辰		夏	未		秋	酉		冬	子	
龙虎	巳	亥	午	子	未	丑	申	寅	酉	卯	戌	辰
受死	戌	辰	亥	巳	子	午	丑	未	寅	申	卯	酉
天贼	辰	酉	寅	未	子	巳	戌	卯	申	丑	午	亥
月破	申	酉	戌	亥	子	丑	寅	卯	辰	巳	午	未
破败（次破败）	申	戌	子	寅	辰	午	申	戌	子	寅	辰	午

（续表）

凶日　　月	正	二	三	四	五	六	七	八	九	十	十一	十二
独火(月火雷火)	巳	辰	卯	寅	丑	子	亥	戌	酉	申	未	午
建日	寅	卯	辰	巳	午	未	申	酉	戌	亥	子	丑
危日	酉	戌	亥	子	丑	寅	卯	辰	巳	午	未	申
山隔	未	巳	卯	丑	亥	酉	未	巳	卯	丑	亥	酉
荒芜	巳	酉	丑	申	子	辰	亥	卯	未	寅	午	戌

	正	二	三	四	五	六	七	八	九	十	十一	十二
赤口	初三	初二	初一	初六	初五	初四	初三	初二	初一	初六	初五	初四
	初九	初八	初七	十二	十一	初十	初九	初八	初七	十二	十一	初十
	十五	十四	十三	十八	十七	十六	十五	十四	十三	十八	十七	十六
	廿一	二十	十九	廿四	廿三	廿二	廿一	二十	十九	廿四	廿三	廿二
	廿七	廿六	廿五	三十	廿九	廿八	廿七	廿六	廿五	三十	廿九	廿八

正四废:春庚申、辛酉,夏壬子、癸亥,秋甲寅、乙卯,冬丙午、丁巳。

九土鬼:乙酉、癸巳、甲午、辛丑、己酉、壬寅、庚戌、丁巳、戊午。

红嘴朱雀:乙丑、甲戌、癸未、壬辰、辛丑、庚戌、己未。

山痕忌:大月初二、初八、十二、十七、二十。小月初五、十四、十六、廿一、廿七日。

逐月伐木吉日

正月:戊寅、甲寅、壬午、丙午、己卯,外丁丑、丙寅。

二月:辛未、戊寅、甲寅、甲申、乙未、丁未、戊申。

三月:己巳、甲申,外癸酉、丁酉。

四月:庚午、壬午,外丙戌。

五月:巳日,外丙戌、丙辰、戊辰。

六月:乙亥、甲申、庚申,外癸酉、丁酉、辛亥。

七月:戊子,外庚子、丙子、壬子、戊辰、丙辰。

八月：乙亥、甲申、戊申、庚申，外乙丑、癸丑、己亥、辛亥。

九月：乙卯，外丙戌。

十月：辛未、乙未、丁未、乙亥，外甲子、丙辰。

十一月：甲寅，外丁丑、癸丑、壬辰、丙辰、丙寅。

十二月：戊寅、甲寅、己卯、乙卯，外丙辰。

上吉不犯魁罡、龙虎、受死、天贼、刀砧、斧头杀、九土鬼、正四废、山隔、破败、转杀、荒芜、建、破、危日、赤口日、红嘴朱雀。

砍伐竹木
（谓采取竹木、宜避六甲蛀日等事）

伐竹木不蛀日：每月初五以前，遇血忌日伐之，吉。七月甲辰、丙辰、壬辰此三日值飞廉血刃伐之，吉。春蛀竹，夏蛀木，十月小阳春伐竹蛀，又宜立冬后、立春前择日用危日。忌建、破、平、收日。凡用竹木，宜用秋冬月者，多不蛀，屡验。

六甲蛀日：甲子旬前五日，甲子、乙丑、丙寅、丁卯、戊辰日蛀。甲戌旬后五日，己卯、庚辰、辛巳、壬午、癸未日蛀。甲申旬、甲寅旬、通旬无蛀。甲午旬前五日，甲午、乙未、丙申、丁酉、戊戌日蛀。甲辰旬后五日，己酉、庚戌、辛亥、壬子、癸丑日蛀。

《历书》云：甲子旬前五日蛀，据术者云：甲子旬、通旬有蛀，且如延佑庚辰五月，丙申子旬后五日，其乡人种栗，至七月收时栗内生攒心蛀虫，以事验之。则甲子旬、通旬亦有蛀矣。如遇六甲蛀日，砍伐竹木则生蛀虫，鸡鹅鸭抱虽切出则多死，种五谷下种子，亦生蛀。其书云：蛀人民者，则无应验矣。

古德蛀理日

甲子●	甲戌●	甲申○	甲午●	甲辰○	甲寅○
乙丑⊗	乙亥⊗	乙酉⊗	乙未⊗	乙巳○	己卯○
丙寅○	丙子●	丙戌○	丙申○	丙午●	丙辰○
丁卯○	丁丑○	丁亥○	丁酉○	丁未○	丁巳●

戊辰○	戊寅○	戊子○	戊戌○	戊申○	戊午●
己巳○	己卯○	己丑○	己亥○	己酉○	己未●
庚午○	庚辰○	庚寅○	庚子●	庚戌○	庚申●
辛未○	辛巳●	辛卯○	辛丑○	辛亥○	辛酉●
壬申○	壬午○	壬辰●	壬寅○	壬子○	壬戌●
癸酉●	癸未○	癸巳○	癸卯○	癸丑○	癸亥●

古德砍伐日：历书云：●圈全黑是竹木并蛀日。

　　　　　　　　○圈全白是竹木不蛀日。

　　　　　　　　⊗圈内叉者是蛀竹日。

诗曰：

　　　白星砍伐尽皆通，遇黑应知有蛀虫。

　　　黑白半边分竹木，木归西畔竹归东。

搭厂堆木

（谓解除旧居、新搭厂屋、堆放木料、安顿等事）

凡木植堆垛及搭厂，先须择天道、太阳、天月二德、三奇照临之方，堆垛不可置年三杀、天地官符、月建、造主本命之方，大忌。断木起工主人师匠不安，值百步外则无禁忌。凡搭厂起工，亦须吉星所照，匠用工日久，俱获吉庆。凡作栋梁之木，宜预置方所吉处架起，勿令妇人男女坐踏秽污。

起工架马

（谓起手、架马、兴工等事）

起工吉日：宜己巳、辛未、甲戌、乙亥、戊寅、己卯、壬午、甲申、乙酉、戊子、庚寅、乙未、己亥、壬寅、癸卯、丙午、戊申、己酉、壬子、乙卯、己未、庚申、辛酉、成、开日。

忌天贼、正四废、斧头杀、刀砧、赤口、荒芜、大空亡、小空亡、火星、受死、凶败破日。

凶日＼月	正	二	三	四	五	六	七	八	九	十	十一	十二
天罡	巳	子	未	寅	酉	辰	亥	午	丑	申	卯	戌
河魁	亥	午	丑	申	卯	戌	巳	子	未	寅	酉	亥
土瘟	辰	巳	午	未	申	酉	戌	亥	子	丑	寅	卯
天穷	子	寅	午	酉	子	寅	午	酉	子	寅	午	酉
破败	申	戌	子	寅	辰	午	申	戌	子	寅	辰	午
天贼	辰	酉	寅	未	子	巳	戌	卯	申	丑	午	亥
荒芜	巳	酉	丑	申	子	辰	亥	卯	未	寅	午	戌
受死	戌	辰	亥	巳	子	午	丑	未	寅	申	卯	酉
建日	寅	卯	辰	巳	午	未	申	酉	戌	亥	子	丑
阴错	庚戌	辛酉	庚申	丁未	丙午	丁巳	甲辰	乙卯	甲寅	癸丑	壬子	癸亥
阳错	甲寅	乙卯	甲辰	丁巳	丙午	丁未	庚申	辛酉	庚戌	癸亥	壬子	癸丑
本马杀 孟平仲 定季执	巳	未	酉	申	戌	子	亥	丑	卯	寅	辰	午
独火月火雷火	巳	辰	卯	寅	丑	子	亥	戌	酉	申	未	午
斧头杀	辰	辰	辰	未	未	未	酉	酉	酉	子	子	子
鲁班杀	子	子	子	卯	卯	卯	午	午	午	酉	酉	酉
破败火破败	申	戌	子	寅	辰	午	申	戌	子	寅	辰	午
月建转杀		卯			午			酉			子	

刀砧杀:春:亥、子,夏:寅、卯,秋:巳、午,冬:申、酉。

正四废:庚申、辛酉,壬子、癸丑,甲寅、乙卯,丙午、丁巳。

九土鬼:乙酉、癸巳、甲午、辛丑、壬寅、己酉、庚戌、丁巳、戊午。

四离:春分,夏至,秋分,冬至各前一日是。

四绝:立春,立夏,立秋,立冬各前一日是。

论架马吉方

宜天德、月德、月空、三奇、帝星、并诸吉方。

论架马凶方

忌年家、木马杀、三杀、独火、官符、月飞宫、州系官符、月流财、小儿煞、身皇命定,惟坐宫修方不出火避宅忌之。又忌堆黄大杀、白虎日方、月剑锋煞。

论新立宅舍架马法

凡新立宅舍,作主人眷既已出火避宅,如起工只就坐山架马,至如竖造吉日,亦可通用。

论净拆除旧屋倒堂竖造架马法

凡拆除古宅舍,倒堂竖造,宅主人眷既出火避宅,如起工架马与新立宅舍架马亦同。

论拆屋吉日

宜甲子、乙丑、戊辰、己巳、辛未、壬申、癸酉、甲戌、丁丑、戊寅、己卯、庚辰、辛巳、癸未、甲申、丁亥、己丑、壬辰、癸巳、甲午、乙未、己亥、癸卯、辛丑、甲辰、乙巳、己酉、庚戌、辛亥、癸丑、丙辰、丁巳、庚申、辛酉、除、破日。正四废、赤口、天贼日。

论拆屋忌方

凡修造坐宫、修作方遒、起手拆屋,忌年家、天官符、月家、州县官符、小儿杀、打头火、阴阳的杀、身皇定命、灸退、三杀,并忌从此方起手,须从本命利方月,下三奇白方起手则吉。如出宅避火后、拆除后不问占道神杀。

论坐宫修方架马法

凡坐宫修方作主人眷既已出火避宅,则就所修之方,择取吉方起工架马吉。若别择吉日架马不利。

论移宫修方架马法

凡移宫修方作主人眷不出火避宅,则就所修之方,择取吉方上起工架马吉。如出火避宅起工架马,却不问方道吉凶。

论架马活法

凡修作在近空屋内,或百步之外起凳架马,并不问吉凶方道。

逐月起工吉日

正月:辛未、乙未、壬午、丙午,外癸酉、丁酉、丁丑、癸丑。

二月:(原文缺)。

三月:己巳、甲申,外癸巳、乙巳。

四月:外丁丑、丙戌、丙午、庚午、丙子、庚子。

五月:乙亥、己亥、甲寅,外辛亥。

六月:乙亥、甲申、戊申、庚申,外辛亥、癸酉、丁酉。

七月:戊子、壬午、己卯、癸卯,外丙子、庚子、戊辰、丙辰、丁卯。

八月:乙亥、己亥、戊寅、甲申、戊申、庚申、甲申,外戊辰、壬辰、丙辰、辛亥。

九月:癸卯,外辛卯。

十月:壬午、辛未,外庚午、丁未、甲午。

十一月:甲戌、庚寅、壬寅,外乙丑、丁丑、癸丑、甲寅。

十二月:己巳、戊寅、己卯、辛卯,外丙寅、甲寅、乙卯、壬寅。

上吉日,不犯建破、魁罡、勾绞、破败、独火、天贼、受死、木马杀、斧头杀、刀砧杀、鲁班杀、月建转杀、九土鬼、正四废、土瘟、天穷、荒芜、阴错、阳错、建日、四离、四绝、月破不兴,建、破、平、收同日,遇吉星多亦不拘也。

画柱绳墨

(谓画梁柱、开柱眼、齐柱等事)

考正逐月画柱绳墨吉日

正月(立春):癸酉、壬午、辛卯、己酉、戊午(一白)。辛未(八白、雨水后)。丁卯、乙酉、甲午、癸卯(合一白)。

二月:辛巳、庚寅、己亥(六白)。乙丑、甲戌、癸未、己未(八白)。乙亥、丙寅、甲申、辛亥(九紫)。

三月(清明):丙子、乙酉、壬子(一白)。甲申、癸巳(九紫、谷雨后)。戊子、丁酉(一白)。己巳、乙巳、丙申(九紫)。

四月:庚午、己卯、戊子、丙午、乙卯(一白)。戊辰、丁丑、甲辰、癸丑(合八白)。

五月(芒种):己巳、戊寅、甲寅(九紫)。戊辰、乙未、甲辰(八白)。丙寅、乙亥、壬寅、辛亥(合六白、夏至后)。庚寅(一白)。甲戌、癸未、壬辰、庚戌(合八白)。

六月:癸未、己未(八白)。癸酉、己酉(九紫)。

七月(立秋):丙子、壬子(六白)。甲子、庚子(九紫、处暑后)。癸巳(一
白)。戊子(六白)。戊辰、乙未(合八白)。

八月:乙亥、癸巳、甲申、庚申(一白)。戊辰、丁丑、癸丑(合八白)。

九月:乙亥、辛亥(一白)。庚午、丙午(六白、霜降后)。丁亥(一白)。壬
午、辛卯、戊午(合六白)。

十月:甲子、庚子、癸酉、己酉、壬午、戊午(六白)。辛未、丁未、戊戌(八
白)。庚午、丁酉、戊子(九紫)。

十一月:戊寅、丙申、甲寅(一白)。庚辰、己丑、丙辰(八白)。壬申、庚寅、
戊申(合九紫)。

十二月:甲子、辛卯、庚子(合一白)。己巳、戊寅、丙申、乙巳、甲寅(合六
白)。

上吉不犯天瘟、天贼、受死、转杀、荒芜、伏断、四正废、灭没、凶败、火星、
天火、地火日。

冬至

上元子午卯酉日:子酉二时(一白),巳时(六白),未时(八白),申时(合
九紫)。

中元辰戌丑未日:丑戌二时(八白),寅亥二时(九紫),卯时(一白),申时
(合六白)。

下元寅申巳亥日:寅亥二时(六白),辰时(八白),巳时(九紫),午时(合
一白)。

夏至

上元子午卯酉日:子酉二时(九紫),丑戌二时(八白),卯时(六白),申时
(合一白)。

中元辰戌丑未日:寅亥二时(一白),午时(六白),辰时(八白),卯时(合
九紫)。

下元寅申巳亥日:子酉二时(六白),未时(八白),巳时(一白),午时(合

九紫)。

画柱绳墨吉日

宜天德、月德、天德合、月德合、黄道、显星、合三白、九紫值日时吉。

栽柱脚吉日

宜寅申、己亥日,同上吉星值日,开、成日吉。忌火星、天火、地火、独火、凶败、灭没、荒芜、正四废、天贼、天穷、破日凶。

论画柱绳墨、栽柱脚、栽木料、开柱眼:俱以白星为主,盖三白九紫匠者之大用也,先定日时之紫白,后定尺寸之紫白,上合天星之应照,下合吉星之祥光,获福所以住者得福之吉,主应益后代之昌盛,已无凶咎之灾,选择者岂不知乎?!

定礎扇架
(谓下礎、并架、发槌等事)

凶日　　　月	正	二	三	四	五	六	七	八	九	十	十一	十二
朱雀黑道	卯	巳	未	酉	亥	丑	卯	巳	未	酉	亥	丑
天罡勾绞	巳	子	未	寅	酉	辰	亥	午	丑	申	卯	戌
河魁勾绞	亥	午	丑	申	卯	戌	巳	子	未	寅	酉	辰
月建转杀	卯	卯	卯	午	午	午	酉	酉	酉	子	子	子
建日	寅	卯	辰	巳	午	未	申	酉	戌	亥	子	丑
破日	申	酉	戌	亥	子	丑	寅	卯	辰	巳	午	未
天瘟	未	戌	辰	寅	午	子	酉	申	巳	亥	丑	卯

凶日 月	正	二	三	四	五	六	七	八	九	十	十一	十二
天贼	辰	酉	寅	未	子	巳	戌	卯	申	丑	午	亥
地贼		子	子	亥	戌	酉	午	午	午	巳	辰	卯	子
受死	戌	辰	亥	巳	子	午	丑	未	寅	申	卯	酉
天火	子	卯	午	酉	子	卯	午	酉	子	卯	午	酉
独火	巳	辰	卯	寅	丑	子	亥	戌	酉	申	未	午
次地火	巳	午	未	申	酉	戌	亥	子	丑	寅	卯	辰
荒芜	巳	酉	丑	申	子	辰	亥	卯	未	寅	午	戌
阳错	甲寅	乙卯	甲辰	丁巳	丙午	丁未	庚申	辛酉	庚戌	癸亥	壬子	癸丑
阴错	庚戌	辛酉	庚申	丁未	丙午	丁巳	甲辰	乙卯	甲寅	癸丑	壬子	癸亥

正四废：春：庚申、辛酉，夏：壬子、癸亥，秋：甲寅、乙卯，冬：丙午、丁巳。

九土鬼：乙酉、癸巳、甲午、辛丑、己酉、壬寅、庚戌、丁巳、戊午。

火星凶日：寅申、巳亥月：乙丑、甲戌、癸未、壬辰、辛丑、庚戌、己未。子午、卯酉月：甲子、癸酉、壬午、辛卯、庚子、己酉、戊午。辰戌、丑未月：壬申、辛巳、庚寅、己亥、戊申、丁巳。

逐月定磉法定局

凡筑磉先于龙腹下手，筑一槌，次龙背，又次龙头，次四龙足，周而复始，筑之则吉。先犯龙头损宅长，犯足损宅母，己巳、己亥二日，为地柱筑磉，犯之损宅长。

正五九月下磉方数定局

正、五、九月：一乾、二巽、三坤、四艮、五东、六西、栋七，下南磉，八下北磉。

三龙头西南坤磉　　六正西栋兑　　一龙腹西北乾磉
七正南离磉　　　　　　　　　　　八正北坎磉
二龙背东南巽磉　　五正东栋震磉　四龙足东北艮磉

二六十月下磉方数定局

二、六、十月：一巽、二乾、三艮、四坤、五东栋、六西栋、七下南磉、八下北磉。

四龙足西南坤磉　　六正西栋兑磉　　二龙背西北乾磉
七正南离磉
一龙腹东南巽磉　　五正东栋震磉　　三龙头东北艮磉

三七十一月下磉方数定局

三、七、十一月：一艮、二坤、三巽、四乾、五东栋、六西栋、七下南磉、八下北磉。

二龙背西南坤磉　　六正西栋兑磉　　四龙足西北乾
七正南离磉　　　　　　　　　　　　八正北坎磉
三龙头东南巽磉　　五正东栋震磉　　一龙腹东北艮磉

四八十二月下磉方数定局

四、八、十二月：一坤、二艮、三乾、四巽、五东栋、六西栋、七下南磉、八下北磉。

一龙腹西南坤磉　　六正西栋兑磉　　三龙头西北乾磉
七正南离磉　　　　　　　　　　　　八正北坎磉。
四龙足东南巽桑　　五正东栋震桑　　二龙背东北艮桑

上筑磉之法，每起于乾坤艮巽而及东西南北者，盖先定四维而后立四正，以为八极而周八方也。而各月起宫不同者，以寅申巳亥之四隅，五行金、木、水、火、土，长生之位循序而进也。自一、而二、而三、而四以及五六之东西二栋,连及南北前后之礴,亦仿洛数以立其基也。其言龙腹、龙背、龙头、龙足者,亦洛书之戴九履一,左三右七,二四为肩,六八为足是也。非真有龙腹、龙背、龙头之现于乾坤艮巽之方位也,故时明而择之,以不惑于人也,姑存此,以俟智者辨然。今之世俗筑礴,多有东栋而及西栋,方下四隅建及诸礴。今先立四隅以镇四维,是天门、地户、人门鬼路、各立其极,而有方隅之位,亦似有理,在人详而用之可也。

总论
（论定礴扇架与竖造吉日亦可通用）

论定礴便为立向修方,如用三月竖造,则清明前还是二月节,若其月有凶也,决不可择日定礴。盖未得三月竖造,山向方遇吉神而犯二月凶神矣,如前月不利,则虽与竖造同月,虽竖造既得吉日,则在前定礴难得全吉之日,吉多凶少亦可用。然扇架又轻于定礴,故也。

定礴扇架吉日

宜甲子、乙丑、丙寅、戊辰、己巳、庚午、辛未、甲戌、乙亥、戊寅、己卯、辛巳、壬午、癸未、甲申、丁亥、戊子、己丑、庚寅、癸巳、乙未、丁酉、戊戌、己亥、庚子、壬寅、癸卯、丙午、戊申、己酉、壬子、癸丑、甲寅、乙卯、丙辰、丁巳、己未、庚申、辛酉。

宜天德、月德、天月德合、天福、天富、天喜、天恩、月恩,并诸吉神值日,满、成、平、闭日亦可用。

忌正四废、天贼、地贼、魁罡、月建转杀、天地火、独火、天瘟、阴错、阳错、火星、天地、荒芜、受死、朱雀黑道、建、破日。

逐月定礴扇架吉日

正月：癸酉、丁酉、丙午、癸丑。
二月：乙丑、丙寅、乙亥、戊寅、癸未、庚寅、己亥、癸丑、甲寅、己未。
三月：甲子、甲申、戊子、丁酉、庚子、壬子。

四月：甲子、庚午、丙午、癸丑、戊午、庚子。

五月：丙寅、戊辰、辛未、甲戌、戊寅、癸未、庚寅、甲寅、丙辰、己未、壬寅。

六月：壬寅、丙寅、乙亥、戊寅、甲申、甲寅、庚申。

七月：甲子、戊辰、辛未、壬子、戊子、庚子、丙辰。

八月：乙丑、丙寅、戊寅、庚寅、壬寅、己亥、癸丑、丙辰。

九月：戊午、庚午、己卯、壬午、癸卯、丙午。

十月：甲子、庚午、辛未、壬午、戊子、乙未、庚子、壬子、辛酉、戊午、丙辰。

十一月：丙寅、戊寅、甲申、庚寅、戊申、甲寅、丙辰、庚申、壬戌。

十二月：丙寅、己巳、戊寅、甲申、甲寅、庚申、壬寅、甲子、戊子、庚子、壬子。

上吉日，不犯朱雀黑道、建破、魁罡、天瘟、天贼、受死、九土鬼、天火、独火、坎地火、火星、正四废、荒芜、阴错、阳错日。

断除白蚁

三元日时白星定局

冬至前后甲子上元日白　　子午卯酉日白星同

一白　甲子癸酉壬午辛卯庚子己酉戊午　利南北

六白　己巳戊寅丁亥丙申乙巳甲寅癸亥　利震巽西

八白　辛未庚辰己丑戊戌丁未丙辰　　　利坤艮北

雨水前后甲子中元日白　　冬至后辰戌丑未日白星时同看

八白　乙丑甲戌癸未壬辰辛丑庚戌己未　八白中一白兑六白震

一白　丁卯丙子乙酉甲午癸卯壬午辛酉　一白中六白坎八白震

六白　壬申辛巳庚寅己亥戊申丁巳　　　六白中八白兑一白离

谷雨前后甲子下元日白　　冬至后寅申巳亥日白星时同看

六白　丙　　　甲申癸巳壬寅辛亥庚申

八白　戊辰丁丑丙戌乙未甲辰癸丑壬戌

一白　庚午己卯戊子丁酉丙午乙卯　　　方白同前看

夏至前后甲子上元日白　　子午卯酉日白星时同看

一白　壬申辛巳庚寅己亥戊申丁巳　　一白中六白利八白兑

六白　丁卯丙子乙酉甲午癸卯壬子辛酉　　六白中八白震一白坎

八白　乙丑甲戌癸未壬辰辛丑庚戌己未　　八白中一白震六白兑

处暑前后甲子中元日白　　辰戌丑未日白星时同看

一白　丙寅乙亥甲申癸巳壬寅辛亥庚申

六白　戊辰丁丑丙戌乙未甲辰癸丑壬戌

八白　庚午己卯戊子丁酉丙午乙卯　　三白方同前看

霜降前后下元甲子日白　　寅申巳亥日白星时同看

一白　己巳戊寅丁亥丙申乙巳甲寅癸亥

六白　甲子癸酉壬午辛卯庚子己酉戊午

八白　辛未庚辰己丑戊戌丁未丙辰　　三白方同前看

以上日时得值白星,再合得巳下暗金伏断日时宿,并受死、月杀、死气,大验利方皆同前局推之。

暗金伏断日例

太阳值年巳日房宿是　　太阳值年子虚未张是　　火星值年酉觜寅室是

水星值年辰箕亥壁是　　木星值年午日角宿是　　金星值年丑斗申鬼是

土星值年卯女戌胃是

暗金日求时例

太阳逢巳时　　太阴子未是　　火星鸡虎论　　水星辰亥居

土星卯戌值　　木星午时窥　　金星何处看　　牛猴二时楼

上推七元所管值宿日求时

吉日　　月	正	二	三	四	五	六	七	八	九	十	十一	十二
受死	戌	辰	亥	巳	子	午	丑	未	寅	申	卯	酉
月杀	丑	戌	未	辰	丑	戌	未	辰	丑	戌	未	辰
死气	午	未	申	寅	戌	亥	子	丑	寅	卯	辰	巳
闭日	丑	寅	卯	辰	巳	午	未	申	酉	戌	亥	子

此言能断白蚁,则吾不得而知也,然断白蚁之法,自有放白蚁水法、黑蚁

水法不同,而制作异,又有普庵符咒,别有一宗,详载《堪舆理气》卷内,不能详述于此。凡竖造埋葬,若年月日时,有一六八白值者,屡验不食。

断除白蚁吉日

宜暗金、伏断、火闭、金闭、土闭、满日、二白时日、受死、月杀,同到极验。

三白即历家三元白星是也。

白蚁属商,用丙丁奇加临其方,及丙丁日九紫以制之则自灭矣。宜考右弼水。

黑蚁属羽,用生死门乙奇加临,及戊己日八白以制之则自绝矣。宜放右辅水。

《通书》言以上断白蚁之法,再合年月日时,有一白、六白、八白同到,主白蚁自死有验。昔吾家庭排列围椅数把,日久未移一日,坐椅忽椅倒塌,惊起视之皆白蚁也,遂择日时值白星以槌击之,至来日再视之,其白蚁皆伏死于地上,再不复生,皆白星之验,此吾家之亲视不敢诳人也。

凡择断白蚁之法,月日时既得一六八白吉星,又会得暗金伏断日时,及飞廉大杀、月煞、血支、血忌、刀砧、受死之日,制之有验。

《经》云:诸家年月无依据,惟有白星真可凭,正此星之验,于白蚁即死,其用之于他则其召吉也,可知也。

起手发槌
(谓将枋穿柱吉方、起手打槌等事)

凶日　　月	正	二	三	四	五	六	七	八	九	十	十一	十二
划削血刃杀	亥	申	巳	寅	卯	午	未	酉	戌	丑	子	辰
鲁班跌仆杀	寅	巳	申	亥	卯	午	酉	子	辰	未	戌	丑

上杀假如交正月节后,划削血刃杀在亥,鲁班杀在寅,切忌向此二方发槌竖柱,犯之损人。夫工匠若竖柱时,划削血刃,依大杀白虎日方,魔禳如鲁班跌仆日,从方宜避之。

鲁班杀：甲子日辰，乙庚日午，丙辛日申，丁壬日亥，戊癸日寅。

上杀假如甲戌日竖造大忌辰方，犯之主跌死匠人，损害手足，凶。

三杀方：申子辰日巳午未，巳酉丑日寅卯辰，寅午戌日亥子丑，亥卯未日申酉戌。

上杀假如用己巳日竖造，先用屋柱于地，贴起长枋一条，起手发槌连打三声，向寅卯长方，谓之出本日杀。然后发槌竖柱则不问方道是矣。又发槌竖造择其方，不犯划削、血刃、跌仆杀、鲁班大杀、白虎等方，发槌之时切忌向之，仿此。

大杀白虎入中宫日：戊辰、丁丑、丙戌、乙未、甲辰、癸丑、壬戌日。上雷霆大杀、白虎日在方亦忌发槌。

鲁班杀局时并方吉凶定局

时并方	子	丑	寅	卯	辰	巳	午	未	申	酉	戌	亥
血光 主光血	子	丑	寅	卯	辰	巳	午	未	申	酉	戌	亥
披头 主损头目	丑	寅	卯	辰	巳	午	未	申	酉	戌	亥	子
天贵吉	寅	卯	辰	巳	午	未	申	酉	戌	亥	子	丑
天喜吉	卯	辰	巳	午	未	申	酉	戌	亥	子	丑	寅
天哭 主破碎	辰	巳	午	未	申	酉	戌	亥	子	丑	寅	卯
天恩吉	巳	午	未	申	酉	戌	亥	子	丑	寅	卯	辰
打足 主损手足	午	未	申	酉	戌	亥	子	丑	寅	卯	辰	巳
天庆吉	未	申	酉	戌	亥	子	丑	寅	卯	辰	巳	午
鲁班 主打伤	申	酉	戌	亥	子	丑	寅	卯	辰	巳	午	未
跌仆 主失跌	酉	戌	亥	子	丑	寅	卯	辰	巳	午	未	申
天乙吉	戌	亥	子	丑	寅	卯	辰	巳	午	未	申	酉
泣泪 主哭泣	亥	子	丑	寅	卯	辰	巳	午	未	申	酉	戌

起手发槌总论

论竖屋发槌不宜向口三杀方，君有邻人舍宇妨疑难避三杀方，或取八节、三奇、天德、月德方。

凡发槌宜向前及左右,忌向后。发槌时作主人眷,忌立本日三杀方位,不可不慎。

雷霆白虎入中宫日

甲己月:丁丑、丙子、乙酉、甲午、癸卯、壬子、辛酉。

乙庚月:戊辰、丁丑、丙戌、乙未、甲辰、癸丑、壬戌。

丁壬月:乙丑、甲戌、癸未、壬辰、辛亥、庚戌、己未。

丙辛、戊癸月:辛未、庚辰、己丑、戊戌、丁未、丙辰。

竖造宅舍
(谓起造厅堂、竖柱上梁、附格式等事)

竖造吉日:百忌日纂只有己巳、辛未、甲戌、乙亥、乙酉、己酉、壬子、乙卯、己未、庚申十日。六甲图中又有戊子、乙未、己亥通前共十三日。撮要外有己卯、甲申、己丑、庚寅、癸卯、戊申、壬戌七日,云半吉。其注云:此七日遇黄道、天月二德可用,又有戊寅、壬寅、丙寅虽非正造日,以月家吉神多,亦可用也。己酉在正月、六月、十月尤吉,不可以九土鬼论,止忌与建、破、平、收同日。若月内无此命吉日,须别择吉多凶少者用之,不可蹉过。本月吉利山向,今依《天机秘文》内先贤选用过年月悉编于外,只要八字、五行、生旺、暗局得过则自然福至。忌本命日、本命对冲日、火星、冰消瓦解、伏断、杨公忌日、子午头杀、荒芜、天贼、地贼、受死、凶败、灭没、正四废、转杀与月建同日大忌刑冲刃害,又与山向方无干为吉,取日命为主,宰克化凶神为吉。

竖柱:宜丙寅、辛巳、戊申、己亥,又宜寅申、己亥,为四柱日。

上梁吉日:宜甲子、乙丑、丁卯、己巳、戊辰、庚午、辛未、壬申、甲戌、丙子、戊寅、庚辰、壬午、甲申、丙戌、戊子、庚寅、甲午、丙申、丁酉、戊戌、己亥、庚子、辛丑、壬寅、癸卯、乙巳、丁未、己酉、丁巳、辛亥、癸丑、乙卯、己未、辛酉、癸亥。

若上梁与竖造同日,则不必再择吉日。

凶日＼月	正	二	三	四	五	六	七	八	九	十	十一	十二
朱雀黑道	申	巳	未	酉	亥	丑	卯	巳	未	酉	亥	丑
天牢黑道	卯	戌	子	寅	辰	午	申	戌	子	寅	辰	巳
独火月火	巳	辰	卯	寅	丑	子	亥	戌	酉	申	未	午
天火狼籍	子	卯	午	酉	子	卯	午	酉	子	卯	午	酉
次地火	巳	午	未	申	酉	戌	亥	子	丑	寅	卯	辰
冰消瓦解	巳	子	丑	申	卯	戌	亥	午	未	寅	酉	辰
月破火耗	申	酉	戌	亥	子	丑	寅	卯	辰	巳	午	未
划削血刃	亥	申	巳	寅	卯	午	未	酉	戌	丑	子	辰
天贼	辰	酉	寅	未	子	巳	戌	卯	申	丑	午	亥
地贼	子	子	亥	戌	酉	午	午	午	巳	辰	卯	子
荒芜	巳	酉	丑	申	子	辰	亥	卯	未	寅	午	戌
天瘟	未	戌	辰	寅	午	子	酉	申	巳	亥	丑	卯
土瘟	辰	巳	午	未	申	酉	戌	亥	子	丑	寅	卯
天穷	子	寅	午	酉	子	寅	午	酉	子	寅	午	酉
天罡	巳	子	未	寅	酉	辰	亥	午	丑	申	卯	戌
河魁	亥	午	丑	申	卯	戌	巳	子	未	寅	酉	辰
受死	戌	辰	亥	巳	子	午	丑	未	寅	申	卯	酉
五墓	乙未	乙未	戊辰	丙辰	丙辰	戊辰	辛丑	辛丑	戊辰	壬辰	壬辰	戊辰
阴错	辛酉	庚申	丁未	丙午	丁巳	甲辰	乙卯	甲寅	癸丑	壬子	癸亥	甲寅
阳错	甲辰	丁巳	丙午	丁未	庚申	辛酉	庚戌	癸亥	壬子	癸丑	十三	十一
杨公忌	初七	初五	初三	初一	廿九	廿七	廿五	廿三	廿二	十九		
月建转杀		卯			午			酉			子	

鲁班刀砧：春子、夏卯、秋午、冬酉。

正四废:庚申、辛酉,壬子、癸亥,甲寅、乙卯,丙午、丁巳。

灭没日:弦、虚、晦、娄、朔、角、望、亢、虚、鬼、盈、牛。

伏断日:子(虚)、丑(斗)、寅(室)、卯(女)、辰(箕)、巳(房)、午(角)、未(张)、申(鬼)、酉(觜)、戌(胃)、亥(壁)。

九土鬼:辛丑、壬寅、癸巳、丁巳、甲午、戊午、乙酉、庚戌。

火星凶日:寅申巳亥月:乙丑、甲戌、癸未、壬辰、辛丑、庚戌、己未。

子午卯酉月:甲子、癸酉、壬午、辛卯、庚子、己酉、戊午。

辰戌丑未月:壬申、辛巳、庚寅、己亥、戊申、丁巳。

横天朱雀:每月忌初九,主回禄。上梁忌宿、鬼、柳、翼、氐、心、亢、牛、虚、危、女、觜。

造命天克地冲

干支对冲忌正造日,出《道藏》经,惟日最忌。

甲子对庚午戊午	甲戌对庚辰戊辰	甲申对庚寅戊寅
甲午对庚子戊子	甲辰对庚戌戊戌	甲寅对庚申戊申
乙丑对己未辛未	乙亥对己巳辛巳	乙酉对己卯辛卯
乙未对己丑辛丑	乙巳对己亥辛亥	乙卯对己酉辛酉
丙寅戊寅对壬申	丙子戊子对壬午	丙戌戊戌对壬辰
丙申戊申对壬寅	丙午戊午对壬子	丙辰戊辰对壬戌
丁丑辛丑对癸未	丁亥己亥对癸巳	丁酉己酉对癸卯
丁未己未对癸丑	丁巳己巳对癸亥	丁卯己卯对癸酉
庚子对甲午戊午	庚戌对甲辰戊辰	庚申对甲寅戊寅
庚寅对甲申戊申	庚辰对甲戌戊戌	庚午对甲子戊子
辛丑对丁未乙未	辛亥对乙巳丁巳	辛酉对乙卯丁卯
辛未对乙丑丁丑	辛巳对乙亥丁亥	辛卯对乙酉丁酉
壬子对丙午戊午	壬戌对丙辰戊辰	壬申对丙寅戊寅
壬午对丙子戊子	壬辰对丙戌戊戌	壬寅对丙申戊申
癸丑对丁未己未	癸亥对丁巳己巳	癸卯对丁酉己酉

癸未对丁丑乙丑　癸巳对丁亥己亥　癸酉对丁卯己卯

太岁及本命合忌大败十恶,出《元经》。

庚戌生忌甲辰日　辛亥生忌乙巳日

壬寅生忌丙申日　癸巳生忌丁亥日

甲辰生忌戊戌日　乙未生忌丁亥日

甲辰生忌戊戌日　乙亥生忌辛巳日

丙寅生忌壬申日　丁巳生忌癸亥日

本命财年,年忌之太岁,一年止忌日。

十恶大败日

出《释教玄黄经》。

甲己年:三月戊戌日,

七月癸亥日,十月丙申日,十一月丁亥日是。

乙庚年:四月壬申日,九月乙巳日是。

戊癸年:六月己丑日是。

丙辛年:三月辛巳日,九月庚辰日,十月甲辰日是。

丁壬年:无忌。

上八年遇此十日为十恶大败日,用之百事不吉,今人不知其源流例,宜避之。

论竖造造命

以行墙脚为是,上梁次之,定磉又次之。动土如人之受胎,行墙脚如从之初生,上梁如人之加冠。盖动土未有向止,不得起运,定磉颇有向亦重之,行墙脚方立定坐向,尤重于动土定磉绕乃布运也。上梁则向止先定矣,而造命必以行墙为主方准,其吉符或在动土,或在行墙,是不拘也。今人或云:兴工诚未知,兴工修木,兴工动土,兴工行墙,兴工竖柱上梁,皆是兴工。或云:起土多以上梁造命,殊不如轻重,盖竖造自下而上,时俗不日行墙,专以上梁造命,失之远矣。

冰消瓦解日

又名子头杀,愚按课格合山忌宿,休囚未用,不必忌矣。

论冰消日,若值午日为正杀。瓦解日,若值子日为正杀,并不可用。其余不必忌。

子年	正	二	三	四	五	六	七	八	九	十	十一	十二
丑年	十二	正	二	三	四	五	六	七	八	九	十	十一
寅年	十一	十二	正	二	三	四	五	六	七	八	九	十
卯年	十	十一	十二	正	二	三	四	五	六	七	八	九
辰年	九	十	十一	十二	正	二	三	四	五	六	七	八
巳年	八	九	十	十一	十二	正	二	三	四	五	六	七
午年	七	八	九	十	十一	十二	正	二	三	四	五	六
未年	六	七	八	九	十	十一	十二	正	二	三	四	五
申年	五	六	七	八	九	十	十一	十二	正	二	三	四
酉年	四	五	六	七	八	九	十	十一	十二	正	二	三
戌年	三	四	五	六	七	八	九	十	十一	十二	正	二
亥年	二	三	四	五	六	七	八	九	十	十一	十二	正

冰消日(值子日凶):

正月:初一、十三、二十五。　二月:十二、二十四。

三月:十一、二十三。　　　　四月:初十、二十二。

五月:初九、二十一。　　　　六月:初八、二十。

七月:初七、十九。　　　　　八月:初六、十八、三十。

九月:初五、十七、二十九。　十月:初四、十六、二十八。

十一月:初三、十五、二十七。十二月:初二、十四、二十六。

瓦解日(值午日凶)：

正月：初七、十九。　　　　二月：初六、十八、三十。

三月：初五、十七、二十七。　四月：初四、十六、二十八。

五月：初三、十五、二十七。　六月：初二、十四、二十六。

七月：初一、十三、二十五。　八月：十二、二十四。

九月：十一、二十三。　　　　十月：初十、二十二。

十一月：初九、二十一。　　　十二月：初八、二十。

其法：每从太岁上起正月顺行，月上起初一亦顺行，遇子上为冰消，午上为瓦解。

天地空亡定局

上官、竖造、入宅忌天空，埋葬、种植忌地空。

子年								
丑寅年	四十二	五	六	七	八	九正	二十	三十一
卯年	三十一	四十二	五	六	七	八	九正	二十
辰忌年	二十	三十一	四十二	五	六	七	八	九正
午年	正九	二十	三十一	四十二	五	六	七	八
未申年	八	正九	二十	三十一	四十二	五	六	七
酉年	七	八	正九	二十	三十一	四十二	五	六
戌亥年	六	七	八	正九	二十	三十一	四十二	五

天地空亡：初一、初九、初八、十六、初七、十五、初六、十四、初五、十三、初四、十二、初三、十一、初二、初十。十七、廿五、二十四、二十三、廿二、三十、廿一、廿九、二十、廿八、十九、廿七、十八、廿六。初五、十三、初四、十二、初三、十一、初二、初十、初一、初九、初八、十六、初七、十五、初六、十四。廿一、廿九、二十、廿八、廿九、廿七、十八、廿六、十七、廿五、二十四、二十三、廿二、三十。

上天地空亡，若合金火日，宜用真太阳、天月德、太阳、生气、差方、禄马、贵人,四吉星合得一位,则不忌,反发福。

起造周堂

坤绝凶　　兑(臣半吉凶)　　乾破凶

离败凶　　　　　　　　　坎王吉

巽富吉　　震(君吉)　　　艮囡吉

大月起坎王向艮顺行,小月起败向巽逆行。

吉格府宅,不必拘泥。

逐月竖造吉日

正月:己酉、乙酉、癸酉、丁酉,外丙寅、戊寅、壬寅、庚寅、庚午、壬午、甲午、丙午、戊午。

二月:己巳、乙巳、辛未、乙亥、己亥、癸未、乙未、辛亥,外乙丑、丁丑、癸丑、丙寅、戊寅、癸亥、甲申、丁未、己未。甲申宜乙壬癸命吉,己丁癸日宜甲戊庚命吉。

三月:己巳、甲申、癸巳、乙巳,外甲子、丙申、壬子、丙子、戊子。乙巳无贵可化一伤。

四月:己卯、癸卯、乙卯、丁卯、庚午,外甲子、丙子、戊子、辛卯、甲午、庚子、丙午、丁巳、癸丑。

五月:丙寅、戊寅、庚寅、甲寅、庚戌,外辛未、甲戌、癸未、乙未、己未、丁未、壬戌、丙戌。壬宜丁己生命。

六月:乙亥、甲申、庚申、丙申、辛亥,外辛未、丁亥、丁未、戊寅、丁亥。丁未宜用戊癸命。

七月:乙未、辛未、甲子,外戊辰、丙子、庚辰、丙辰、壬子、戊子、丁未。庚丁卯辰日大杀忌用。

八月:乙亥、己巳、乙丑、戊寅、庚寅,外庚辰、壬辰、丙辰、己亥、辛亥、丁丑、癸丑。庚日宜用丙丁辛时。

九月:丙戌、庚午,外甲戌、壬午、丙午、甲午、庚戌、戊午、壬戌、乙亥、丁亥。戌日次亥日错荒芜可用。

十月:辛未、乙未、甲子、庚子、庚午,外戊子、辛酉、壬子、丙子、丁未、癸酉、壬申、乙酉。

十一月:甲申、丙申、壬申(甲日大杀忌用)、丙寅、戊寅、庚寅、壬寅、甲辰、丙辰、戊辰、壬戌、丙戌、甲戌、庚戌。荒芜可用。

十二月:戊寅、甲申、庚申、丙申、甲寅,外癸巳、乙巳、壬寅、丙申、癸巳。宜甲戌、庚命吉。

上吉日,不犯,朱雀黑道、天牢、独火、天火、次地火、冰消瓦解、天贼、天瘟、地贼、天穷、建、破日、天罡、河魁、受死、五墓、阴阳错、日月建转杀、正四废、九土鬼、伏断、火星、本命对冲、十恶大败、灭没、凶败、杨公忌、荒芜日。

论修造倒堂竖造

总论

论修造,先看作主行年得利,用运白壬运利田吉年月。次看山家墓运、正阴府、太岁不克山头、浮天空亡、州县官符占舍位,并忌开山立向、巡山罗睺、止忌立向。次论月家飞宫、州县官符、忌开山立向。又论山家墓运、正阴府、太岁、月日时忌克山,如山家官符、巡山、大耗、穿山罗睺、山家、朱雀并忌。开山吉星到能制,但用通天窍、走马六壬、天罡天符,经星马贵人为主,克择利宜年月,兼求三奇、紫白、禄马、贵人诸家、銮驾帝星。若有一吉神同到,盖山照向以佐其吉,然后择竖造吉日,(其未尽口诀详见"修造杂忌")。

倒堂竖造克择年日,与新立宅舍一同,若在前原有旧宅,净拆去谓之倒堂。竖造于在近择吉方出火避宅,俟工夫完备,别择吉年月日入宅蹄火。

论先造内堂后造厅屋:凡人家修造内堂完备,已归火入宅,向后续造厅廊,只用修方向择年月所有,山家墓运、正阴府、太岁并不须忌,惟浮天空亡、巡山罗睺及月家飞宫方道紧煞,尤须避之。

论修造不忌中宫

论修造不忌中宫神火,凡修造已避宅出火,则不忌中宫神杀,只忌开山立向凶神。如竖造之月,其月有州县官符飞入中宫,其月竖造不妨。止忌当日归火,犯之立犯官事。如有以上凶神,又须别择吉日入宅归火。

论工力未办,先竖柱应日子,凡小可人家竖造宅舍,工力未办而竖造,日子稍通宜择吉日先竖起一间,以应日子,以后连接工夫,逐日竖造亦无妨也。

盖屋泥饰
(谓修盖泥饰、屋宇附除等事)

盖屋吉日:宜甲子、丁卯、戊辰、己巳、辛未、壬申、癸酉、丙子、丁丑、己卯、庚辰、癸未、甲申、乙酉、丙戌、戊子、庚寅、丁酉、癸巳、乙未、己亥、辛丑、壬寅、癸卯、甲辰、乙巳、戊申、己酉、庚戌、辛亥、癸丑、乙卯、丙辰、庚申、辛酉。

盖屋凶日:忌天火、八风、火星、午日。赤帝死、丁巳日、天火、天瘟、冰消瓦解日。

泥壁吉日:宜甲子、乙丑、己巳、甲戌、丁丑、庚辰、辛巳、乙酉、丁亥、庚寅、辛卯、癸巳、甲午、乙未、甲辰、乙巳、丙午、戊午、戊申、庚戌、辛亥、丙辰、丁巳、庚申、建、平日。

凶日　　　月	正	二	三	四	五	六	七	八	九	十	十一	十二
朱雀黑道	卯	巳	未	酉	亥	丑	卯	巳	未	酉	亥	丑
蚩尤黑道	寅	辰	午	申	午	子	寅	辰	午	申	戌	子
天火狼籍	子	卯	午	酉	子	卯	午	酉	子	卯	午	酉
独火月火	巳	辰	卯	寅	丑	子	亥	戌	酉	申	未	午
天瘟	未	戌	辰	寅	午	子	酉	申	巳	亥	丑	卯

（续表）

凶日　　　月	正	二	三	四	五	六	七	八	九	十	十一	十二
天贼	辰	酉	寅	未	子	巳	戌	卯	申	丑	午	亥
地贼	子	子	亥	戌	酉	午	午	午	巳	辰	卯	子
月破	申	酉	戌	亥	子	丑	寅	卯	辰	巳	午	未
受死	戌	辰	亥	巳	子	午	丑	未	寅	申	卯	酉
冰消瓦解	巳	子	丑	申	卯	戌	亥	午	未	寅	酉	辰
月建转杀		卯			午			酉			子	

正四废:春:庚申、辛酉,夏:壬子、癸亥,秋:甲寅、乙卯,冬:丙午、丁巳。

九土鬼:辛丑、壬寅、癸巳、丁巳、甲午、戊午、乙酉、己酉、庚戌。

八风日:丁丑、己酉、甲申、甲辰、丁未、辛未、甲戌、甲寅

火星凶日:寅申巳亥月:乙丑、甲戌、癸未、壬辰、辛丑、甲子、癸酉、壬午、辛卯、庚子、己酉、戊午。辰戌丑未月:壬申、辛巳、庚寅、己亥、戊申、丁巳。）

天百穿日:初一、初三、初五、十一、十三、十六、十七、十九、廿七、廿九、三十日。

论新立宅舍杂造日

凡作厨灶、厕解、猪椆、鸡栖、牛栏、马枋周回杂屋,虽择吉日,若宅舍遭火,尽七日之内择日起上竖造。若山向不利,先造横屋权住,俟山向通利然,后择日竖造正屋。

逐月盖屋吉日

正月:癸酉、丁酉、己酉。

二月:辛未、癸未、甲申、庚寅、戊申、己未、己亥、辛亥。宜壬癸乙命人吉。

三月:甲子、丙子、戊子、丁酉、癸酉、甲申、庚子,外壬子。

四月:甲子、丙子、戊子、丁丑、己卯、癸卯、乙卯、丁卯、辛卯。

五月:己巳、辛未、庚寅、丙辰,外甲寅、己未。宜丁己辛未命,己未日宜用甲戌庚命吉。

六月：癸酉、甲戌、丁酉、辛亥、庚申，外甲寅、乙亥、丙申。丁癸日宜甲戌庚命吉。

七月：甲子、丙子、戊子、丙辰、戊辰，外壬子、庚子。

八月：庚寅、己亥、辛亥，外乙丑、癸丑。

九月：己卯、癸卯、辛卯、辛亥、癸亥、戊戌、甲戌。辛日少利。

十月：甲子、辛未、戊子、乙未、庚子、壬子。

十一月：庚寅、甲申、丙辰、戊甲、庚申。宜乙己癸生命吉。

十二月：己巳、甲申、庚申，外丙寅、戊寅、丙申、乙巳。己巳日宜甲戌庚命吉。

上吉日，不犯朱雀黑道、天火、独火、天瘟、天贼、地贼、月破、受死、蚩尤、冰消瓦解、月建转杀、正四废、八风、九土鬼、火星、午日、刑冲刃害，水害年月尤宜忌之。

造作门楼

（附修门、塞门尺寸等事）

债木星方

戊癸年坤庚方　　甲己年占辰　　乙庚年占坎寅
丙辛年占午　　　丁壬年占乾　　不宜作门安门

债木星日

大月：初三、十一、十九、廿七。小月：初二、初十、十八、廿六，安门、作门并忌。

修门忌年

九良星、己卯、丁亥、癸巳、甲辰年占大门。壬寅、己未、庚申年占门。
丁巳年占前门。丁卯、癸酉、己卯年占后门。

修门忌月

丘公杀，甲己年九月，乙庚年十一月，丙辛年正月，丁壬年三月，戊癸年五月。

牛黄六甲胎神

六、七、十一月在门,牛胎,三、九月在门,猪胎,三、四月在门

三、九月在门,土公,春夏在门,大小耗,正、七月在门。

修门忌日

红嘴朱雀,庚午、己卯、戊子丁酉、丙午、乙卯。六日大月庚寅门大夫
死日。

修门忌方

春不作东门,夏不作南门,秋不作西门,冬不作北门。

凶日　　月	正	二	三	四	五	六	七	八	九	十	十一	十二
朱雀黑道	卯	巳	未	酉	亥	丑	卯	巳	未	酉	亥	丑
天牢黑道	申	戌	子	寅	辰	午	申	戌	子	寅	辰	午
天火狼籍	子	卯	午	酉	子	卯	午	酉	子	卯	午	酉
九空财离	辰	丑	戌	未	卯	子	酉	午	寅	亥	申	巳
死气官符	午	未	申	酉	戌	亥	子	丑	寅	卯	辰	巳
月破大耗	申	酉	戌	亥	子	丑	寅	卯	辰	巳	午	未
冰消瓦解	巳	子	丑	申	卯	戌	亥	午	未	寅	酉	辰
月虚月杀	丑	戌	未	辰	丑	戌	未	辰	丑	戌	未	辰
小耗	未	申	酉	戌	亥	子	丑	寅	卯	辰	巳	午
灭门	巳	辰	卯	寅	丑	子	亥	戌	酉	申	未	午
天贼吉多可用	辰	酉	寅	未	子	巳	戌	卯	申	丑	午	亥
天瘟	子	子	亥	戌	酉	午	午	午	巳	辰	卯	子
受死	未	戌	辰	寅	午	子	酉	申	巳	亥	丑	卯

（续表）

凶日 月	正	二	三	四	五	六	七	八	九	十	十一	十二
独火	戌	辰	亥	巳	子	午	丑	未	寅	申	卯	酉
荒芜	巳	辰	卯	寅	丑	子	亥	戌	酉	申	未	午
四耗	巳	酉	丑	申	子	辰	亥	卯	未	寅	午	戌

月建转杀：壬子、乙卯、戊午、辛酉。

正四废：庚申、辛酉，壬子、癸丑，甲寅、乙卯，丙午、丁巳。

阴错：庚戌、丁酉、庚申、丁未、丙午、丁巳、甲辰、乙卯、甲寅、癸丑、壬子、癸亥、甲寅。

阳错：乙卯、甲辰、丁巳、丙午、丁未、庚申、辛酉、庚戌、癸亥、壬子、癸丑。

伏断：子（虚）、丑（斗）、寅（室）、卯（女）、辰（箕）、巳（房）、午（角）、未（张）、申（鬼）、酉（觜）、戌（末）、亥（壁）。

九土鬼：辛丑、壬寅、癸巳、丁巳、甲午、戊午、乙酉、庚戌。

火星凶日：寅申巳亥月：乙丑、甲戌、癸未、壬辰、辛丑、庚戌、己未。

子午卯酉月：甲子、癸酉、壬午、辛卯、庚子、己酉、戊午。

辰戌丑未月：壬申、辛巳、庚寅、己亥、戊申、丁巳。

雷霆白虎入中宫日：甲己月：丁卯、丙子、乙酉、甲午、癸卯、壬子辛酉。

乙庚月：戊辰、丁丑、丙戌、乙未、甲辰、癸丑、壬戌。

丙辛、戊癸月：辛未、庚辰、己丑、戊戌、丁未、丙辰。

丁壬月：乙丑、甲戌、癸未、壬辰、辛巳、庚戌己未。

大杀白虎入中宫日：戊辰、丁丑、丙戌、乙未、甲辰、癸丑、壬戌。忌安门。

造门吉日

宜甲子、乙丑、辛未、癸酉、甲戌、壬午、甲申、乙酉、戊子、己丑、辛卯、癸巳、乙未、己亥、庚子、壬寅、戊申、壬子、甲寅、丙辰、戊午。

宜天月德、满、成、闭日吉。

忌火星、天贼、月建转杀同日、正四废、灭没、凶败、债木、执、破、平、收日。

造门法新创屋宇开门之法

一自外正大门而入,次重较门,则就东畔开吉门,须要屈曲,则不宜太直,内门不可较大,外门用依此例也。

大凡人家外大门,不可被人家屋脊,对射则不祥之兆也。起堂门例或起大厅屋起门,须用好筹头向首,或作槽门之时,须用放高些,第二重门同第三重,却就伏枕上做起,或作如意门,或作古钱兴方门,在主人意爱而为之。如不做槽门,只作胡字门亦佳。

上户门计六尺六寸,中户门计三尺三寸,下户门计三尺一寸。

州县寺观门高一丈一尺八寸,阔六尺八寸。

庶人高五尺七寸,阔四尺八寸。

房门高四尺七寸,阔二尺三寸。

逐月修造门吉日(安门同用)

正月:癸酉、丁酉、己酉,外丁卯。

二月:甲申、丁亥、己亥、癸亥、甲寅。宜乙壬癸命吉。

三月:庚子,外乙巳、癸酉。丁酉生命无化一伤。

四月:甲子、庚子、辛卯,外庚午。

五月:甲寅,外丙寅、辛未、丙寅。宜丁己辛命吉。

六月:甲申、甲寅,外丙申、庚申。

七月:丙辰。

八月:乙亥、乙丑。

九月:庚午,外丙午、辛亥、丙午。宜丁己年命吉。

十月:甲子、乙未、庚子、辛未,外庚午、壬午。

十一月:甲寅、丙寅、壬寅。壬宜癸乙己命吉。

十二月:戊寅、甲寅、丙申、甲子、庚子。

上吉日,不犯朱雀天牢、天火、独火、九空、死气、月破、大耗、天贼、地贼、天瘟、受死、冰消瓦解、阴错、阳错、月建转杀、四耗、正四废、九土鬼、伏断、火星、九贼、灭门、离窠、坎地火、四忌、五穷、耗绝、庚寅日、门火天死日、白虎、灸退、三杀、六甲胎神。占门开债木星惟忌有壬午、丙午日,宜得丁己年主事吉。

门光星

造门、安大小门户并宜过门光星，

修门、作门、开门基并宜过门光星。

小月 ○○●●○○○●●○○○○○○●●○○○○○●●○○○●●○○○ 大月
　　　 丫丫丫　　人人人　　　丫丫丫　　　人人人　　丫丫丫

白圈者吉　　人字损人亡　　丫字损畜

门光星吉日定局

大月：初一、初二、初三、初七、初八、十二、十三、十四、十八、十九、二十、廿四、廿五、廿九、三十日。

小月：初一、初二、初六、初七、十一、十二、十三、十七、十八、十九、二三、廿四、廿八、廿九日。

鲁班尺式

财财帛 病灾病 离主人 义主生 官主生 劫主祸 害主被 本主家
财荣昌 病难免 离分张 义孝义 官贵子 劫如麻 害盗侵 本兴隆

按：鲁班尺只分八寸书，财、病、离、义、官、劫、害、本八字，其尺八寸，以曲尺一尺四寸四分为之，每班尺一寸比曲尺有一寸八分，故八寸，该曲尺一尺四寸四分也，凡人家造门依用此尺。

曲尺之图	一白	二黑	三碧	四绿	五黄	六白	七赤	八白	九紫	一白

上曲尺有十寸，每寸有十分。凡遇起造及开门高低，皆在此上做门，须当对凑鲁班尺八寸合吉字则吉，若造宅但用此尺。

造门假如单扇门小者，开二尺一寸，压一白班尺在义，上扇门开二尺八寸，在八白班尺合官上。双扇门四尺三寸一分，合四绿一白则为本门在吉上。

如财门者,用四尺三寸八分合财门吉。大双扇门用广五尺六寸六分合两白,又在吉上。今时匠人则开门阔四尺二寸,乃为二黑班尺,又在吉上及五尺六寸者则吉。上二分加六分正在吉中,乃为准也。皆用依法,百无一失,乃为良匠。

《鲁班经》云:凡人造宅开门,须用准合阴阳,然后使。寸量度用合财星及三白星为吉,其白外但得九紫为小吉,只要合鲁班尺与曲尺上下相同为吉。

天机木星安门例

天机木星,廖禹传鲁、杨支字云天机四十八杀断祸福有准,大抵穴不宜作干,向水不宜流枝辰,以十字木星加临断之,尤验。乃在左五右三间,门折水路取吉方位行之。假如正屋子癸山午丁向,以子山为主,用子加木星将罗经于门上格定午丁方,作午丁木星,向门路从左取横路出,作卯乙向水星门路出,又从左边掉转取路横过,有未坤天财方作午丁向、木星门。或转左取辰巽太阴方作午丁门为之,转动木星门路出,或作一字短明堂,就右边未坤方作未坤向、天财门。或从当中正出作午丁向、水星门路。略举此以为矜式,后学术者详审活用之。今具子山为式,或之玄水,或脱右就局,当依此法。

天机木星安门活图

起例：

以坐官论山起木星。

○天罡星牛羊公事。

○木星追横财进田地。

●燥火星换妻欠债长病。

○太阳星进田地百事昌。

●金水二星旺六畜田蚕。

●孤曜星杜死孤寡。

●扫荡星家业退败淫荡。

○太阴星进田蚕有横财。

○天财星主丝蚕横财入。

干上起木星，天罡支五行。兼逢木德位，兼逢扫荡神。八干与四维，水荡二位尊。裁六须入吉，向水一般论。五行逢旺乐，此是地中珍。

天罡行十二支●子午卯酉军贼杀●

寅申巳亥田塘杀●辰戌丑未棒杖杀○

燥火行十二支●子午卯酉瘟火杀●

寅申巳亥自缢杀●辰戌丑未牛羊杀○

孤曜行十二支●子午卯酉孤寡杀●

寅申巳亥跐跋杀●辰戌丑未工匠杀○

扫荡行十二支●子午卯酉逃产杀●

寅申巳亥慵懒杀●辰戌丑未花酒杀○

《玉辇经》安门法

以坐山为主	坎癸申辰巽辛	艮丙	震庚亥未	离壬寅戌	坤乙	兑丁巳丑	乾甲
福德○	申	亥	寅	丁	坎	酉	巳
瘟黄●	庚	壬	申	未	坎	酉	巳

以坐山为主	坎癸申辰巽辛	艮丙	震庚亥未	离壬寅戌	坤乙	兑丁巳丑	乾甲
进财〇	酉	子	卯	坤	丑	戌	午
长病●	辛	癸	乙	申	艮	乾	丁
词讼●	戌	丑	辰	庚	寅	亥	未
官爵●	乾	艮	巽	酉	甲	壬	坤
官贵●	亥	寅	巳	辛	卯	子	申
自吊●	壬	甲	丙	戌	乙	癸	庚
旺庄〇	子	卯	午	乾	辰	丑	酉
兴福〇	癸	乙	丁	亥	巽	艮	辛
法场●	丑	辰	未	壬	巳	寅	戌
颠狂●	艮	巽	坤	子	丙	甲	乾
口舌●	寅	巳	申	癸	午	卯	亥
旺蚕〇	甲	丙	艮	辰	丁	乙	壬
进田〇	卯	午	酉	艮	未	辰	子
哭泣●	乙	丁	辛	寅	坤	巽	艮
孤寡●	辰	未	戌	甲	申	巳	丑
荣昌〇	巽	坤	乾	卯	庚	丙	艮
少亡●	巳	申	亥	乙	酉	午	寅
娼淫●	丙	庚	壬	辰	辛	丁	甲
亲姻〇	午	酉	子	巽	戌	未	卯
欢乐〇	丁	辛	癸	巳	乾	坤	乙
绝败●	未	戌	丑	丙	亥	申	辰
旺财〇	坤	乾	艮	午	壬	庚	巽

论《门楼经》定局

以山为定		乾亥壬子癸丑	艮寅甲	卯乙辰巽	己丙午	坤申庚酉	丁未辛戌
质库	质库	己	申	戌	亥	寅	辰
	赭衣	丙	庚	乾	壬	甲	巽
绝体	绝词	午	酉	亥	子	卯	巳
	密纲	丁	辛	壬	癸	乙	丙
横财	横财	未	戌	子	丑	辰	午
	殖产	坤	乾	癸	艮	巽	丁
刑狱	刑徒	申	亥	丑	寅	巳	未
	失爵	庚	壬	艮	甲	丙	坤
囚禁	遭官	酉	子	寅	卯	午	申
	勇宝	辛	癸	申	乙	丁	庚
进田	进田	戌	丑	卯	辰	未	酉
	衡名	乾	艮	乙	巽	坤	辛
食益	食益	亥	寅	辰	巳	申	戌
	逋负	壬	甲	巽	丙	庚	乾
五龙	进龙	子	卯	巳	午	酉	亥
	温饱	癸	乙	丙	丁	辛	壬
秤斗	科斗	丑	辰	午	未	戌	子
	家虚	艮	巽	丁	坤	乾	癸
欠债	犬债	寅	巳	未	申	亥	丑
	金赢	甲	丙	坤	庚	壬	艮
饭罗	饭罗	卯	午	申	酉	子	寅
	天孤	乙	丁	庚	辛	癸	甲
大耗	大耗	辰	未	酉	戌	丑	卯
	昌贵	巽	坤	辛	乾	艮	乙

1551

安门论

《门楼经》袁天罡所主以坐穴为主,分十二门排定方道,值质库、横财、进田、食益、五龙、饭罗吉。续增赭衣、绝嗣、密刚等用,凡二十四名为下,以向为主,并失袁公心法,今删正并以坐山为主。

论安门不可专主《门楼经》《玉辇经》用,误人不浅,门向须避直冲、尖射、砂水、路道、恶石、山坳、崩破、孤峰、枯木、神庙之类,谓之乘杀入门,凶。宜迎水、迎山、避水斜、割悲声。《经》云:以水为朱雀者,忌夫湍激。

论黄泉门路天机诀云

庚丁坤向是黄泉,乙丙须防巽水先。

甲癸向中忧见艮,辛壬水路怕当乾。

犯之枉死少丁杀,家长主家病忤逆。

庚向忌安单坤向门路水步,丁向习安单坤向门路水步,乙向忌安单巽向门路水步,丙向忌安单巽向门路水步,辛向忌安乾向门路水步,壬向忌安乾向门路水步。

修门法:如立向忌浮天空亡。若在□忌灸退,更忌紧杀,犯之凶。若鼎新造门仍论修造杂忌择年月,宜用罗经星年月,若只用通天窍、走马六壬、天罡年月,大吉。

门步数宜单不宜双行,惟一步、三步、五步、七步、十三步吉,余凶。每步计四尺五寸为一步,平屋檐滴水处起步,量至立门处得单步,合尺财义官本方为大吉。

凡选择修旧门,勿犯九良星煞、丘公煞、六甲胎神、牛胎、猪胎、大小耗星、土公、游龙、伏龙、宅龙,一切月分有占,不可轻动。若鼎新作之则无此煞,并不忌此煞。

杨、曾九星造门经

巽宫官见离火殃,退财坤上切须防。

中宫禾谷震昌盛,金银居兑细推详。

进财在艮横财坎,惟有典库属乾方。

五音主处起甲子,本命起岁顺非常。

杨、曾二仙造门九星论

乾(典库)　　　兑(金银)　　　艮(进财)　　　离(火殃)

中(禾谷)

巽(官鬼)　　　震(昌盛)　　　坤(退财)　　　坎(横财)

商音巽上起,角音乾上起,徵音艮上起,宫、羽坤上起。

各于姓音所属起甲子,凡六甲生人,不问上中下三元,皆顺飞九宫,遇行年到宫,如到坎、震、中宫、乾、兑、艮六位皆吉,到坤、巽、离三位皆凶。

假如角音姓生人属木,木在亥属乾,就乾宫起甲子,飞到生年起一十零年,相继数去,癸巳生三十七岁到乾,乃是典库门,大吉。四十四岁到巽,乃是官鬼门,大凶。则此年不利造门,余仿此。如断人家宅,依此吉凶,万元一失。

角音属木乾上起,商音属金巽上起,宫音属土、羽音属水坤上起,徵音属火艮上起。每起甲子顺寻本命到处数行年。此法取宅长行年通利,又合得起立年月利,乃为上吉。千金不传幸宝之,不可以为言辞鄙俗也。

九星断诀

进财门路事事祥,纳福果非常。寅午戌年多喜气,富贵真无比。

官鬼门招口舌多,公事定相过。巳酉丑年如起造,生离并贼盗。

火殃门主屋成灰,瘟鬼发如雷。寅午戌年皆不利,小儿虎伤是。

退财门必死宅母,家中怨贫苦。申子辰年创造凶,手足患变风。

金银门开进田地,百二十日至。亥卯未年大吉昌,人口牲畜旺。

禾谷门常招横财,富贵自天来。申子辰年为大利,一周进田地。

1553

昌盛门进生气物,经营财厚获。寅午戌年好起立,代代子孙吉。

横财门招客商财,百二十日来。巳酉丑年官创造,富足多珍宝。

典库门宜开局店,儿孙有勤俭。申子辰年大利宜,家道永丰肥。

天井放水

（附结砌、天井、开沟、埋窟等事）

天井放水诗诀

决沟折水有真机,须向天干忌四隅。

十二支辰君莫犯,阳山依尽折阳渠。

阴龙仍折阴干水,莫向阳干说是非。

若是脱龙并就局,阴阳须混莫猜疑。

假如阳宅放水,甲、庚、丙、壬、乙、辛、丁、癸此八干放之,主人财兴旺,富贵无疆。切忌放十

二支神上,流通内有寅申巳亥名曰四隅,最凶,不宜放折。又名曰四维水犯之,主五姓伤残,不吉之兆。

秘云:阳山阳向水流阳,富贵百年昌。阴山阴向水流阴,家富斗量金。正此之谓。又如来龙属阳,或后二节值阴三节又阳,先宜放阳干,次折阴干,再复折阳干而出,大吉。或到头一节、二节俱属阳火,宜阳火宜阳干水曲折而放,大不宜放阴干,放之主人则冷退,阴龙须放。其余仿此。

如前面阴阳水混朝入者,宜作注气法,生入克出。

阴阳折放所宜定局

阳干阳向放水所宜 甲壬乙癸乾坤六向阳龙放阳水吉

阴干阴向放水所宜 丙丁庚辛艮巽六向阴龙放阳水吉

又秘云:如阴阳二宅,或有脱落龙脉,以就前白潮迎,仍放天干吉水,并不论阴阳来山,如就龙派作向者,俱要论阴阳折放。

以上放水,切宜详审向道、大忌、大杀、黄泉并白虎、空亡占向,若有占方向放之,主退落牛田,损人寿短,务要分龙清浊,以定其执,若放尖龙水,则祸

不旋踵矣。

外天井浅深,俱有定制,今不尽至焉!逐月州县官符仍须避忌。

红嘴朱雀到坎日忌修作水沟,辛未、庚辰、己丑、戊戌、丁未、丙辰。

逐月结砌天井放水吉日
(批者合贵禄值支者吉)

正月:外丁卯、癸酉、己卯、丁酉、癸卯、乙卯。

二月:外癸未、丁亥、己亥、己未。

三月:乙巳,外甲子、丙子、戊子、壬子。

四月:庚午,外甲子、丁卯、己卯、辛卯、庚子、乙卯、戊子。

五月:外戊辰、庚寅、乙未、甲辰。

六月:外丁亥、乙未、辛亥。

七月:戊辰,外丁卯、己卯、戊子、辛卯、癸卯、丙子、壬子。

八月:己巳、癸丑、丁巳。

九月:外庚午、壬午、丙午。

十月:乙未,外甲子、庚午、癸酉、戊子、庚子、辛酉。

十一月:外戊辰、甲辰。

十二月:甲申、庚申,外乙丑、癸丑。

黄泉水路诗云

庚丁坤土是黄泉,乙丙须防巽水先。

甲癸向中休见艮,辛壬水路怕当乾。

如庚丁向忌地门水路,犯之凶,余仿此。

开门放水忌宿

鬼柳奎星翼,虚危昴女牛。

开门并放水,莫犯此星头。

此开门放水,遇此十宿值日则不吉,故宜避之。

新增阴阳捷径阳宅放水法

子山水宜放申丁辛方　　黄泉煞在坤

丑山水宜放庚丙方　　　黄泉煞在坤

寅山水宜放乾方吉　　　黄泉煞在坤

卯山水宜放辛方吉　　　黄泉煞坤乾

辰山水宜放辛方吉　　　黄泉煞乾上

巳山水宜放庚辛方　　　黄泉煞乾壬

午山水宜放癸方吉　　　黄泉煞在乾

未山水宜放甲方吉　　　黄泉煞艮丑

申山水宜放甲方吉　　　黄泉煞艮方

酉山水宜放乙方吉　　　黄泉煞巽巳

戌山水宜放甲乙方　　　黄泉煞巽巳

亥山水宜放巽甲乙方　　黄泉煞巽坤

癸山水宜放丙丁甲方　　黄泉煞在坤

艮山水宜放坤丙方　　　黄泉煞庚坤丁

甲山水宜放庚丁方　　　黄泉煞坤申

乙山水宜放庚辛方　　　黄泉煞戌乾

巽山水宜放癸庚方　　　黄泉煞乾壬

丙山水宜放壬辛癸方　　黄泉煞在乾

丁山水宜放辛癸方　　　黄泉煞乾艮

坤山水宜放艮丙方　　　黄泉煞甲癸

庚山水宜放甲壬方　　　黄泉煞艮巽

辛山水宜放乙丙方　　　黄泉煞巽巳

乾山水宜放巽甲方　　　黄泉煞辰丙

壬山水宜放甲丁方　　　黄泉煞艮巽

六庙水法

六庙原来属巨门,贪狼神庙位宫分。

武曲木庙文庙断,破军岳庙水朝宗。

五朝不归流禄位,虚名仕往职乡村。

禄存宗庙流千里,代代官班诸帝宫。

总论曜星山水诀
(以吊宫水)

坎龙坤兔震居猴,巽鸡乾马兑蛇头。

艮虎离猪为杀曜,高山恶水压冲愁。

又御街水法

乾坤艮巽为御街水,甲庚丙壬为大神水,乙辛丁癸为小神水。阴山宜放阴水,阳山宜放阳水。放去寻龙须向地中来,放水却从天上去,宜放天干水,不宜放地支水是也。

论四路黄泉水救人、杀人法

四水发

吉,四路黄泉龙救人(辰戌丑未有巨门水是也)。凶,四路黄泉能杀人(辰戌丑未有破起水是也)。

峨山云:水法多门难以备载,此则倡其大略,以便取用。若平民居,惟论大中小神宜放天干而出,勿得放从地支而出。所谓放水却从天上去,言从天干而出也,天干乃虚无之气。地支有形质之位,若放水,其位遇太岁冲动之年,必往不虞之患。故天干无忌,地支有杀也然。放水有前后中,天井必自后由中宫达前,取大中小神天干之位,屈曲而出,若不屈曲流,直流则财不聚。若不由中宫,是日无元辰为水无根,已必从天井中心安土圭,所谓井中放水也。

开渠放水
(谓理暗沟水、渚通渠等事)

红嘴朱雀水法宜忌,俱同上天井放局同看。

逐月理暗沟、放水开渠吉日

正月:甲子、丙子、庚子、癸酉。

二月:辛亥、癸亥、乙亥、己亥。

三月:甲子、丙子、庚子、癸未、丁酉、壬子。

四月:甲子、丙子、庚子、癸丑、乙丑、丁丑、庚午。

五月:乙丑、辛丑、癸未、己未、丁丑。

六月:甲申、庚申、甲寅、己未。

七月:壬子、丙午、戊辰。

八月:己巳、丙辰、癸巳。

九月:癸丑、丙戌。

十月:壬午、癸未、乙未、己未、辛酉、癸酉、庚午。

十一月:癸未、己未、丁未。

十二月:甲申、甲寅、丙寅、庚寅。

上吉日,不犯天贼、受死、天瘟、土忌、土府、土痕、地破、水痕、正四废、开、满、收日。

(新镌历法便览象吉备要通书卷之二十三终)

新镌历法便览象吉备要通书卷之二十四

潭阳后学　魏　鉴　汇述

入宅归火

（谓入宅安奉祖先福神香火等事）

凡论入宅归火，世俗但以日下神杀为避，殊不知新立宅宇，未入香火则是未有主宰。既入香火，人眷则有司命之神，不可不谨择日归火，当合山运生命则吉。若竖造上梁，吉日时节即请香火入中宫，俟工毕，择日人眷入宅，更无疑忌。

旧本择有丙寅、乙亥、甲申、壬寅、庚申，犯红嘴朱雀，犯者有验，今削去。

入宅归火吉日：宜甲子、乙丑、丁卯、己巳、庚午、辛未、甲戌、丁丑、癸未、庚寅、壬辰、乙未、庚子、癸卯、丙午、丁未、庚戌、癸丑、甲寅、乙戌。宜天德、月德、天恩、明星、黄道、母仓、天德合、月德合上吉。次吉日月财。

忌家主本命日、冲日、天空亡、冰消瓦陷、子午头杀、披麻杀、杨公忌、受死、归忌、天贼、正四废、天瘟、九丑、荒芜、灭没、大杀、白虎入中宫、红嘴朱雀入中宫日、建、破、收、平日、魁罡、勾绞、月厌、离窠、转杀、天火、独火、天地凶败、雷霆白虎入中宫、四忌、五穷、阴阳错日、九土鬼、伏断、火星日。

凶日　　　月	正	二	三	四	五	六	七	八	九	十	十一	十二
朱雀黑道	卯	巳	未	酉	亥	丑	卯	巳	未	酉	亥	丑
天牢黑道	申	戌	子	寅	辰	午	申	戌	子	寅	辰	午
独火月火	巳	辰	卯	寅	丑	子	亥	戌	酉	申	未	午
冰消瓦陷	巳	子	丑	申	卯	戌	亥	午	未	寅	酉	辰

（续表）

凶日　　　　月	正	二	三	四	五	六	七	八	九	十	十一	十二
死气官符	午	未	申	酉	亥	亥	子	丑	寅	卯	辰	巳
披麻杀	子	酉	午	卯	子	酉	午	卯	子	酉	午	卯
归忌	丑	寅	子	丑	寅	子	丑	寅	子	丑	寅	子
月厌	戌	酉	申	未	子	巳	辰	卯	寅	丑	子	亥
天贼	辰	酉	寅	未	午	巳	戌	卯	申	丑	午	亥
地贼	子	子	亥	戌	酉	午	午	午	巳	辰	卯	子
天瘟	未	戌	辰	寅	午	子	酉	申	巳	亥	丑	卯
受死	戌	辰	亥	巳	子	午	丑	未	寅	申	卯	酉
天罡	巳	子	未	寅	酉	辰	亥	午	丑	申	卯	戌
河魁	亥	午	丑	申	卯	戌	巳	子	未	寅	酉	辰
天火	子	卯	午	酉	子	卯	午	酉	子	卯	午	酉
往亡	寅	巳	申	戌	卯	午	酉	子	辰	未	戌	丑
空宅 吉多可用	申	申	申	寅	寅	寅	巳	巳	巳	亥	亥	亥
建日	寅	卯	辰	巳	午	未	申	酉	戌	亥	子	丑
破日	申	酉	戌	亥	子	丑	寅	卯	辰	巳	午	未
收日	亥	子	丑	寅	卯	辰	巳	午	未	申	酉	戌
平日	巳	午	未	申	酉	戌	亥	子	丑	寅	卯	辰
荒芜	巳	酉	丑	申	子	辰	亥	卯	未	寅	午	戌

阴错	庚戌	辛酉	庚申	丁未	丙午	丁巳	甲辰	乙卯	甲寅	癸丑	壬子	癸亥
阳错	甲寅	乙卯	甲辰	丁巳	丙午	丁未	庚申	辛酉	庚戌	癸戌	壬子	癸丑

四忌、五穷：春甲子、乙亥，夏丙子、丁亥，秋庚子、辛亥，冬壬子、癸亥。

杨公忌日：十三、十一、初九、初七、初五、初三、初一、廿九、廿七、廿五、廿

一、十九。

正四废日:春庚申、辛酉,夏壬子、癸亥,秋甲寅、乙卯,冬丙午、丁巳。

九土鬼:乙酉、癸巳、辛丑、庚戌、丁巳、甲午、壬寅、己酉、戊午。

九丑:壬午、乙酉、戊子、辛卯、壬子、戊午、己卯、己酉、辛酉。

离窠:丁卯、戊辰、己巳、戊寅、辛巳、戊子、己丑、戊戌、己亥、戊午、辛丑、壬戌、癸亥、辛亥、壬午、壬申、戊申。

伏断日:子(虚)、丑(斗)、寅(室)、卯(女)、辰(箕)、巳(房)、午(角)、未(张)、申(鬼)、酉(觜)、戌(胃)、亥(壁)。

大杀入中宫日:戊辰、丁丑、丙戌、乙未、甲辰、癸丑、壬戌。

雷霆白虎入中宫日:甲巳月:丁卯、丙子、乙酉、甲午、癸卯、壬子、辛酉。

乙庚月:戊辰、丁丑、丙戌、乙未、甲辰、癸丑、壬戌。

丙辛戊癸月:辛未、庚辰、己丑、戊戌、丁未、丙辰。

丁壬月:乙丑、甲戌、癸未、壬辰、辛丑、庚戌、己未。火星凶日:寅申巳亥月:乙丑、甲戌、癸未、壬辰、辛丑、庚戌、己未。

子午卯酉月:甲子、癸酉、壬午、辛卯、庚子、己酉、戊午。

辰戌丑未月:壬申、辛巳、庚寅、己亥、戊申、丁巳。

天地空亡凶日定局
(上官入宅忌天星,种植埋葬忌地空)

子年	五	六	七	八	正九	二十	三十一	四十二
丑寅年	四十二	五	六	七	八	正九	二十	三十一
卯年	三十一	四十二	五	六	七	八	正九	二十
辰巳年	二十	三十一	四十二	五	六	七	八	正九
午年	正九	二十	三十一	四十二	五	六	七	八
未申年	八	正九	二十	三十一	四十二	五	六	七
酉年	七	八	正九	二十	三十一	四十二	五	六
戌亥年	六	七	八	正九	二十	三十一	四十二	五

子年	五	六	七	八	正九	二十	三十一	四十二
天地空亡	初一初九十七廿五初五十三廿一廿九	初八十六二十初四初四十二二十廿八	初七十五二十廿三初三十一十九廿七	初六十四廿三三十初二初十十八廿六	初五十三廿一廿九初一初九十七廿五	初四十二二十廿八初八十六二十初四	初三十一十九廿七初七十五二十初三	初二初十十八廿六初六十四廿二三十

上天地空亡,若金日、火日宜用太阳、天月二德、月财、太阴、生气、差方、禄马贵人、月将加太岁、四吉星合得一位则不忌,返主进财。

红嘴朱雀凶日:丙寅、乙亥、甲申、癸巳、壬寅、辛亥、庚申。

横天朱雀凶日:二十五日移徙人财伤。忌子午头杀局例在竖造。

绝烟火日:正、五、九月丁卯凶,二、六、十月甲子逢,三、七、十一月忌癸酉,四、八、十二庚午宗。

误人歌曰

入门正七辰戌妨,二八猪蛇不可当。

三九切忌游鼠马,四十又怕犯牛羊。

五十一月寅申忌,六十二月卯酉伤。

世人不信绝烟火,十人犯着九人殃。

天地空:太岁起正月,月上起初一并逆行,遇午为天空,忌入宅。子为地空,不忌。

戌亥、酉、未申、午(天空)。辰巳、卯、丑寅、子(地空)。

移徙居住吉日

宜入宅归火,逐月吉日同可通用,但年月方无紧杀,占月家、州县官符,不占中官方吉。凡入宅,人人不可空手,或执茶酒壶盛米,或执金。

总论入宅归火移徙

论大杀、白虎入中宫日:雷霆白虎同此杀,在中宫其日不宜入宅归火。如用其日入宅,宜权祭中官厅堂一日,勿令人出入,只从横门来往。其日半夜子时以后,遂开正门出入,则无妨。

论鬼神空宅日:春申、夏寅、秋巳、冬亥。不宜香火入宅,得吉神则不忌。

论随茅归火:其月官符在中宫,忌入宅归香火。

论先竖造,已经归火入宅,欲于正向之,前起建门楼或前庭,宜忌年月中紧杀,并禁向凶神,理作立向修方论,凡神杀论月不论节也。

论入宅归火移徙吉日:亦可通用。论入宅归火者,移祖先福神香火入宅,其法先有修造,作主年命其年得利田年月利田,运白或得通天窍运或六壬诸运,若合得利田吉年月,并不拘诸家运义。凡山向合得通天窍运、走马六壬年月内吉神,方有应验。

又看浮天、六害、罗睺止忌占向舍位,州县官符,不占山吉。次看月家飞宫,州县官符,不占山头,立向中宫,却宜入宅归火。又取其有天德、月德、天月德合并诸吉方。

论入宅法:山向中宫,并无凶杀。惟正向大神,微有凶神,却用关闭正门,从左右作小门出入。或开横门出入,或倒坐符,使安祖先福神香火暂驻吉方。俟凶神过后,正向得利到,择月日吉。或岁除正初,或立春交节,移入祖先福神香火,随符使祀奉。遂开正门,无妨。

论归火与竖造同日:惟择吉时,家主先移祖先福神香火随符使入宅,先过香火。俟工毕后再择吉日,同家眷从吉方入宅。如竖造之日不先移香火之宅,必待山向年月得利方,可入宅归火。若竖造,其日虽吉,却犯归忌、九丑,切忌随符入宅归火。又须择吉日。

如竖造之日飞宫、州县官符在中宫,止忌入宅归火。至如其月竖造,不妨。

又忌孟月满日,季月开日,十一月满日。

凡入新宅,选定吉日吉时,先入宅,后搬家火则吉。宜进财,不宜出财。若先搬家火,人后入宅,不应吉日。

如次日吉时入宅,隔夜要先备香炉于中庭,当日吉时烧香点烛,宅长捧炉,宅母、长男抱器皿、五谷,长女持彩帛、蚕种,以次男女各执财帛、珍宝,婢妾各要执物,不可空手入至中庭。入宅后,宅主焚香致诚献礼,祷祈福祉。

辨正绝烟火论

绝烟火,乃五行三合忌败日也。以天干所属配地支为之,其亥卯未三合会木局,而木生在亥,败在子,天干甲属木,故甲子是也。寅午戌月会火局,火生在寅,败在卯,天干丁属火,故丁卯是也。申子辰三合水局,水生在申,败在酉,天干癸属水,则癸酉日是也。巳酉丑三合金局,金生在巳,败在午,而天干庚属金,故庚午是也。

六、十月惟甲子日是绝烟火日,正、五、九月丁卯日是,三、七、十一月惟癸酉日是,四、八、十二月惟庚午日是,下层是例非也。

入宅安香火周堂局

起例诀:大月初一起月清,顺行六道送行程。小月初一玉堂起,天良逆数吉凶星。大月初一,从安向利、顺轮。小月初一,从天向利逆行。值天、利、安、师、富吉。若与神在日合大吉。奉香火福神等事俱吉。

逐月入宅归火吉日

（移居同）

正月：外癸酉、丁酉、己酉、丁卯。

二月：乙丑、辛未、乙亥、癸未、丁未、己未。

三月：外癸酉、丁酉、乙巳、己巳。

四月：甲子、庚午、庚子、乙卯、癸卯。

五月：辛未，外己未、庚寅、甲寅。

六月：甲寅、丙申，外丙寅、甲申、乙亥。

七月：甲子、外丙子、丙辰。

八月：乙丑、乙亥、壬辰，外丙辰。

九月：庚辰、癸卯，外辛卯、丙午、庚午。

十月：甲子、庚午、庚子、丙子、甲午、丁酉、辛酉。

十一月：壬申、丙申。

十二月：甲寅、丙申、甲申、庚申。

上吉日，不犯牢日、狱日、死别、伏罪、不举、刑狱、建、破、魁罡、勾绞、归忌、月厌、九丑、离窠、天瘟、天贼、往亡、受死、披麻转杀、天火、独火、冰消瓦陷、火星、四忌、五穷、正四废、九土鬼、阴阳错、大杀、雷霆白虎入中宫、杨公忌、天地空亡、红嘴朱雀到中宫凶日，冰消瓦解见在竖造例。

移徙居处

（移徙逐月吉日与入宅归火同看）

宜驿马、月恩、月财、生气、四相、成、开日。忌朱雀、黑道、天牢、天贼、天瘟、地贼、天罡、河魁、火星、天火、独火、冰消瓦陷、往亡、建、破、平、收、阴阳差错、杨公忌、正四废、离窠、九丑、灭没、凶败、受死、归忌、月厌、荒芜、四离、四绝日、横天朱雀凶日。每月廿五日移徙，人财伤。

吉日：甲子、乙丑、丙寅、庚午、丁丑、乙酉、庚寅、壬辰。

台司移居吉日：正二丙丁三月庚，四五戊己六庚辛，七八壬癸庚逢九，十月十一甲乙亨,十二甲乙同辛日,择日移居详此间。

避宅出火
（谓请祖先福神香火暂驻空界等事）

避宅出火吉日:甲午、乙卯、己巳、辛未、甲戌、乙亥、丙子、丁丑、戊寅、己卯、壬午、甲申、乙酉、戊子、甲午、乙未、庚申、己酉、壬子、癸丑、乙卯、己丑,及天德、月德、黄道吉日。

六壬逐年出火方起例

寅申子午年辰上起天罡,丑未年寅上起天罡,卯酉年未上起天罡,辰戌年申上起天罡,巳亥年丑上起天罡。各年上起天罡,顺寻胜光、传送、神后、功曹四吉星照向方出避吉,如不合六壬出火法,又当别择,不可拘定。

吉方 　　 年	寅申子午	丑未	卯酉	辰戌	巳亥
胜光	午	辰	酉	戌	卯
传送	丁	午	亥	子	巳
神后	子	戌	卯	辰	酉
功曹	寅	子	巳	午	亥

避宅出火吉日:宜月家、天德、月德、月空、三奇方出避吉。

逐月出火吉日

正月:乙亥、乙卯。

二月:辛未、乙亥、甲申、乙未、癸丑,外乙丑、丁未、癸未、己未。

三月:乙卯,外癸酉、丁酉。

四月:甲子、丙子、乙卯,外庚午、庚子、癸卯、丙午。

五月:甲戌、乙亥、辛未、乙未、癸丑,外乙丑、壬辰、己未。

六月:乙亥、戊寅、甲申、庚申,外丙寅、甲寅。

七月：甲子、辛未、丙子、壬子，外庚子、丁未、丙辰。

八月：甲戌、癸丑，外乙丑、壬辰、丙辰。

九月：外庚午、壬午、丙午。

十月：甲子、辛未、丙子、乙未、壬子，外庚午、庚子、丁未。

十一月：辛未、乙亥、甲申、庚申，外癸未、壬辰、丙辰。

十二月：戊寅、甲申、庚申，外丙寅、甲寅。

避宅出火总论

论避宅出火吉日，与移徙吉日可以通用。

论避宅出火法：避宅是回避命星，出火是移出祖先福神香火，故《经》云：

出火皆祥龙命星，或因年月速修营。

或因就旺并改革，故移家口暂居停。

今人习此常作仪，大小修营亦用之。

土木犯轻人犯重，此理时师那得知。

可修营不动中宫，须少缓以待得利年月，不必轻易出火。

古云：出火易而归火难也。

论明堂出火避宅法：或例堂净尽拆去旧宅于吉方造小屋宇，谓之权移。盖因净尽拆去，别无存著，故不得已移家口就吉方而避之。乃神符使卷下祖先福神香火同归一处祀奉，俟修造完备择日移符，使同祖先福神香火入宅，最忌命龙星入土。

命龙入土局例载在二十一卷。五音斗牛火局，后可查看。

论出火避宅，不问方道法：若修造，作主人眷或在一百步之外，空闲屋内，出避则不问方道，亦可。

论不出火避宅法：如在前原有旧宅安处，人眷就旧宅住近新造堂厅、屋，盖所造之屋，虽隔池塘同地与旧宅相近，谓之坐宫修方，不必出火避宅于旧宅中宫，置罗经格定方位，视所修之方年月并无紧杀，却可起符修造。若所造厅堂廊屋向后要安人眷，仍须开山立向，年月大利。

分居各炊

（与前入宅归火移徙逐月吉凶例同看）

分居吉日：宜甲子、乙丑、丁卯、己巳、庚午、辛未、甲戌、丁丑、癸未、庚寅、壬辰、庚子、癸卯、丙午、丁未、甲寅、乙卯日。凶忌局与前入宅例查看。

宜天德、月德、天月德合、天恩、黄道、明星、天成、天财、月财、五富、福厚，上吉局例在后。

逐月各分居火吉日

正月：癸酉、丁酉。　　　　　二月：乙丑。

三月：癸巳、乙己、己巳。　　四月：甲午、庚子、乙卯。

五月：辛未、己未。　　　　　六月：甲申、庚申、丙申。

七月：辛未。　　　　　　　　八月：庚辰、丙辰。

九月：庚午、丙午。　　　　　十月：庚午、戊戌、甲午。

十一月：甲申、庚申。　　　　十二月：丙寅、甲申、庚申、壬寅。

上吉日，不犯朱雀、天牢、黑道、月厌、归忌、天贼、天瘟、受死、天罡、河魁、天火、独火、地贼、火星、往亡、建、破、平、收日、荒芜、伏断、正四废、四忌、五穷、九土鬼、九丑、白虎占中宫、离窠、灭没、天休废、天地凶败、大小耗、赤口、九空、四离、四绝、红嘴朱雀、债木、宅空、阴阳错、绝烟火等日。

债木定局

○自如　●债木　○财帛

○爵相　　　○兴旺　　大月爵相起初一，顺行自如不差移。

○福寿　○平等　●争讼　小月财帛起初一，逆飞债木吉凶推。

债木星定局

大月初三、十一、十九、廿七。小月初二、初十、十八、廿六日，凶。

争讼星定局

大月初六、十四、廿二。小月初七、十五、廿三日,凶。

忌人华:正(酉)、二(未)、三(巳)、四(卯)、五(丑)、六(亥)、七(酉)、八(未)、九(巳)、十(卯)、十二(亥)。

均分家财

（谓分田产、金银财宝等事）

吉日　　　月	正	二	三	四	五	六	七	八	九	十	十一	十二
天成	未	酉	亥	丑	卯	巳	未	酉	亥	丑	卯	巳
天财	辰	午	申	戌	子	寅	辰	午	申	戌	子	寅
地财	巳	未	酉	亥	丑	卯	巳	未	酉	亥	丑	卯
月财	午	乙	巳	未	酉	亥	午	乙	巳	未	酉	亥
天富即满日	辰	巳	午	未	申	酉	戌	亥	子	丑	寅	卯
五富	亥	寅	巳	申	亥	寅	巳	申	亥	寅	巳	申
天贵	春	甲	乙	夏	丙	丁	秋	庚	辛	冬	壬	癸
福厚		寅			巳			申			亥	

宜天成、天财、地财、月财、禄库、天贵、天富、五富、福厚。凶忌详前入宅例同看。

逐月均分家财吉日

正月:己卯、壬午、癸卯、丙午、癸酉、丁酉、丁卯。

二月:己巳、辛未、癸未、己亥、己未,外辛巳、丁亥、丁未、乙巳、辛亥。

三月:丙子、辛卯、庚子、丁卯、戊子、丙申。

四月:乙丑、癸丑、庚午、壬午、辛卯、己卯、癸卯、丁丑、己丑。

五月：辛未、丙辰、己巳、戊辰、庚辰、辛巳、壬辰。

六月：乙亥、己卯、辛卯、癸卯、丁卯、辛亥。

七月：丙辰、戊辰、庚辰、壬辰。

八月：乙丑、乙巳、己巳、甲戌、乙亥、己亥、庚申、己丑、丁丑、癸丑。

九月：庚午、壬午、丙午、辛酉。

十月：甲子、丙子、戊子、庚子、癸酉、丁酉。

十一月：乙丑、乙亥、丁丑、己丑、癸丑。

十二月：辛卯、癸卯、庚申、乙卯、壬申、丙申、戊申。

上吉日，不犯建破、九空、财离、天贼、地贼、天穷、九土鬼、荒芜、灭没日。

修作厨房

修厨吉日：宜丙寅、己巳、辛未、戊寅、己卯、甲申、乙酉、戊申、己酉、壬子、甲寅、乙卯、己未、庚申。忌年九良星，逐年月丘公暗刀杀、修厨杀、耗星、六甲胎神。丙辛日吉。

红嘴朱雀凶日：甲子、癸酉、壬午、辛卯、庚子、己酉、戊午日，主损新妇。

修厨杂忌

九良星：乙丑、丁丑、己丑、戊子、壬寅、戊午、六年占厨。三、四、十二月占厨。九良杀：丑年占厨，十二月占厨。宅龙：六、七月占厨。伏龙：十月占厨。

修厨杀：子午、卯酉年占杀新妇。耗星：五、十二月占厨。丘公煞：甲己年六月占，乙庚年八月占，丙辛年十月占，丁壬年十二月占，戊癸年三月占。

逐月修厨吉日
（凶星与前竖造局内查看）

正月：辛未、戊寅。

二月：丙寅、己巳、戊寅、甲申、辛未、甲寅、己未。

三月：己巳、甲申、甲子、丙子、庚子、壬子。

四月：癸丑、戊申、乙卯、庚申。

五月：丙寅、辛未、戊寅、庚寅、壬辰、乙卯、己巳、癸未、甲寅、己未。

六月：丙寅、乙亥、戊寅、甲申、甲寅、庚申、辛亥、壬辰。

七月：壬子、丙辰、庚申。

八月：丙寅、戊寅、庚寅、乙亥。

九月：壬午、丙午、辛卯、辛未、己未。

十月：辛未、乙未、丁未、庚子、壬子。

十一月：丙寅、戊寅、庚寅、壬寅、甲寅、庚申、戊申。

十二月：丙寅、戊寅、庚寅、壬寅、己巳、庚申、甲寅。

上吉日，不犯十恶、九丑、火星、天火、独火、受死、阴阳错、九土鬼、正四废、破日凶。

泥作火灶

作灶吉日：宜甲子、乙丑、癸酉、甲戌、乙亥、癸未、甲申、乙酉、己巳、壬辰、甲子、甲辰、乙巳、己酉、辛亥、癸丑、甲寅、乙卯、己未、庚申。甲子、庚午、辛未、庚子、丙午、丁未、丙辰、丁巳、辛酉，此九日土公败日，作灶动土，不避伏龙土公。灶宜西南吉，东北凶。

宜天德、月德、玉堂、生气、平、定、成日吉。

忌戊戌、己亥、庚子、辛丑、壬寅五日，登大微宫修作灶、祭祀凶。

正、二月：戌、辰。三、四月：子、卯。五、六月：寅、巳。七、八月：辰、巳。九、十月：午、酉。十一、十二月：申、亥。秋作灶大吉，春次吉，候吉时。

拆灶忌初八、十六、十七日。修灶初七、十五、廿七日忌移动。

九良星：戊子、戊午年占灶，若其地无灶鼎，新作灶不忌。若其地原是灶，则此方有杀，切忌不可修作。

修灶杂忌

宅龙方：正、二、三、八月占灶。兴龙方：七、八月占灶。耗星：二月八日占灶。六甲胎神：四、十一月占灶。游龙：八月、十月占灶。伏龙：正月八日占灶。羊胎：四、五、十、十一月占灶。猪胎：三、七、八月占灶。马皇：十二月占灶。牛胎:三、十月、十一月占灶。牛黄杀:四、十月占灶。土公:春三月占灶。
丘公杀:甲己年六月占灶,丙辛年十月占灶,乙庚年八月占灶。丁壬年十二月
占灶,戊癸年二月占灶。六甲胎神:丙辛日占灶。

凶日　　　月	正	二	三	四	五	六	七	八	九	十	十一	十二
朱雀	卯	巳	未	酉	亥	丑	卯	巳	未	酉	亥	丑
天瘟	未	戌	辰	寅	午	子	酉	申	巳	亥	丑	卯
土瘟即满日	辰	巳	午	未	申	酉	戌	亥	子	丑	寅	卯
受死	戌	卯	亥	巳	子	午	丑	未	寅	申	卯	酉
天火	子	午	卯	寅	子	午	卯	寅	子	午	卯	酉
独火	巳	辰	卯	酉	丑	子	亥	戌	酉	申	未	午
建日	寅	卯	辰	巳	午	未	申	酉	戌	亥	子	丑
月破	申	酉	戌	亥	子	丑	寅	卯	辰	巳	午	未
地贼	子	子	亥	戌	酉	午	午	午	巳	辰	卯	子
荒芜	巳	酉	丑	申	子	辰	亥	卯	未	寅	午	戌
毁败	寅	寅	辰	辰	午	午	申	申	戌	戌	子	子
丰至	申	申	戌	戌	子	子	寅	寅	辰	辰	午	午
徵冲	酉	酉	亥	亥	丑	丑	卯	卯	巳	巳	未	未
重折	卯	卯	巳	巳	未	未	酉	酉	亥	亥	丑	丑
阴错	庚戌	辛酉	庚申	丁未	丙午	丁巳	甲辰	乙寅	甲寅	癸丑	壬子	癸亥
阳错	甲寅	乙卯	甲辰	丁巳	丙午	丁未	庚申	辛酉	庚戌	癸亥	壬子	癸丑

月建转杀:春卯,夏壬,秋酉,冬子。

正四废:春庚申、辛酉,夏壬子、癸亥,秋甲寅、乙卯,冬丙午、丁巳。

火星凶日:寅申巳亥月:乙丑、甲戌、癸未、壬辰、辛丑、庚戌、己未。子午
卯酉月:甲子、癸酉、壬午、辛卯、庚子、己酉、戊午。辰戌丑未月:壬申、辛巳、
戊寅、己亥、戊申、丁巳。

九土鬼:乙酉、癸巳、壬寅、己酉、甲午、辛丑、庚戌、丁巳、戊午。

作灶法

长七尺九寸,上象北斗,下应九州。广四尺,象四时。高三尺,象三才。门口阔六寸,象六合。高一尺二寸,象十二时。安两釜,象日月。突大八寸,象八风。宜新砖、净土,利合香水,不用壁泥相杂忌之。以猪肝合泥令妇人孝顺。凡作灶取土,先除去地面土二寸方美。

逐月作灶吉日

正月:癸丑、乙亥、辛亥、戊寅。

二月:乙丑、癸丑、乙亥、辛亥、辛未、癸未、乙未、己未。

三月:甲子、乙丑、己巳、癸酉、甲申、壬子、庚子、癸丑。

四月:甲子、己丑、甲申、庚申、癸丑。

五月:己巳、辛未、壬辰、甲戌、癸未、乙未、己未、甲寅。

六月:甲戌、乙亥、甲申、辛亥、甲寅、戊寅。

七月:己巳、辛未、乙未、壬子、戊辰、庚辰。

八月:乙丑、癸丑、壬辰、庚辰、戊辰。

九月:乙亥、乙丑、辛卯、癸丑、己丑。

十月:甲子、辛未、乙未、壬子。

十一月:甲辰、甲申、壬辰、乙巳、庚申。

十二月:己巳、甲戌、甲申、甲寅、壬辰、庚申、戊寅、乙巳。

上吉日,不犯朱雀黑道、天瘟、土瘟、天贼、受死、天火、独火、十恶、四部转杀、毁败、丰至、徵冲、九土鬼、正四废,建、破、丙、丁、午日。

问响卜疏

灶者,五祀之首也,祸福之柄,悉归所主。凡事疑虑,俟夜稍静,洒扫爨室,涤釜注水令满,以木杓一个,安顿水上釜边,布方道灶上,燃灯二盏,一放灶腹,一置灶上。安镜一面,在灶门边。炷香叩齿在灶上。

祝曰:维某年、某月、某日官敢焚信告昭告于司命灶君之神,切维福既有基㐫,岂无徵事之先兆,惟神是司以。今某伏为某事,衷心营营,罔知攸指,敬于静夜,移薪息焚,涤釜注泉求趋响卜之途,恭候指迷之柄情之所属,神是监之,某不胜听命之至。祷毕,以手拨桃木,令左旋执杓祝曰:四纵五横,天地分明,神杓所指,祸福攸分。祝毕,以杓置水上任其自旋、自定,随杓所指之处,抱镜出门,不得回头。听旁人言语即是响卜事应或杓柄指处,无路则是有阻,宜再占之。

炉冶铸
(附造灶烧窑等事)

吉日:宜庚寅、辛卯、金石合、平、定、成、开日。忌庚申、辛酉日、金石离、火隔、焦坎、建、破日。

烧窑吉日:宜要安、天德、月德、天月二德合、黄道上吉、定、成、开日。忌火隔、焦坎、建、破日。

打窑吉日:宜要安、六合、建、平、成、收、开日。忌赤口、正四废、建、破、土瘟、荒芜、灭没、天休废、凶败、六不成、火隔、焦坎日。

凶日　　　月	正	二	三	四	五	六	七	八	九	十	十一	十二
火隔	午	辰	寅	子	戌	申	午	辰	寅	子	戌	申
焦坎	辰	丑	戌	未	卯	午	酉	子	寅	亥	申	巳
天贼	辰	酉	寅	未	子	巳	戌	卯	申	丑	午	亥
地贼	子	子	亥	戌	酉	午	午	午	巳	辰	卯	子
荒芜	巳	酉	丑	申	子	辰	亥	卯	未	寅	未	戌
破日	申	酉	戌	亥	子	丑	寅	卯	辰	巳	午	未
正四废	春庚申、辛酉夏壬子、癸亥秋甲寅、乙卯冬丙午丁巳											

金痕忌:大月初五、初六、初七、廿七。小月初二、廿八、廿九。忌铸铜锡

铁金银等物。

造作仓库

（附修仓搅困格式、塞鼠穴、断白蚁等事）

修造仓库总论

《修仓经》宜用甲、庚、壬、丙四向，吉。又要坐虚向，实不可与屋相对，凶。仓前放水，不可流破财禄方。如甲向，禄在寅，财在辰。丙向，禄在巳，财在未。庚向，禄在申，财在戌。壬向，禄在亥，财在丑。面前水入吉，水去凶。

人仓吉：申子辰年丑方，寅午戌年未方，巳酉丑年戌方，亥卯未年辰方。

地仓吉：正、九月午。二月申。三月亥。四、八、十一月辰。五月壬。六月寅。七、十一月巳。十月戌。

月财星：正、七月丙、午、丁。六月甲、卯、乙。三、九月辰、巽、巳。四、十月未、坤、申。五、十一月庚、酉、辛。六、十二月戌、乾、亥。

修造作仓屋，先须登堂局，观水城平正立向，看地势作之，若不合甲、庚、丙、壬，亦不必拘定。又宜别立山向，如拣用年月日，只取利田年月。若造仓作屋，造仓兼用修方造作法，若在屋檐滴水内，须论中宫。

论修整仓库，忌大小耗星，五、十一月在仓。

六甲胎神六月占仓，丘公、暗刃杀占仓库，忌修。

甲己年七、八月占，乙辰年九、十月占，丙辛年十二月占，丁壬年正、二月占，戊癸年三、四月占。

仓库只恐修整，仓库鼎新，安置不忌。

《万年历》云：春三月不修磨，夏三月不修碓。

惟动土忌土公箭日。

修忌土公占日，凶。

胎神，占仓库忌修。

羊胎六、九月占仓，马胎四、九月占仓，牛黄六、九月占仓，牛胎三、五、九月占，只忌修整仓库。

修仓库塞鼠穴

宜用月杀、飞廉、受死、伏断、闭日,用娄金狗、暗金、伏断时能制鼠。鬼、牛、娄、亢为四金宿,在日家为明金,在时家为暗金。其亢、鬼、牛金不能制鼠,惟娄宿能制鼠,能用暗金。时真日正,则永断其鼠。

安修碓磨

(油窄吉日同看)

安碓碾吉日:宜庚午、辛未、甲戌、乙亥、庚寅、庚子、庚申、定、成、开日,忌建、破、平、收。

安碓吉方:宜东北艮地及巳、午、戌、亥方,并本山长生、帝旺方。今人安碓以屋论,多用碓头打向外,亦吉。

安磨方:宜生旺方。如在中宫,则不论方。又宜十干禄方,即甲禄到寅之说。

修移磨碓忌:七月六甲胎神占碓磨,子午日占碓,乙庚日碓磨,正月牛胎占磨,十一月马胎占碓,五月羊胎占碓。以上忌多修鼎新,安置则不忌。

凶日月	正	二	三	四	五	六	七	八	九	十	十一	十二
土符	丑	巳	酉	寅	午	戌	卯	未	亥	辰	申	子
土府	寅	卯	辰	巳	午	未	申	酉	戌	亥	子	丑
五墓	乙未	戊辰		丙戌	戊辰			辛丑	戊辰		壬辰	戊辰
地囊	庚子	癸丑	甲子	己卯	戊辰	癸未	丙寅	丁卯	戊辰	庚戌	辛未	乙未
	庚午	癸未	甲寅	己丑	戊午	癸巳	丙申	丁巳	戊子	庚子	辛酉	乙酉

土公箭:每月初七、十七、廿七日并凶。

考正逐月安修碓磨吉日

正月:丁卯、己卯、丙午、甲午、壬午。

二月:辛未、乙亥、戊寅、庚寅、甲寅、丙寅、己未、己亥。

三月:庚子,外戊子、己巳、乙巳、丙子、癸巳、庚申、甲子。

四月:庚午、庚子、丁卯、辛卯、乙卯,外甲子、戊子、癸丑、甲午、丙子、丁丑、乙丑、癸酉。

五月:辛未、庚寅、甲戌,外丙寅、戊寅、甲寅、壬辰、甲辰、丙辰、癸未、乙未、丁未、己未、庚戌、戊戌。

六月:庚申、乙亥,外丙寅、戊寅、壬寅、甲寅、丁卯、己卯、甲申、丙申、丁亥、辛亥。

七月:庚子、辛未,外甲子、戊子、壬子、丙子、戊辰、庚辰、甲辰、丙辰。

八月:乙丑、己丑、癸丑、己巳、癸巳、乙巳、辛丑。

九月:庚午,外丙午、戊午、壬午。

十月:庚午、辛未,外甲午、乙未、戊午、癸酉、丁酉、辛酉、癸未、己未。

十一月:庚申、乙亥,外戊辰、甲辰、庚辰、丙辰、乙亥、丁亥、辛亥。

十二月:庚寅、庚申,外戊寅、甲寅、己巳、丙申、丙寅、甲申、壬寅、癸巳。

上吉日,不犯天贼、地贼、火星、大耗、受死、天瘟、土忌、土符、土府、地破、月破、土瘟、地囊、五墓、五虚、月虚、荒芜、四耗、正四废、天地转杀、天地正转杀、月建转杀、建、破、平、收日、月空、灭没凶日,安碓四柱忌暗刀杀。

修筑垣墙

谓填覆坑、穿补葺垣墉基址、附泥饰、墙垣、平治道涂、瓦砌阶基、行路等事。

修路吉日:宜天德、月德、黄道、建、平日。忌月建与转杀同日、天贼、正四废日。

修路忌年:九良星壬寅、庚申年在路。牛黄二月、十二月在路沟。

修水路忌年:九良星丁丑、乙未、癸未年占水路,一云水步。

逐月修筑垣墙吉日

正月:甲子、庚子、乙丑、己卯、丁卯、壬子,外戊子、丙子。

二月：乙丑、戊寅、庚寅、甲寅、辛未、甲申、戊申，外丁未、己未。

三月：己巳、己卯、庚子、癸酉，外戊子、丙子、壬子、丁酉。

四月：甲子、庚子、甲戌、乙丑、庚午，外丙子、戊子。

五月：乙丑、辛未、乙亥、己亥、辛亥、庚寅、甲寅、戊寅、丙辰，外丁未、壬寅、己未、丙寅。

六月：乙亥、戊寅、甲寅、己卯、辛卯、乙卯、甲申、戊申、庚申、己亥、辛亥，外丙寅、丁卯。

七月：戊子、庚子、庚午、辛未，外丙午、丁未、己未、壬子、壬辰、丙子。

八月：乙丑、甲戌、戊寅、庚寅、丙辰、庚戌，外壬辰。

九月：己卯、辛卯、庚午，外丙午、癸卯。

十月：甲子、癸酉、辛酉、庚午、甲戌，外戊子、壬午。

十一月：甲申、戊申、庚申、壬辰、丙辰、乙亥、己卯、辛亥，外丁未、己未。

十二月：甲子、戊寅、庚寅、甲寅、甲申、戊申、庚申，外丙寅。

上吉日，不犯月破、魁罡、勾绞、玄武黑道、天贼、受死、天瘟、土瘟、土忌、土符、地囊、地破、转杀、九土鬼、正四废、荒芜、崩腾、伏断日、地贼，吉多不忌。

修墙宜忌

宅龙六月占墙，伏龙七月占西墙。墙垣因风雨倾倒，当时修筑，不必择日。若俟晴后停留三、五日，过则须择吉日方修，不可轻动。筑墙宜益后，忌九空。破屋坏垣宜除斗破日。补垣塞穴宜闭日、伏断日，并忌年月紧杀方。泥饰墙垣、平治道涂、瓦砌阶基，宜平、定、建、成、开日。

造作厕道

作则吉日：宜丙寅、戊辰、丙子、丙申、庚子、壬子、丙辰，为天聋日，百事通吉。乙丑、丁卯、己卯、辛巳、乙未、丁酉、己亥、辛丑、辛亥、癸丑、辛酉，为地哑日，大吉。

又宜天地绝气、伏断、闭日。忌破、执、开、满日。

凶日　　　月	正	二	三	四	五	六	七	八	九	十	十一	十二
天乙绝气	初六	初七	初八	初九	初十	十一	十二	十三	十四	十五	十六	十七
伏断日宿	子虚	丑斗	寅室	卯女	辰箕	巳房	午角	未张	申鬼	酉觜	戌胃	亥壁

逐月作厕吉日

正月：己卯、丁卯、壬寅、癸卯、己酉、甲寅、乙卯，外癸丑、己丑、丙午、戊午。

二月：戊寅、庚寅、甲寅、丁亥、乙亥、己亥，外丁未、己未、癸未。

三月：丁卯、己卯、庚子、癸卯、乙卯、己巳、甲子、甲申、丙申、乙巳，外丙子、壬子、戊子。

四月：戊辰、庚子、丙辰、甲辰、甲子、庚辰、庚午、甲午，外丙子、戊子、己丑、丙午、戊午。

五月：丙寅、辛未、庚寅、甲寅、己未、丙戌、癸巳、己巳、辛巳、乙未、甲戌、戊戌、庚戌、丁巳。

六月：丙申、辛亥、丙寅、甲寅、甲申、庚申、乙亥、辛未、丁亥、乙未，外己未。

七月：庚子、丁卯、戊辰、辛未、庚辰、辛卯、癸卯、丙辰，外丙子、壬子、戊子。

八月：丙辰、辛巳、戊辰、辛丑、己巳、戊戌、庚辰、丙戌、丁巳。

九月：辛巳、庚午、癸酉、丙戌、丁亥、丁酉、戊戌、己酉、庚戌、辛酉，外丙午、壬午、戊午。

十月：甲子、庚子、辛未、戊戌、甲午、乙未、庚子，外戊子、壬子、壬午、戊午。

十一月：乙亥、己亥、辛亥、戊辰、庚辰、甲辰、辛未、乙未，外己未、癸未。

十二月：甲子、庚子、甲寅、甲申、庚申、乙丑、辛丑、壬寅，外戊子、己丑、壬子、癸丑。

上吉日，不犯玄武、黑道、天贼、地贼、受死、天瘟、土瘟、土忌、土符、地破、月破、天罡、河魁、正四废、天地转杀、正转杀、月建转杀、执、破、平、收日、赤口、九土鬼。

土公箭:每月初七、十七、廿七是。

土公占:大月初三、初五、初八。小月初一、初十、二十八日忌。

作厕宜忌

论作则忌年月紧杀方道,如新立宅舍,未经归火,不须避忌方道神煞。

修厕忌月:六甲胎神八月占厕,丑未日占,牛胎四、十月占厕。鼎新造作,不忌胎占。

作厕吉方:宜甲、庚、乙、辛、丙、壬、丁、癸、辰、戌、丑、未十二方位,立之大吉。

作厕忌方:子午为天中,卯酉为天横。寅申巳亥为四正、四隅。乾为天门,巽为地户,坤为人门,艮为鬼路。又为四维,立之大凶。不可对前门,不可对后门,不可对栋及山,有来龙,不可近井灶。

《经》云:鬼来跳,正此之谓也。门高四尺,阔三尺二寸许。

(新镌历法便览象吉备要通书卷之二十四终)

新镌历法便览象吉备要通书卷之二十五

潭阳后学　魏　鉴　汇述

牧养栏枋

（谓造安六畜栏槽、附格式等事）

起栏日辰

起栏不得犯空亡,犯着之时牛必亡。

癸日不堪起造作,牛瘟必定两相防。

占牛神出入:三月初一日牛神出栏,九月初一日牛神归栏,宜修造大吉。

牛黄出入栏法:牛黄八月入栏至次年三月方出,并不可修造,大凶。出宜修。

牛黄

牛黄一十起于坤,二十还居震巽门。

四十中宫归乾路,此是神仙妙诀分。

定牛入栏刀砧诗

春月大忌亥子位,夏月须在寅卯方。

秋日休逢在巳午,冬时申酉不须疑。

郭景纯六畜金镜定局于后

坤乙、兑丁、巳丑　　　　乾甲、申子、辰癸

1581

艮丙、震庚、亥未　　　　　巽辛、寅午、戌壬
十二坐山定局　　　　　　　十二坐山定局

刀兵	凶	占壬丙方	刀砧	凶	占甲庚方
刀兵	凶	占子午方	刀砧	凶	占卯酉方
紫气	吉	占癸丁方	紫气	吉	占乙辛方
一德	吉	占丑未方	一德	吉	占辰戌方
虎豹	凶	占坤艮方	虎豹	凶	占己亥方
狐狸	凶	占寅申方	狐狸	凶	占己亥方
贪狼	吉	占甲庚方	贪狼	吉	占丙壬方
太阳	吉	占卯酉方	太阳	吉	占子午方
豹狼	凶	占乙辛方	豹狼	凶	占丁癸方
三台	吉	占辰戌方	三台	吉	占丑未方
奇罗	吉	占乾巽方	奇罗	吉	占坤艮方
血刃	凶	占己亥方	血刃	凶	占寅申方

以上图局皆以坐山论,凡庶人以茶亭为中宫,寺观以坛座为中宫,将罗经中宫格定方道,从前寻吉方安置栏槽为吉,无茶亭一重屋正栋为中,二重天井中,三重二中柱是中宫之论。

歌曰:

一德宫中宜养马,三台位上定猪枋。

牛屋奇罗为上善,羊逢紫气定高强。

贪狼位上安鸡鸭,太阳六畜最宜良。

虎豹狐狸最不吉,更兼血刃大难当。

刀兵连及刀砧杀,六畜必定见灭亡。

只此便为金镜位,世人畜养自商量。

六畜凶日定局

（造作修换六畜栏枋通用）

年方凶	子	丑	寅	卯	辰	巳	午	未	申	酉	戌	亥
牛火血忌	子	午	丑	未	寅	申	卯	酉	辰	戌	巳	亥
牛飞廉方	辰	辰	午	午	申	申	戌	戌	子	子	寅	寅
岁牛神牛	震	巽	艮	西	南	栏	东卯	辰巽	巳	坤	南	乾
岁牛神栏	巽	艮	乾	巽	艮	乾	巽	艮	乾	巽	艮	乾
大耗六畜并忌	午	未	申	酉	戌	亥	子	丑	寅	卯	辰	巳
小耗六畜并忌	己	午	未	申	酉	戌	亥	子	丑	寅	卯	有

月方凶	正	二	三	四	五	六	七	八	九	十	十一	十二
净栏	未	申	酉	戌	亥	子	丑	寅	卯	辰	巳	午
畜官	午	未	申	酉	戌	亥	子	丑	寅	卯	辰	巳
流财	甲	丁	甲	丁	乙	丙	乙	丁	丙	甲	乙	丙
	庚	癸	庚	癸	辛	壬	辛	癸	壬	庚	辛	壬
牛胎杀无胎不忌	磨堂	栏	门仓	门厕	厨仓	场堂	磨碓	栏厅	门仓	门厕	灶仓	灶厨
月破	申	酉	戌	亥	子	丑	寅	卯	辰	巳	午	未
牛皇杀牛栏忌	栏	沟路	解碓	灶	井炉	禾仓	井	炉焙	禾仓	灶	门	路沟
马胎	门	枋	户	仓	枋	枋	厨	枋	仓	井	门碓	厨
马皇杀马栏忌	枋	枋槽	枋仓碓	庭门碓	枋仓	碓枋	枋堂	枋	堂仓	枋门	中庭仓	灶枋厨
羊胎羊栈忌	栈	卯沟	门身	沟灶	碓灶	仓栈	厅厅	卯碓	仓门	井灶沟	门灶	水路碓
猪胎修栏忌	身周	身周	门灶	门门	井井	井灶	灶灶	灶壁	篱壁	篱壁	门周	周周
猫胎猫有胎忌	梁	沟	水沟	户	檐	井	栖	房	视	栏	厨	炉
凶日	子	丑	寅	卯	辰	巳	午	未	申	酉	戌	亥
牛皇杀	仓	仓	仓	仓	解	解	解	解	栏	栏	栏	

凶日＼月	正	二	三	四	五	六	七	八	九	十	十一	十二
牛火血血忌	丑	未	寅	申	卯	酉	辰	戌	巳	亥	午	子
牛飞兼	午	午	申	申	戌	戌	子	子	寅	寅	辰	辰
牛腹胀	戌	戌	戌	丑	丑	丑	辰	辰	辰	未	未	未
畜官日修造吉	巳	午	未	申	酉	戌	亥	子	丑	寅	卯	辰
牛勾绞	申	申	申	亥	亥	亥	寅	寅	寅	巳	巳	巳
牛勾绞	酉	酉	酉	子	子	子	卯	卯	卯	午	午	午
飞廉大杀	戌	巳	午	未	寅	卯	辰	亥	子	丑	申	酉
受死	戌	辰	亥	巳	子	午	丑	未	寅	申	卯	酉
天瘟	未	戌	辰	寅	午	子	酉	申	巳	亥	丑	卯
天贼	辰	酉	寅	未	子	巳	戌	卯	申	丑	午	亥
地贼	子	子	亥	戌	酉	午	午	午	巳	辰	卯	子
大耗	申	酉	戌	亥	子	丑	寅	卯	辰	巳	午	未
小耗	未	申	酉	戌	亥	子	丑	寅	卯	辰	巳	午
荒芜	己	酉	丑	申	子	辰	亥	卯	未	寅	午	戌
九空空亡	辰	丑	戌	未	卯	子	酉	午	寅	亥	申	巳
瘟星入日	初六	初五	初三	廿五	廿四	廿三	廿	廿七	十七	十三	十二	十一
杨公凶忌	十三	十一	初九	初七	初五	初二	初一	廿七	廿五	廿三	廿一	廿九

千斤杀方：春巽、夏坤、秋乾、冬艮。

刀砧杀日方：春亥子、夏寅卯、秋巳午、冬申酉。

正四废：春庚申、辛酉，夏壬子、癸亥，秋甲戌、乙卯，冬丙午、丁巳。

九土鬼：乙酉、癸巳、甲午、辛丑、壬寅、己酉、庚戌、丁巳、戊午。

惊走日：大月初五、二七、二十九。小月初八、二十日。

天狗食畜日：春子、夏卯、秋午、冬酉。与刀砧日同。

倒栏定局
（谓忌安六畜栏圈等事）

倒栏煞日定局

凶日局	甲己年	乙庚年	丙丁年	辛壬年	戊癸年
	乙丁	乙丁	乙丁	乙丁	乙丁
猪栏	己辛	己辛	己辛	己辛	己辛
	癸卯	癸巳	癸未	癸酉	癸亥
	乙丁	乙丁	乙丁	乙丁	乙丁
牛栏	己辛	己辛	己辛	己辛	己辛
	癸巳	癸未	癸酉	癸丑	癸丑
	甲丙	甲丙	甲丙	甲丙	甲丙
马枋	戊庚	戊庚	戊庚	戊庚	戊庚
	壬戌	壬子	壬寅	壬辰	壬午
	乙丁	乙丁	乙丁	乙丁	乙丁
羊栈	己辛	己辛	己辛	己辛	己辛
	癸亥	癸丑	癸卯	癸巳	癸未
	乙丁	乙丁	乙丁	乙丁	乙丁
鸡栖	己辛	己辛	己辛	己辛	己辛
	癸丑	癸卯	癸巳	癸未	癸酉

诗曰：

年干五虎遁甲子,遁见甲干把支安。

仍跨虎加少顺走,遇亥名为猪倒栏。

丑牛午马鸡迟酉,未土须知羊倒栏。

纳畜:宜天德、月德、定、成、开日。牧养通用吉日:宜六义、母仓、天仓、四相、生气日。

忌飞廉、刀砧、天贼、受死、大耗、小耗、月刑、月害、建、闭、收日,凶。

六畜破群凶日：忌戊辰、己卯、庚寅、壬辰、甲寅、庚申日。

穿牛、割牛、骟马、羯羊、割猪、镦鸡、割犬、洋猫并忌刀砧、血忌、飞廉、受死、血支日凶。

牛栏、马枋、羊栈、猪栏、鸡栖及诸畜栏坊出粪并宜大月三十日，小月二十九日。

鲁班造栏格式

按《鲁班经》云：凡造牛栏者，先须用术人栋择吉方，切不可犯倒栏杀及刀砧杀、牛黄杀，用左畔是田主生犊，必得长寿。

造牛栏用木尺寸法：度用寻向阳木一根作栋柱用，近在火屋边，牛性怕寒，使牛温暖，柱长短尺寸用压，日不可犯二黑，上舍下作栏者用杀方，采好木一根作左边角柱用，高六尺一寸，或是二间、四间不可作单间，人家各别样子用合四只，以按四季阴阳，四尺则吉。不可犯五尺五寸，乃为五黄不祥也。甚不可使按系为牛朴开门，用合二尺六寸大，高四尺六寸为六白，按六畜为吉，若八寸系八白则曰八败，不可使之，恐损群畜也。

诗曰：

鲁班法度刌牛栏，先用推寻吉上安。

必使工师求好木，次将尺寸细详看。

切须不可当人屋，实是相宜对草岗。

时师依此规模作，致使牛牷食禄宽。

不堪巨石在栏前，必使牛遭虎咬患。

切忌栏前大小窟，主牛难使鼻难穿。

牛栏休在污沟边，定坠牛胎损子连。

栏后不堪有行路，主牛必损拦蹄肩。

造栏总论

论六畜方位图，有玄母六畜方，杨救贫六畜方位图，郭景纯六畜金镜图。

今将三家方位验其吉凶,惟景纯安六畜方位图,试而用之。又法:用李淳风八山牛栏放水局,以坐山寻吉星位,安六畜亦旺。

论修作整换六畜栏枋,如年家、大耗、小耗方、月家,净栏畜宜血财、刀砧、剑锋,犯之主损六畜,牧不旺。

论造换栏枋加逐月,六畜神所值切忌修。

论造六畜栏枋不避神煞,且如新立宅舍,行尝妇女入宅,今欲新修作不忌。

论造牛栏、马枋、羊栈、猪椆等屋,未入宅惟择吉日,并不问年月方道神煞。

论造六畜栏枋,须避神煞,且如现今欲新造牛栏、马枋、羊栈、牛椆等屋,如造作一百二十步之内,须看年月方道无凶杀占,却宜起造修作百步之外不论。又岁牛神并诸煞,见年吉凶神例,查见紧煞。

论修造六畜椆栏屋,忌火星、盖屋日。

忌天火、火星。如动土日与前动一修造同方可用。

论修造整换栏椆,并忌小耗、大耗、天贼、飞廉、正四废、刀砧、瘟星入日、千斤杀方、刀砧杀方,并忌月家、丘公杀及年月紧凶坤方,动土并忌天瘟、土瘟、月建转杀月日。

论纳畜用龙虎日,今壬吉方宜牧养。

造作牛屋
(附起土平基、修栏铁、教穿买牛等事)

造牛屋动土平基吉日:宜甲子、丙寅、丁卯、癸酉、庚辰、甲申、乙酉、乙未、丁酉、甲辰、丙午、丁未、壬子、甲寅、乙卯、庚申、辛酉。

忌土瘟日、天贼日、瘟星入日。

作牛栏吉日:宜甲子、己巳、庚午、甲戌、乙亥、丙子、庚辰、壬午、癸未、庚寅、庚子日。《牛黄经》:又有戊辰、戊午、己未、辛酉,又戊巳、庚辛、壬癸日,又初一、初五、初六、十二、十三、十五等日并吉。

修牛栏凶日:春:子戌亥,夏:寅卯丑,秋:巳午辰,冬:申酉未。

又忌牛火血、飞廉、勾绞、天贼、刀砧、执、破、正四废、地贼、大小空亡、争雄、凶败日。

买牛吉日：宜丙寅、丁卯、庚午、丁丑、癸未、甲申、辛卯、丁酉、戊戌、庚子、庚戌、辛亥、戊子、壬戌，又正月寅午戌，六月亥卯未，又收、成、开日。

穿牛吉日：宜戊辰、己巳、辛未、甲戌、乙亥、辛巳、乙酉、戊子、乙巳、乙卯、戊午、己未。

忌刀砧、血刃、血忌、血支日。

教牛吉日：庚午、壬午、己丑、甲午、庚子、辛丑、壬子、甲寅。

设牛吉日：初一、初二、初四、初五、初七、初八、初九、初十、十四、十五、十九、二十一、二十二、二十三、二十四、二十六、二十七、二十八、二十九、三十日。

以上名曰三井日，宜取牛。闽俗用过刀日，吉。

纳牛吉日：宜丙寅、壬寅、乙巳、辛亥、戊午。铁牛日。忌血支、血忌、刀砧、受死。

纳牛凶日：乙丑、壬申、己卯、庚寅、癸丑、甲寅、庚申。又破群日并忌。

监造牛栏吉方

宫音庚癸地为吉，商音庚亥利无夏。

丁亥方道角音好，甲庚地土徵音求。

惟有未庚羽音吉，外无凶占旺于秋。

牛屋安在中支，九十头长旺。

戌亥卯辰忌午巳，二十三头不谎。

却有酉地不堪居，乾地十头看。

作栏门高七尺阔三尺。

李淳风牛栏放水图

乾山起兑,兑山起乾,

震山起离,离山起震,

坤山起艮,艮山起坤,

坎山起巽,巽山起坎。

山山起破,禄贪巨文,

廉武辅顺,行贪巨武,

辅四星皆吉,余星并

皆凶。

逐月造作牛栏日

正月:庚寅日。

二月:戊寅日。

三月:己巳日。

四月:庚午日,外壬午。

五月:己巳、壬辰,外乙未、丙辰。

六月:庚申,外甲申、乙未。

七月:戊申、庚申日。

八月:乙丑日。

九月:甲戌日。

十月:甲子、庚子,外丙子、壬子。

十一月:乙亥、庚寅日。

十二月:外乙丑、丙寅、戊寅、甲寅。

上吉日,不犯魁罡、勾绞、牛火血忌、牛飞廉、牛腹胀、牛刀砧、牛勾绞、天贼、地贼、凶败、瘟星入日、天瘟、九空、受死、小耗、大耗、九土鬼、正四废、癸日。惟壬子、壬午、丙子、壬辰、丙辰日。忌用先伤过者无咎。

逐月穿牛吉日

（附线牛日、针牛同考正）

正月：乙卯，外戊午。

二月：乙丑、乙卯、戊寅，外戊午。

三月：己巳、乙巳，外己未、辛未。

四月：乙酉，外甲戌、戊午、庚午、壬午。

五月：戊辰、己巳、辛未、乙巳、己未，外甲戌、乙酉、戊午。

六月：戊辰、辛未，外甲戌、己未。

七月：辛未、乙酉，外乙亥、戊子、己未。

八月：乙丑、乙酉、乙亥、辛丑，外戊子。

九月：辛未、甲戌、乙酉，外乙丑。

十月：乙卯，外戊辰、戊子。

十一月：外戊辰、乙巳、戊子。

十二月：戊辰、辛丑，外乙丑、乙巳。

上吉日，不犯牛勾绞、牛腹胀、血忌、血支、天狗食畜、破日、刀砧、受死、四废、天瘟、月厌、荒芜。线牛宜伏断，忌血刃。

逐月教牛吉日

正月：庚午、壬午、庚子、壬子、辛亥、甲寅。

二月：庚午、壬午、庚子、辛亥、壬子、甲寅。

三月：庚午、壬午、壬子、庚子。

四月：庚午、壬午、壬子、庚子。

五月：庚午、壬午、辛亥、甲寅。

六月：庚午、壬午、辛亥、甲寅。

七月：庚午、壬午、庚子、壬子、辛亥。

八月：庚午、壬午、庚子、壬子、辛亥。

九月：庚午、壬午、庚子、壬子。

十月：庚午、壬午、庚子、壬子、辛亥。

十一月：庚子、壬子、辛亥、甲寅。

十二月：庚子、壬子、辛亥、甲寅。

上吉日，除不犯牛勾绞、正四废、九土鬼、破日、受死日。

八山放水吉神定局

乾甲山	申乙贪
坤乙山	乾甲贪
艮丙山	兑丁巳酉丑贪
巽辛山	震庚亥卯未贪
坎癸申子辰山	离壬寅午戌贪
离壬寅午戌山	坎癸申子辰贪
震庚亥卯未山	巽辛贪
兑丁巳酉丑山	艮丙贪

坎癸申子辰巨	离壬寅午戌武	乾甲辅
离壬寅午戌巨	坎癸申子辰武	坤乙辅
震庚亥卯未巨	巽辛武	艮丙辅
兑丁巳酉丑巨	艮丙武	巽辛辅
乾甲巨	坤乙武	坎癸申子辰辅
坤乙巨	乾甲武	离壬寅午戌辅
艮丙巨	兑丁巳酉□武	震艮亥卯未辅
巽辛巨	震艮亥卯未武	兑丁巳酉丑辅

造作马枋
（附安马槽、骟马、铁灸、灌药等事）

造马枋吉日：宜甲子、丁卯、辛未、乙亥、己卯、甲申、戊子、辛卯、壬辰、庚子、壬寅、乙巳、壬子。

宜天德、月德日。

忌戊寅、庚寅、戊午日、天贼、正四废、受死、瘟星入日、天地争雄日、地贼、凶败日。

修马枋吉日:宜戊子、己丑、甲辰、乙巳。

买马吉日:宜乙亥、乙酉、戊子、壬辰、乙巳、壬子、己未并戊己三并日,又成、收日。

忌戊寅、戊申、甲寅日,凶。

纳马吉日:宜乙亥、己丑、乙巳日。

忌戊午并破群日、天贼、正四废。

教马吉日:宜己巳、甲戌、乙亥、丁丑、壬午、丙戌、戊子、己丑、癸巳、乙未、丙申、壬寅、丁未、己酉、甲寅、丙辰、丁巳、辛酉、癸亥、建、收日。

伏马吉日:宜乙丑、戊子、收、执日。

骟马针灸马凶日:忌血支、血忌、刀砧、受死、荒芜、月厌、天瘟午日及大风雨、阴晦并不得针灸。

以上血忌即续世,血支即闭日。

逐月造作马枋吉日

正月:丁卯、乙亥、己卯,外庚午。

二月:辛未,外丁未、己未。

三月:丁卯、己卯、甲申、乙巳。

四月:甲子、庚子,外庚午、戊子。

五月:辛未、壬辰,外丙子、壬子、丙辰。

六月:辛未、乙亥、甲申,外庚申。

七月:甲子、庚子、辛未,外丙子、壬子、戊子。

八月:壬辰,外乙丑、甲戌、丙辰。

九月:外辛酉。

十月:甲子、辛未、庚子,外庚午、乙未、壬子。

十一月:辛未、壬辰、乙亥。

十二月:甲子、庚子,外内寅、甲寅、戊子。

逐月教马驹吉日

正月:无吉日。

二月：甲戌、乙亥、丁丑、壬午、丙戌、戊子、丁未、乙未、甲寅、丙辰。

三月：己巳、乙亥、壬子、戊子、甲寅、丙辰、壬寅、辛酉。

四月：乙巳、甲戌、丁丑、壬午、丙戌、乙未、甲寅、辛酉。

五月：己巳、甲戌、丁丑、壬午、丙戌、乙未、甲寅、辛酉。

六月：己巳、乙未、壬午、甲寅、丙辰、辛酉、己酉。

七月：无吉日。

八月：己巳、甲戌、乙亥、丁丑、壬子、丙戌、乙未、丙辰、辛酉。

九月：己巳、甲戌、丁丑、壬午、丙戌、戊子、乙未、辛酉、己酉。

十月：无吉日。

十一月：甲子、乙亥、丁丑、丙子、戊子、乙未、甲寅、丙辰、辛酉、己酉。

十二月：甲戌、乙亥、丁丑、丙戌、戊子、甲寅、辛酉、壬寅。

造作羊栈

（附羯羊日、修栈格式等事）

五音造羊栈格式

按《圈经》云：凡人家养羊作栈者，用选未生果子，如椑树之类为好，四柱乃象四时，四季生花结子长青之木为吉。切忌不可使枯木柱子。用八条乃按八节椽子，用二十四个二十四气，前高四尺一寸，高下三尺六寸，门口阔一尺六寸，高一尺六寸，中间作羊枅，并用就地二尺四寸高，主生羊子绵绵不绝，不可不信，甚有验。

养羊法

羊者火畜也，其性温、恶湿、利居高燥作棚栈，宜高常除粪秽。巳时放之，未时收之。若食露水则生疮，凡羊种以腊月、正月生羔为种者，吉。十一月、二月生者次之。大牢十口二羝，羝少则不孕，多则乱群。

造羊机吉日：宜丁卯、戊寅、己卯、辛巳、甲申、庚寅、壬辰、甲午、庚子、壬子、癸丑、甲寅、庚申、辛酉。

忌天贼、地贼、正四废、刀砧。

镦羊吉日：亦同宜伏断日。

买羊吉日：甲子、丙寅、庚午、丁丑、辛巳、壬午、癸未、甲申、己丑、甲午、庚子、丁巳、戊午。

逐月造羊栈吉日

正月：丁卯、戊寅、己卯、甲寅，外丙寅。

二月：戊寅、庚寅、甲寅。三月：丁卯、己卯、甲申，外己巳。

四月：庚子，外庚午、丙子、丙午、癸丑。

五月：壬辰、癸巳，外乙丑、丙辰。

六月：甲申、壬辰、庚申、辛酉，外辛亥。

七月：甲申、庚子、庚申，外戊甲、壬子。

八月：壬辰，外甲戌、丙辰、壬子、癸丑。

九月：壬戌，外丙戌、癸丑。

十月：庚子，外甲子、庚午、壬子。

十一月：戊寅、庚寅、壬辰、甲寅，外丙辰。

十二月：戊寅、甲寅、乙丑、丙辰，外癸丑。

上吉日，不犯天瘟、天贼、九空、受死、飞廉、血忌、刀砧、大小耗、九土鬼、正四废、凶败日。

造作猪椆

（附修猪椆、安槽、镦猪等事）

造猪椆吉日：宜甲子、戊辰、壬申、甲戌、庚辰、戊子、辛卯、辛巳、甲午、乙未、庚子、壬寅、甲辰、乙巳、戊申、壬子。猪椆门高二尺，阔二尺五寸。

修猪椆吉日：宜用申子辰，切忌正四废、飞廉、刀砧、天贼日。

打猪槽、安槽吉日：宜禄旺在亥及合神重及三合、六合、龙德、天月合日。

买猪吉日：宜甲子、乙丑、癸未、乙未、甲辰、壬子、癸丑、甲辰、壬戌。忌破群日。

出猪凶日:俗忌亥不出猪,又忌破群日。

郭丁杀:三月、四月、七月、十一月忌修猪稠。猪胎正月、二月、十一月、十二月忌修稠。

造猪牢法:按猪宜宫音、大墓辰、小墓戌,大凡属音使用日,第一放寅申水,大旺辰戌,客猪自来,巳水瘦死,午水自契未兼鸡主瘦死,申水旺盛,酉水因猪遭官,戌无一头,亥水绝种,子水无踪。

猪牢放水歌诀

猪牢水流寅,不食自然肥。放去不普失,猛兽不可欺。
水流中地好,放去终不走。猪足先货卖,入钱常是有。
戌亥若低悬,其牢不可安。当防外灾死,何曾卖得钱。
戌亥若长高,其猪得满年。豚子未经久,肚里油似膏。
巳辰有泥汗,其猪走满路。鸣呼不肯归,山上觅宿处。
辰巳领回盘,其猪自满栏。寅上无恶石,虎狼不敢看。
水流入放乾,此年不堪然。牢边十步地,无猪有空栏。
辰巳有高峰,其猪大如龙。子亥山长大,牢内贮不容。
辰戌山肥满,猪子不栏栅。其位怕低垂,猪瘦只有皮。
水流入巽巳,一个也须死。开门辰巳向,虎狼并贼盗。
门向引于酉,水流走更远。更若有其猪,皮骨相连时。
乾坤若不足,辰巳无势时。但存济鸟经,吕才同此用。
术者仔细详,拣择要相当。
六畜肥日:春申子辰,夏亥卯未,秋寅午戌,冬巳酉丑。
六畜瘦日:春巳酉丑,夏寅午戌,秋亥卯未,冬申子辰。
六畜破群日:甲寅、庚寅、壬辰、戊辰、己卯、庚申。

逐月修造猪稠日
(打槽、安槽、镦猪同用)

正月:外丁卯、戊寅、庚寅。

二月:乙未,外戊寅。

三月:辛卯,外丁卯、己巳。

四月:甲子、庚子、甲午,外丁丑、癸丑、戊子、壬子。

五月:戊辰、甲戌、乙未,外丙辰。

六月:外甲申、庚申。

七月:甲子、庚子、戊申,外戊子、壬子。

八月:甲戌,外乙丑、癸丑。

九月:甲戌,外辛酉。

十月:甲子、乙未、庚子,外庚午、辛未、戊子、壬子。

十一月:戊辰、己未,外丙辰。

十二月:甲子、甲戌、壬子,外戊寅、甲寅、壬子。

上吉日,不犯天瘟、天贼、地贼、九空、受死、飞廉、刀砧、血刃、九土鬼、正四废日、伏断、灭没、月刑、月杀、月害、天狗食畜日、瘟星入日、惊走日,惟镦猪宜伏断。

鸡鹅鸭栖

(附修栖、线鸡鸭等事)

造鸡鹅鸭栖吉日:宜乙丑、戊辰、癸酉、辛巳、壬午、癸未、庚寅、辛卯、壬辰、乙未、丁酉、庚子、辛丑、甲辰、乙巳、壬子、丙辰、丁巳、戊午、壬戌,又满、成、开日。

忌刀砧、大耗、小耗、天贼、正四废日、修换日同。

栖门高一尺阔八寸,狐狸杀:大月建日、小月危日。

郭丁杀:正月、六月、十月占鸡栖。忌修换。

逐月造鸡鹅鸭栖吉日

正月:癸酉、庚寅、丁酉,外壬午。

二月:乙未、庚寅,外丁未、己未、癸未。

三月:辛卯,外丁卯、己巳。

四月庚子,外庚午、癸丑、壬午。

五月:乙丑、戊辰、壬辰、乙未、丙辰、壬戌,外癸未。

六月：癸酉、丁酉，外壬申、乙亥、丁亥、庚申。

七月：庚子、乙未，外丙子、戊子、丁未、壬子。

八月：乙丑、戊辰、壬戌、壬辰，外辛丑、癸丑、甲戌、丙辰。

九月：癸酉、丁酉、壬戌，外甲戌、丙戌、辛酉。

十月：乙未、庚子，外甲子、辛未、壬子、壬午、丁未。

十一月：戊辰、庚寅、壬辰、乙未，外癸未。

十二月：庚子，外甲子、乙丑、戊寅、甲寅、壬子。

上吉日，不犯魁罡、勾绞、天瘟、天贼、九空、受死、小耗、大耗、飞廉、血忌、刀砧、九土鬼、正四废、月刑、月害、月杀、瘟星入日、惊走、凶败、灭没日。

买鸡鹅鸭吉日：宜甲子、乙丑、壬申、甲戌、壬午、癸未、甲午、丁未、甲辰、乙巳日。

忌破群日，又酉日不出鸡。

相鸡法：头小、眼高、颈细、身长、齿多为第一。

镦鸡凶日：忌刀砧、飞廉、血支、血忌、受死日。宜伏断日。

抱鸡鹅鸭卵吉日：宜天月德、黄道、生气、益后、福生。

忌月杀、受死、荒芜、月厌、灭没、休废、正四废、大小耗、月破、天瘟、死气、血支、血忌、天地贼、六不成、空亡、闭日、申日。

买纳猫犬
（附契式猫等事）

纳猫吉日：宜天德、月德、生气日。忌飞廉日。宜天德、月德、方入吉。忌鹤神方、飞廉大杀方入。

取猫吉日：宜甲子、乙丑、丙午、丙辰、庚午、庚子、壬午、壬子。

吉日并方	正	二	三	四	五	六	七	八	九	十	十一	十二
天德	丁	申	壬	辛	亥	甲	癸	寅	丙	乙	巳	庚
月德	丙	甲	壬	庚	丙	甲	壬	庚	丙	甲	壬	庚
生气	子	丑	寅	卯	辰	巳	午	未	申	酉	戌	亥

取犬吉日:宜辛巳、壬午、乙酉、壬辰、甲午、乙未、丙午、戊午、丙辰。宜龙虎日。忌戊日。

历法纳六畜吉日:戊寅、壬午、辛卯、甲午、戊戌、己亥、壬子,又成、收日。

镦猫吉日:与逐月吉日同用。宜伏断日。忌刀砧、受死。

纳猫法

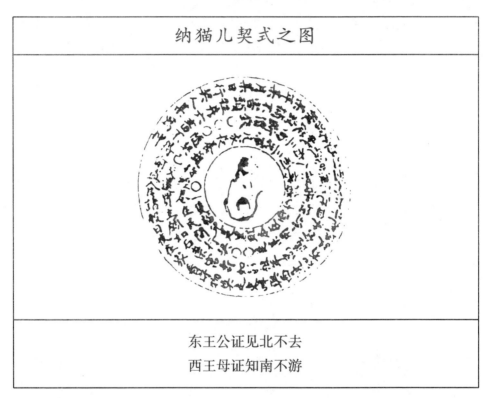

纳猫儿契式之图

东王公证见北不去
西王母证知南不游

一买法用斗桶等物,以袋盛之,毋令人见至其家,讨筋一根和猫置于桶内盛去,每过水沟缺处,将石置之,使不过家。从吉方归,取猫出拜堂灶犬毕。猫筋插于土堆上,使不在家撒粪,然后复床睡,勿令走往为法也。

相猫法

猫儿身短最为良,眼用金银尾用长。

面似虎威声要喊,老鼠闻之立便亡。

爪露能翻瓦,腰长会过家。

面长鸡种绝,尾大懒如蛇。

又法:口中生三坎捉一季,五坎捉二季,七坎捉三季,九坎捉四季,花朝口咬头牲,耳薄不畏寒。纯白、纯黑、纯黄,若猫儿有此毛色不须拣。

看花猫法:身上有花又要四足及尾花缠得过者方好。

逐月买纳猫犬日

正月:乙丑、庚午,外丙午、壬午。

二月:乙丑。

三月:无吉。

四月:甲子、乙丑、庚子,外丙子、壬午、壬子。

五月:乙丑,外戊辰、壬辰、丙辰。

六月:外甲申、庚申。

七月:甲子、庚子,外乙巳、丙子、壬子。

八月:乙丑。

九月:辛未、辛酉。

十月:甲子、庚子、庚午,外丑、未日、壬子、丙子、乙卯、壬午。

十一月:乙丑,外壬子。

十二月:甲子、庚子,外戊寅、甲寅、丙寅、丙子、壬子。

上吉日,不犯勾绞、受死、飞廉、荒芜、灭没、空亡。凡忌往亡、天狗下食、惊走日。

猫儿眼定时诗

猫儿定时有其方,子午卯酉一线长。

寅申巳亥枣核样,辰戌丑未尽皆光。

(新镌历法便览象吉备要通书卷之二十五终)

新镌历法便览象吉备要通书卷之二十六

潭阳后学 魏 鉴 汇述

建府县衙门

（谓造司院、帅府、宫庙、寺桥等事）

黄罗紫檀年月定局

中皇吉	德星吉	荣耀吉	灾坤凶	刑祸凶	奸隶凶
黄罗吉	紫檀吉	宥神吉	伏罪凶	显星凶	狱符凶

黄罗紫檀年月定局，以中皇加太岁月建日辰，阳顺阴逆。

年月日时	阳 年 日 月 时					
	子	寅	辰	午	申	戌
中皇吉○	子癸	寅甲	辰巽	午丁	申庚	戌乾
德星吉○	丑艮	卯乙	巳丙	未坤	酉辛	亥壬
荣耀吉○	寅甲	辰巽	午丁	申庚	戌乾	子癸
灾神凶●	卯乙	巳丙	未坤	酉辛	亥壬	丑艮
刑祸凶●	辰巽	午丁	申庚	戌乾	子癸	寅甲
奸隶凶●	巳丙	未坤	酉辛	亥壬	丑艮	卯乙
黄罗吉○	午丁	申辰	戌乾	子癸	寅甲	辰巽
紫檀吉○	未坤	酉辛	亥壬	丑艮	卯乙	巳丙

(续表)

	阳　年　日　月　时					
年月日时	子	寅	辰	午	申	戌
宥神吉○	申庚	戌乾	子癸	寅甲	辰巽	午丁
伏罪凶●	酉辛	亥壬	丑艮	卯乙	巳丙	未坤
显星凶●	戌乾	子癸	寅甲	辰巽	午丁	申庚
狱符凶●	亥壬	丑艮	卯乙	巳丙	未坤	酉辛
年月日时	丑	卯	巳	未	酉	亥
中皇吉○	丑艮	卯乙	巳丙	未坤	酉辛	亥壬
德星吉○	子癸	寅甲	辰巽	午丁	申庚	戌乾
荣耀吉○	亥土	丑艮	卯乙	巳丙	未坤	酉辛
灾神凶●	戌乾	子癸	寅甲	辰巽	午丁	申庚
刑祸凶●	酉辛	亥壬	艮丑	卯乙	巳丙	未坤
奸隶凶●	申庚	戌乾	子癸	寅甲	辰巽	午丁
黄罗吉○	未坤	酉辛	亥壬	丑艮	卯乙	巳丙
紫檀吉○	午丁	申庚	戌乾	子癸	寅甲	辰巽
宥神吉○	巳丙	未坤	酉辛	亥壬	丑艮	卯乙
伏罪凶●	辰巽	午丁	申庚	戌乾	子癸	寅甲
显星凶●	卯乙	巳丙	未坤	酉辛	亥壬	丑艮
狱符凶●	寅甲	辰巽	午丁	申庚	戌乾	子癸

上将排方所得值星,依阳顺阴逆入中宫,飞见吉凶到方。

排山掌诀

乾六甲　兑七丁己丑　艮八丙　离九壬寅戌
中五

巽四辛　震三庚亥未　坤二乙　坎癸申辰

起例论:以年求月,月求日,日求时,以所得之星入中宫,顺逆飞九宫所得星,吉凶向首得星吉,不问官符、三杀凶神不能为灾。

飞宫排方:使值星入中宫,吉星亦吉,凶星亦凶。假如丙辰年五月庚戌日辰时作丁向,便将中皇加太岁辰上,顺行到月建,午值荣耀入中宫顺行到丁,是刑祸,此月凶。将中皇加月建午上顺行至戌上,是刑祸,即将刑祸入中宫顺飞到丁,是宥神值日,吉。再以中皇加日支戌上,顺行至辰,得黄罗入中宫顺飞到丁,是黄罗值时,吉。此阳年月日例。若阴年月日则逆行,飞宫亦逆顺是阳年得阴月日时,阴年阳得月日时大吉。更用合得起店法。

歌云:年月日时分阴阳,星辰坐处一般详。时人若遇吉星上,高照墟市大吉昌。先取壶中封定坐向了,次将上项星辰合,论得吉星到向吉。

逐月建院司府州县衙门厅堂,并鼓楼儒学吉日同用, 凶星同竖造局

正月:己酉、乙酉、癸酉、丁酉、丙午、壬午、庚午。

二月:乙未、己未、乙亥、丁亥、己亥、癸未、丁未、辛丑、甲申、己丑。

三月:己巳、甲申、癸巳、乙丑、丙申、甲子、丙子、壬子。

四月:己卯、乙卯、癸卯、丁卯、庚午、丙午、癸丑、己丑、甲子、丙子、丁丑、辛卯、壬午、庚子。

五月:丙寅、庚寅、甲寅、辛未、甲戌、辛巳、癸未、丙戌、戊戌、乙未、壬寅、庚戌、己未。

六月:乙亥、甲申、壬申、丙申、辛亥、辛未、丁亥、己未、甲寅。

七月:壬子、戊子、乙亥、辛未、丁未、甲子、戊辰、甲辰、庚子、丙子、庚辰、丙辰。

八月:癸丑、乙丑、己丑、庚辰、辛丑、丁巳、丁丑、乙亥、丙辰、壬辰。

九月:乙亥、辛亥、庚午、壬午、丙午、丁亥。

十月:壬子、辛未、乙未、丁未、甲子、庚子、庚午、壬午、甲午、癸酉。

十一月:甲申、戊申、庚申、丙申、壬申、甲戌。

十二月:戊寅、甲申、庚申、丙寅、丙申、甲寅、己巳、壬寅、乙巳。

上吉日,不犯独火、天火、地火、冰消瓦陷、火星、天贼、地贼、天瘟、正四

废、受死、建、破日、阴阳错日、转杀、伏断、灭没、凶败、十恶大败、天空亡日、杨公忌、荒芜。

逐月建造帅府将坛

吉日新增补入,原本无载。

正月:丙午、丁酉、丙子、辛卯、癸卯。

二月:乙丑、甲申、己亥、辛亥、甲寅、己未。

三月:己巳、癸巳、乙巳、丙子、壬子。

四月:己卯、辛卯、癸卯、乙卯、庚午、壬午。

五月:丙寅、庚寅、甲寅、甲戌。

六月:乙亥、甲申、庚申、丙申、辛亥。

七月:壬子、庚子、丙子、丙辰。

八月:乙亥、己巳、乙丑、庚寅、癸巳。

九月:庚午、壬午、丙午。

十月:壬子、辛未、乙未、甲子、庚子、壬午、甲午。

十一月:甲申、丙申、庚申。

十二月:甲寅、庚申、甲申、丙寅、丙申。

上吉日,不犯兵禁争雄等神凶星,同前避忌。

建造宫观

(与竖造逐月吉日同览)

金华经年月星例(但以诗法起)

金华经年	天罡	道财	道库	经厘	道杀	河魁
	小师	华盖	道禄	紫衣	道刑	道符

以上起年法,各将年建并加天罡,顺行十二位。

金华经月	道教	天师	道流	道坐	上元	三师
	道刑	中元	大清	道耗	下元	道符

以上起月日法,以月建日并加道教,顺行一十二位,论山方值何吉星。

金华经旧本诗例诀

子午年加天罡子,寅申年用道刑方,卯酉子居紫衣位,

辰戌年来道禄长,巳亥每临华盖上,丑未道符子位藏,

顺行十二常加子,有人会者细推详。

起月法:正月起道教,卯酉起下元,三九大清是,四十道刑尊,子午上元位,丑未道流长,十二常加子,达了是神仙。参详经中年家起法,吉凶神仙同,但法起不同。又月家吉凶神位,但起法不同,今依较正前为例。

金华经年方定局

金华经年方定局	子午	寅申	卯酉	辰戌	巳亥	丑未
道财吉方	丑	卯	辰	巳	午	寅
道库吉方	寅	辰	巳	戌	未	卯
华盖吉方	未	酉	戌	亥	子	申
道禄吉方	申	戌	亥	子	丑	酉
紫衣吉方	酉	亥	子	丑	寅	戌

金华经月方定局

	正	二	三	四	五	六	七	八	九	十	十一	十二
天师吉日	丑	卯	巳	未	酉	亥	丑	卯	巳	未	酉	亥
上元吉日	辰	午	申	戌	子	寅	辰	午	申	戌	子	寅
三师吉日	巳	未	酉	亥	丑	卯	巳	未	酉	亥	丑	卯
中元吉日	未	酉	亥	丑	卯	巳	未	酉	亥	丑	卯	巳
太清吉日	申	戌	子	寅	辰	午	申	戌	子	寅	辰	午
下元吉日	戌	子	寅	辰	午	申	戌	子	寅	辰	午	申

修宫观忌年九良星：丁卯、戊辰、己巳、乙亥、己卯、庚辰、丁酉、己亥、己酉、辛亥、癸丑、壬戌，以上十二年占宫观忌修。九良煞亥年占宫观忌修。

建造神庙

（与竖造逐月吉日并览，附神庙图经）

创殿角式：凡殿角之式，垂昂捕序则规安，深昊用枅枓栱相称，深浅阔狭用合尺寸，或地基阔二丈，柱用高二丈，不可走祖，此为大略。

建钟楼格式：凡起造钟楼，用风字脚，四柱并用，车成梗木，宜高大相称，放水不可太低，否则掩钟声不响于四方，更不宜在右畔，合在左边寺廊之下，或有就楼盘下作佛堂，上作平基盘顶结中，开楼盘心透上，直见二作六角栏杆，则风送钟声，远播百里之外，则为妙也。

开山立向神杀，依竖造例同忌。

大王回庙忌局

季	大王		土地		劝首		人户		师人		匠人	
春	大王	辰巳	土地	寅卯	劝首	戌亥	人户	戌亥	师人	未申	匠人	未申
夏		丑寅		巳午		未申		未申		丑寅		辰巳
秋		戌亥		申酉		辰巳		辰巳		丑寅		丑寅
冬		未申		亥戌		丑寅		丑寅		辰巳		戌亥

庙轮经图

神宫吉判官○三台吉庙祖●

直殿● 　　　　社稷●

小娘吉 　　　　左相吉

夫人吉太子●大王●右相吉

每年以年月日时加社稷，假如子年以子加社稷，年上起月，月上起日，日上起时，顺行十二宫，看坐向吉凶，其余仿此类推。

庙移宫向定局

功曹	九司	古乐	香炉	礼拜	神案
神府	天罡	闻讼	村主	神镇	大吉

假如乾向未加功曹,坤向辰加,艮向戌加,巽向丑加,甲乙向子加,丙丁向卯加,庚辛向午加,壬癸向酉加。功曹顺行得吉星吉,常将年月日时加神案,顺行十二位值鼓乐、香炉、礼拜、神符大吉,五位吉,余并凶。

庙轮经年月日时吉凶总断诀

社稷　　夫人厨灶绝命五鬼乡井军贼。

值此难为劝首,社户痢死,遭瘟官事,打死外人,击死决配,离乡退田。近邻女人在庙前自吊,贫子内死,田蚕不收,落水军事。

左相　　税贵库禄田庄唐符大道神会。

值此利益劝首,进田庄生贵子,富贵田园进人,白屋封候,牛马旺,田蚕熟,乡井朱扉,富贵双全,亦主香火大旺。

吉相　　工匠驿马神道福生富贵民户。

值此劝首,前富后贵,社户进田,牛马外保置田庄入及策蚕熟,不生官事,出双白猪,子孙富贵,不招贼盗。

大王　　恶鬼野义罗猴子孙神命神骨。

值此大凶,东南方遭官打死人,近一横生口舌,六畜动瘟,先劝首后匠人,五谷不熟,不可用。

太子　　鬼王五猖雷公口舌。

值此劝首,社户难为,损人丁,明人自缢乡村,破财退田,死人,横生公事,口舌奸非盗贼,西方退财凶。

夫人　　起神六神宝座华盖朝贡僧符。

值此小吉,利益乡村劝首,平和进产,旺盛人丁血财五谷,不生公事,三、五年宝贵,首进田,人户荣昌。

小娘　　郎君左相仓库玉辇录事朝闻。

值此利益，人户劝首，子孙富贵，进业东西二方，出白花牛，连年发积，乡井平静，不生口舌。后出文武官班，田蚕大熟。

直殿　　客将将军县牢乡牢两师退职。

值此，重重公事，乡村退财，人丁少死，劝首卒失牛马，女人产死，田蚕不熟，工匠遭瘟，近邻生灾，西北方打死人，人不顺安。

神宫　　香案惮于鸾必进职红旗大吉。

值此利益社户人口旺盛，生贵子，劝首兴隆，出人富贵，田禾大熟，血财牛马旺，官讼除，人集福高贵马带金鞍。

判官　　劝首州牢童子大败绳锁。

值此，重重口舌，常招贼盗，退田劝首动瘟死绝，血财招客庄起火，打杀人命女人奸，非军投室女怀胎首匠人。

三台　　小娘催官鸾驾玉辇武职大旺。

值此，利劝首乡村发积，生贵子，出官班，人丁旺。客庄倒败，不生公事，黑牛白犊，富贵登利，传名开甲。

庙祖　　官符三煞直符瘟火神垣符官。

值此损劝首，社户遭官少死自吊杀伤瘟火，公事血财乡井大凶。出寡如怀胎，室女生子，蛇虎伤人，近碓打雷伤，聋哑癫邪凶。凡起造殿角，此一局先选利道得十分利益，乡村井邑，人户安静，不生横事，发财。如遇凶年恶月，定生灾逆，起杀伤公事，损师人。推详上、中、下局，不可犯九良星，虽值殿朝而看善恶，不可作商音，便推庙经一局，所选年月日时吉凶，万无一失。

每遇辰、戌、巳、午并三、四、五、九月，大凶。造神宫切须仔细。

金华经日定局

横路（神咒）	郎君	五伤（劝首）	五路（六畜）	大王	神会
夫人（闻讼）	小王	神福	神禁	神禄	使者（户人）

上日例，正七起子二八寅，三九原来却在辰。四十须知午上始，五十一月并居申。六十二月起于戌，横路为头用顺轮。凡人修作社庙、神宫、塑画神像吉日，值神会、神福、神禄三日大吉，劝首、村众平安。若遇大王、小王、郎君三

日,吉星多可用。若遇横路、五伤、五路、夫人、神禁、使者六日,人众不安,百事不遂。旧本七伤,今作夫人。

庙经取日定局

横路	紫气	村主	游岩	香炉	礼拜
官符	神案	神祈	少丁	旺人	火星

上取日,"正七起子二八寅"之例,与前同例,只有四日吉。

庙经取日定局

神怒	神德	神禁	神败	神福	神祸
神怨	神德	神禁	神败	神福	神祸

上取日,"正七起子二八寅"之例同前,若遇得神德、神福星,合此局尤佳。

庙经取时定局

青龙	明堂	天刑	朱雀	金柜	天德
白虎	玉堂	天牢	玄武	司命	勾陈

上取时,寅申日,子卯酉寅辰戌日时,便加辰巳亥三日午时起,子午二日起于申,丑未之日戌时,始青龙为首,顺流行吉凶,黄道同。

庙经取时定局

太乙	地皇	地火	地凶	地吉	地进
地杀	地官	小杀	大杀	进财	大凶

上取时,寅申日子加太乙,卯酉日寅加太乙,辰戌日辰加太乙,巳亥日午加太乙,丑未日戌加太乙,子午日申加太乙,顺行取时。

修神庙忌年:九良星,甲子、亥卯、甲戌、壬午、戊戌、甲辰、丁未、己酉、庚戌、癸丑、庚申十一年占。九良杀:子午卯酉年占神庙,七月占庙。

九良星修庙吉凶年:酉辰戌卯子丑年,更加午岁一周言。修庙整正刑害起,主人六畜起灾瘟。吉年已亥及寅申,更加未上一同论。修宫造庙及装绘,富贵兴隆有万年。

拆庙神不在吉日:丙寅、乙巳、庚午、乙亥、丙子、戊寅、辛巳、癸卯、壬子、庚寅、壬辰、癸巳、戊戌、己亥、庚子、辛丑、壬寅、甲辰、辛亥、壬子、癸丑、甲寅、庚申、壬戌日。

造庙忌日:己卯、庚申是破群,甲寅、庚寅两个寅,壬辰、戊辰两日犯之人,户畜难成。

庙中白虎神:子年丑午日,丑年寅日,寅年申巳亥,卯年酉日,辰年戌日,己年酉亥日,午年子日,戌年辰日,酉年卯巳寅日,亥年巳日,申年巳亥日,名为七煞,犯之杀人。

造庙怕劫杀日:戌年怕酉亥日,亥年怕子戌日,子年怕丑亥日。

破碎歌:寅犯地主大难当,劝首逢申命不长。辰犯大王无灵圣,乡村逢戌起瘟瘴。巳犯时师难躲闪,斩头逢亥见阎王。

入庙吉日:月下除日好驱邪,闭日掩恶劝善家。寅卯定日并执日,月建太岁可避遮。

入庙凶日:日时属木损劝首,日时属金匠人当。日时属火损术者,日时属水损客商。

凶方年	子	丑	寅	卯	辰	巳	午	未	申	酉	戌	亥
众保官符	卯	子	酉	午	卯	子	酉	午	卯	子	酉	午
众栏杀	艮	乾	坤	巽	艮	乾	坤	巽	艮	乾	坤	癸

凶方　　月	正	二	三	四	五	六	七	八	九	十	十一	十二
建方并日	寅	卯	辰	巳	午	未	申	酉	戌	亥	子	丑
破方并日	申	酉	戌	亥	子	丑	寅	卯	辰	巳	午	未
月游刀砧方	申	巳	寅	亥	申	巳	寅	亥	申	巳	寅	亥

神号鬼哭日(安香火吉):戌、未、亥、戌、子、辰、丑、寅、寅、午、卯、巳、辰、

酉、巳、申、行、午、巳、未、亥、申、丑、酉、卯。

木髓杀日(忌伐木):辰、申、子、寅、申、戌、午、未、卯、辰、寅、申、巳、酉、午、未、寅、申、亥、卯、巳、酉、未、辰。

木呼杀日(忌砍山):寅、巳、申、亥、卯、子、酉、午、辰、丑、戌、未。

刀砧:丁、癸、寅、申、乙、辛、壬、丙、丁、癸、寅、申、乙、辛、壬、丙、丁、癸、寅、申、乙、辛、壬、丙。

斧钉杀方:春辰巽,夏丑艮,秋戌乾,冬未坤。

四时忌方:丁癸损申子辰人,甲庚损寅午戌人,丙壬损亥卯未人,乙辛损巳酉丑人。

五凤日(又名五虎血食鸟雀):春庚寅,夏庚午,秋庚申,冬庚子、乙酉。

神归殿日(月恩吉):正丙、二丁、三庚、四己、五戊、六辛、七壬、八癸、九庚、十乙、十一甲、十二辛。

五音忌建庙方:角音乾乙方,商声忌辛伤,徵音丁艮上,宫、羽坤癸方。

豺虎星(伤六畜):岁食忌收成,季月以同行,五月居平定,仲月执破乡。

上并日食死成群,年月日时食尽一坊人。

虫食方:月下当起建,阴成阳定方,此名虫食位,寄语预提防。

寻元射方:甲己射乾乙庚坤,丙辛伏剑向南门,丁壬地户通来往,戊癸寻山逐虎奔。

九梁九柱:欲认九梁九柱星,但从太岁发行程,遁取年甲逢太岁,一梁一柱究荣枯。

上阳年,先梁后柱;阴年,先柱后梁。假如甲己年遁起丙寅、戊辰、己巳为梁柱。

建立社坛

(旧本谓迁安社坛石龛等事)

金华经年月定局

村主	神头	大吉	功曹	社典	鼓乐
香火	礼拜	神案	神符	天罡	闻讼

其法:子年月以子加村主,并用顺行十二宫,其余仿此例推。

金华经:一本只说八向、十二位、水山形势吉凶,今据《历法统宗》,其例云:四建当加村主神,年月日时一顺行,若人晓得金华例,□□□□□□□。

金华经定局

年月日时	子	丑	寅	卯	辰	巳	午	未	申	酉	戌	亥
大吉吉	寅	卯	辰	巳	午	未	申	酉	戌	亥	子	丑
社兴吉	辰	巳	午	未	申	酉	戌	亥	子	丑	寅	卯
鼓乐吉	巳	午	未	申	酉	戌	亥	子	丑	寅	卯	辰
香火吉	午	未	申	酉	戌	亥	子	丑	寅	卯	辰	巳
礼拜吉	未	申	酉	戌	亥	子	丑	寅	卯	辰	巳	午
神符吉	酉	戌	亥	子	丑	寅	卯	辰	巳	午	未	申

修社坛忌年:九良星,甲子、戊戌、庚辰、丁未、庚戌、癸丑、庚申,七年俱占局伤忌。

建师入宅

与竖造逐月吉日同看,忌刑冲刃克,宜命日合贵化支更合宅楼为上吉。

宝楼经年月定局

老君	祖师	兵马	文疏	弟子	水碗
本师	鞭笏	尊主	香炉	神杖	本身

起年月日法云:太岁年年问老君,循行十二年元因。月向本师日求祖,时师检择甚堪愚。

起年法:如子年以子加老君,丑年以丑加老君,顺行。

起月法:如子月以子加本师,丑月以丑加本师,顺行。

起日法:如子日以子加祖师,丑月以丑加祖师,顺行。

上宝楼经月日时法、吉凶神位与前金华经并同。

吉方　　　年	子	丑	寅	卯	辰	巳	午	未	申	酉	戌	亥
祖师吉	丑	寅	卯	辰	巳	午	未	申	酉	戌	亥	子
文疏吉	卯	辰	巳	午	未	申	酉	戌	亥	子	丑	寅
弟子吉	辰	巳	午	未	申	酉	戌	亥	子	丑	寅	卯
鞭笞吉	未	申	酉	戌	亥	子	丑	寅	卯	辰	巳	午
尊祖吉	申	酉	戌	亥	子	丑	寅	卯	辰	巳	午	未
香炉吉	酉	戌	亥	子	丑	寅	卯	辰	巳	午	未	申
鞭笞吉	丑	寅	卯	辰	巳	午	未	申	酉	戌	亥	子
尊主吉	寅	卯	辰	巳	午	未	申	酉	戌	亥	子	丑
香炉吉	卯	辰	巳	竿	未	申	酉	戌	亥	子	丑	寅
祖师吉	未	申	酉	戌	亥	子	丑	寅	卯	辰	巳	午
文疏吉	酉	戌	亥	子	丑	寅	卯	辰	巳	午	未	申
弟子吉	戌	亥	子	丑	寅	卯	辰	巳	午	未	申	酉
吉方日	子	丑	寅	卯	辰	巳	午	未	申	酉	戌	亥
祖师吉	子	丑	寅	卯	辰	巳	午	未	申	酉	戌	亥
文疏吉	寅	卯	辰	巳	午	未	申	酉	戌	亥	子	丑
弟子吉	卯	辰	巳	午	未	申	酉	戌	亥	子	丑	寅
鞭笞吉	午	未	申	酉	戌	亥	子	丑	寅	卯	辰	巳
尊王吉	未	申	酉	戌	亥	子	丑	寅	卯	辰	巳	午
香炉吉	申	酉	戌	亥	子	丑	寅	卯	辰	巳	午	未

凶日:甲子、乙亥,东王公忌,不宜东行。丁酉日,西王母忌,不宜西行。丙辰日,南斗忌,不宜南行。丙寅日,北斗忌,不宜北行。丁酉日,太岁死,不可祀神。戊子日,赵侯死,不宜行兵。壬戌日,天师父死。丙戌日,地师母死。

甲寅日,本师忌。辛亥日,师父死。庚子日,师母忌。以上诸日不宜修建师人宅舍。

殿塔寺院

（与竖造逐月吉日同览,宜忌同前）

佛骨经年月定局

僧命	经藏	大德	徒弟	僧财	佛刑
僧身	衣钵	钵盂	佛日	僧库	佛骨

起例法:以太岁月建加僧命,顺行十二位。

佛骨经旧本歌云:子午年月加僧命,卯酉常加佛口前。寅申年月开僧库,巳亥常逢衣钵连。丑未每临居佛骨,辰戌之位钵盂传。顺游十二常加子,僧命依然连行迁。

其法:子午年以子加僧命,卯酉年以子加佛口,今用佛骨经参详,其中吉凶神位同,但起例不同。至如建尼寺日法,其经中亦无此例,合依今校前例为定。

佛骨经定局图

年月	子午	卯酉	寅申	巳亥	辰戌	丑未
经藏吉方	丑	辰	卯	午	巳	寅
僧财吉方	辰	未	午	酉	申	巳
衣钵吉方	未	戌	酉	子	亥	申
僧库吉方	戌	丑	子	卯	寅	亥

诗断 若修僧身僧命方, 院门凶败见灾殃。失败非横遭牢狱,
三年以后便身亡。徒弟大德修营宫, 修之疾病讼相逢。
牢狱血光田地退, 小师行走动西东。经藏僧财最好修,
兴工大小永无忧。舍钱设供多财入, 僧众和同数百秋。
僧身若遇及僧刑, 犯之枷锁血光生。闻打失脱兼喧争,

频遭官司不曾停。钵盂佛口最凶神，等闲无事也伤人。
自缢血光多疾厄，秽言污话败僧门。僧库衣钵是吉方，
十旬之内进齐粮。定招施主修功德，紫衣大德僧满堂。
佛骨之方是凶神，修之失脱火来亲。少僧不听老僧语，
心怀恶意欲相凌。

择日图局

择日图局

十二月择日局
正七月寅加天王，
八月辰辰加天王，
三九月午加天王，
四十月申四天王，
五十一月戌加天王，
六十二月子加天王。

择日时局

歌云：

寅申来寻虎，卯酉跳龙门，
辰戌龙骑马，巳亥逐猴孙，

子午归逢犬，丑未鼠边行，

　　要识时中宿，与日一向轮。

　　假如正七月、以寅加天王，如未日顺行，值世尊吉。又如亥日仍寅上加天王，寻亥值恶神凶，其余仿此。

诗断

天王值日太堪伤，鬼怪常招降不祥。疾病侵陵多枉死，

僧徒凋落甚情伤。观音之日是凶星，端的今人祸便生。

和尚小师多损折，乡村户户不安宿。金刚值日庆祥临，

僧人常得贵人钦。檀越乡民皆福旺，官取清安泽恩深。

阿难吉宿主欢欣，修日相逢主吉荣。院门从此多兴旺，

进财抬金旺人丁。罗汉凶星不可当，院中从此起灾殃。

口舌宫非难闪躲，连遭疾病痛肝肠。世尊值日自堪当，

施主常逢吉庆昌，院宇僧徒招利益，恢弘声誉播他方。

迦乘之日最利宜，进益招财喜气喜。僧徒名高身职贵，

得逢此宿任施为。喜神童子应三台，进宝田庄仓库开。

檀越僧门添吉庆，常招施主舍香财。圣僧值日足田庄，

自然牛马足阗骈。施主万民加福佑，紫衣惠定四方传。

恶神之日失财多，用事令教门舌逢。僧徒寂莫瘟疫死，

庄田退落主贫穷。善神当日福来亲，院口进入纳财珍。

僧行檀那声价重，禅关牢固保千春。夜叉临位事灾殃，

年年瘟病染颠狂。院门文业终零替，僧行无端事不祥。

玉霄经

玉霄经图

玉霄经选时法：其法以本日辰加师倦顺行,若遇吉时,合四神方为吉。

诀法：

> 玉霄经诀世难逢,
>
> 欲选良时切用通。
>
> 本日但将师倦位,
>
> 日神为吉外兴工。

此局不与诸家年混同,单行可选时准利师。修造兴塑神像交兵传法,系皆十全大利。

王夷甫云：尝有人传至王霄经于世所贵,究其源乃汉之隐士,其文有理,言不俗,间有传之误。吉凶时断见后。

克应云：

> 时逢师倦,事不如愿。医疗无灵,鬼神生怨。
>
> 时逢师降,天神交相。起死回生,门徒兴旺。
>
> 时逢师厄,求谋不得。不见灾厄,也犯军贼。
>
> 时逢师忧,香火休囚。若无口舌,必损猪牛。
>
> 时逢师卖,万事利美。四方贵人,进之以礼。
>
> 时逢师曝,尝谋阻滞。十事九乖,有财不遇。
>
> 时逢师分,口舌伤君。恩中成怨,忤逆宗门。

时逢师利,成重百任。香火盛行,周游遇贵。

时逢师陷,计穷日滥。纵有门徒,自然嫌惯。

时逢师祖,铁锣破鼓。家道潇条,衣食艰苦。

时逢师会,神兵不昧。产业兴隆,声名达外。

时逢师冤,官病相缠。人眷丧失,退落庄田。

总论:论造僧尼院宇、宫观、神庙、社坛、庵堂、师人宇舍,一应开山立向修方,克择年月与俗并一,竖造年月吉凶,逐月吉日同览。

台塔佛骨经说

夫以世尊,生在东方,出在西天。圣化南阁,浮提法轮,住于北方,圣居虚空广大,十方普开。大弘愿救众生之业,须有机玄禅论高坐之位。住持衣钵经藏檀那等位,大通合众行风水,山环水秀,周围朝揖。主建立寺宇,安稳世代,齐馑不歇。有禅定法师紫衣之僧亦出,聪明世世常出,衣禄不绝。凡修造释宇梵殿,须合主首,连年通利,来山坐向,星辰共录。台塔佛骨经,谨列于下层。

修寺院杂忌

红嘴朱雀凶日:己巳、戊寅、乙亥、丙申、丁巳、甲寅、癸亥。

修僧尼寺院忌年:九良星,戊辰、己巳、乙亥、己卯、庚辰、丁亥、癸巳、丁酉、戊戌、己亥、甲辰、丁未、己酉、辛亥、癸丑、壬戌,以上十六年占寺院。

四季九良星:春逢楼殿莫修安,夏季城皇起祸漫。秋季桥头损劝首,冬逢门户主重丧。

三月清明节占庙十一日,四月立夏节占庙九日,九月寒露节占庙任一月,余不吉。

逐月九良星所占:

正月修井:损子生人,占申酉方,犯亥子师人。

二月修院:损丑生人,占辰方,损丑未术人并劝首。

三月修堂:寅、申生人占子方,损申卯戌亥人。

四月修寺观,损六畜、牛马及子生人。

五月修僧堂佛殿:损丑、未生人。

六月修庙:损卯生人及木匠、公事,杀寅、午戌人。

七月修桥:损亥、未生人及劝首术人。

八月修桥:损戌、亥命工匠二命,公事损人亦不少。

九月修五通堂:犯杀牛马、公事。

十月占寺院修之:损术士、匠人,释子凶。

十一月占钟鼓犯:损辰生人及匠人申戌亥命僧道。

十二月在天日月:无忌。

建立桥梁

（与竖造逐月吉日并览）

凡竖立桥梁,其法以水来处为坐,水去处为向。所择年月坐向与起造宅舍一同。如竖桥日只要大轮经合过吉星,须择年月四课相应。如无年月,用合日时相应,大吉。不用寅申巳亥日时,为四绝、四离,盖犯天关地转矣。已成之后择日开桥,来往则用移居入宅归火,吉日同用。

天轮经年月定局

地轴凶	地竖凶	金龙吉	渡河吉	水库凶	金池吉
栏路凶	地禁凶	金华吉	奈河凶	将凶	金合吉

起例诗曰:子午戌亥土,卯酉寅申方。寅申辰巽位,巳亥甲庚乡。辰戌午丁作,丑未子癸场。地轮为起例,术者细推详。

修桥、造桥合天轮经吉方同局。

天轮经年月局

		子	午	卯	酉	寅	申	巳	亥	辰	戌	丑	未
金龙星黄道同		子	癸	辰	巽	午	丁	戌	乾	申	庚	寅	甲

（续表）

	子	午	卯	酉	寅	申	巳	亥	辰	戌	丑	未
渡河星	丑	艮	己	丙	未	坤	亥	壬	酉	辛	卯	乙
金池星金水城同	卯	乙	未	坤	酉	辛	丑	艮	亥	壬	己	丙
金华星金水德同	午	丁	戌	乾	子	癸	辰	巽	寅	甲	申	庚
金合星天地合同	酉	辛	丑	艮	卯	乙	未	坤	己	丙	亥	壬

凡造桥,看坐源流向水去通用。金部罗睺星台塔四顾相应,与黄道日时同。不用寅申巳亥日时,天罡建破细推之,不用水土生旺,桥道易损水,土要衰绝,不要长生。

许真君三元日

蛟龙	河母	水官	精灵	光雾	河伯
水母	济渡	龙王	三官	真君	海神

起例歌曰:正七子上起蛟龙,二八寅上又是踪,三九辰上居水位,四十午上是龙宫,五十一月中宫取,六十二月戌宫轮。

其法:以每月常起蛟龙,顺行二位,余仿此推之,以定吉凶。宜忌同前化吉。

造桥二干吉日:丁、辛二日合泽风大过卦。

造桥六支吉日:丑、卯、辰、未、酉、戌日,不犯四天井,水旺日不用。

造桥四旺凶日:春:乙卯。夏:丙午。秋:辛酉。冬:壬子。

造桥四忌凶日:寅日杀主人,申日杀劝首,巳日杀师人,亥日杀匠人。

立桥忌凶日:四天井、天地转、八风、飞廉、天赦、龙禁、咸池、蛟龙。

安脚忌水土痕,不用长生,只用水土衰败年月日时,逢金音克木凶。若木植衰败水土兴旺,桥道易损,宜用暗金、伏断、建、成、定日及暗金时吉。

修整桥梁路道忌年:九良星,庚申、壬寅二年占。

行桩吉日:甲子、戊子、庚子、乙丑、己丑、辛丑、乙卯、己卯、辛卯、甲辰、戊辰、庚辰、甲午、丙午、己未、辛未、乙酉、己酉、辛酉、甲戌、戊戌、庚戌。

土公赦日：庚午、丁未、丙辰，以上土公败日，不定土公与定磉同。

下石桥吉日：与竖造吉日通用。

上石板吉日：与上梁吉日通用，若上桥板与下石竖桥日同，不必再择。

总论

凡修造僧尼院宇、宫观、社坛、神庙、师人宅舍，一应用开山立向修方，克择年月并与民俗年月日一同。如建桥天轮经宜忌，已截前经，如得吉年月日时，与向通利下石，俱尽一日时之吉。建僧尼寺观宫院、社坛、神庙、师人宅舍，如修作山头方道得吉年月日时，不须俱合吉神到位。若塑绘神像，依前吉日用。

逐月竖桥、下桥石、上石板、行桩通用

正月：己丑、癸丑、甲午、丙午、丁酉，外乙酉、己酉、癸酉、庚午。

二月：乙丑、己丑、癸丑、辛未、乙未、丁未、己未，外癸未、乙未。

三月：壬子、乙酉、己酉、丁酉，外癸酉、庚子、丙子。

四月：戊子、己丑、乙卯、己卯、癸卯、甲子、丙子、庚子、丁卯、甲午、壬午、庚午，外丁丑、辛卯、丙午、戊午。

五月：乙未、己未、辛未、甲壬、丙戌、戊戌。

六月：无吉日。

七月：戊子、壬子、甲子、丙子、庚辰、戊辰、庚子、丙辰、甲辰。

八月：己丑、乙丑、癸丑、辛丑、戊辰、庚辰，外丁丑、甲辰、丙辰、壬辰。

九月：己卯、癸卯、丁卯、辛卯。

十月：乙未、辛未、戊子、壬子、壬戌、甲子、丙子、庚子、甲午、庚午、壬午、丁未、丙戌、戊戌，外戊午。

十一月：无吉日。

十二月：壬子、戊午、甲子、丙子、庚子。

上吉日，过已不犯朱雀黑道、建破、天罡、河魁、天牢黑道、天贼、天瘟、土瘟、天穷、十恶无禄、大败、受死、冰消瓦陷、到消血刃、鲁班跌仆杀、鲁班刀砧、阴阳错、月建转杀、正四废、独火、月火、天火、火星、次地火等凶日。有冰消瓦

解、子午显杀、杨公忌、寅申巳亥日时,忌犯。

塑画神像

（谓雕绘圣塑佛开光、安立香火,附军真容等事）

塑画神像开光吉宿:春秋二季用心、危、毕、张四宿,值日属太阴,吉。夏冬二季用房、虚、昴、星四宿,值日属太阳,吉。

神像起手开光吉日:乙亥、癸未、庚寅、丁酉、壬寅、甲辰、庚戌、辛亥、丙辰、戊午日。

宜天德、月德、天恩、福生、黄道、生气、建、除、满、成、开日。历书云:此日雕刻、绘画神像,必主通灵,又宜七圣、显星、神在日。

神像起手开光凶日:忌伏断、天贼、荒芜、正四废、天地空、六壬空亡、旬中空亡、截路空亡、鬼神空屋日、月厌、黑道。

伏断日宿

子	丑	寅	卯	辰	巳	午	未	申	酉	戌	亥
虚	斗	室	女	箕	房	角	张	鬼	觜	胃	壁

凶日　　月	正	二	三	四	五	六	七	八	九	十	十一	十二
天瘟	未	戌	辰	寅	午	子	酉	申	巳	亥	丑	卯
天贼	辰	酉	寅	未	子	巳	戌	卯	申	丑	午	亥
地贼	子	子	亥	戌	酉	午	午	午	巳	辰	卯	子
神号鬼哭	戌未	亥戌	子辰	丑寅	寅午	卯子	辰酉	巳申	午巳	未亥	申丑	酉卯
天罡钩绞	巳	子	未	寅	酉	辰	午	亥	丑	申	卯	亥
河魁钩绞	亥	午	丑	申	卯	戌	巳	子	未	寅	酉	辰

（续表）

凶日　　月	正	二	三	四	五	六	七	八	九	十	十一	十二
九空空亡	辰	丑	戌	未	卯	子	酉	午	寅	亥	申	巳
独火月火	巳	辰	卯	寅	丑	子	亥	戌	酉	申	未	午
破败次破败	申	戌	子	寅	辰	午	申	戌	子	寅	辰	午
荒芜	巳	酉	丑	申	子	辰	亥	卯	未	寅	午	戌
受死	戌	辰	亥	巳	子	午	丑	未	寅	申	卯	酉
月破	申	酉	戌	亥	子	丑	寅	卯	辰	巳	午	未
建日	寅	卯	辰	巳	午	未	申	酉	戌	亥	子	丑
神隔	巳	卯	丑	亥	酉	未	巳	卯	丑	亥	酉	未
鬼隔	申	午	辰	寅	子	戌	申	午	辰	寅	子	亥
朱雀	卯	巳	未	酉	亥	丑	卯	巳	未	酉	亥	丑
破家杀	巳	子	丑	申	卯	戌	亥	午	未	寅	丑	辰

凶日　　月	正	二	三	四	五	六	七	八	九	十	十一	十二
阴错	庚戌	辛酉	庚申	丁未	丙午	丁巳	甲辰	乙卯	甲寅	癸丑	壬戌	癸亥
阳错	甲寅	乙卯	甲辰	丁巳	丙午	丁未	戊申	辛酉	庚戌	癸亥	壬子	癸丑

鬼神空屋(吉多不忌)：春申，夏寅，秋巳，冬亥。

天地转杀：春乙卯、辛卯，夏丙午、戊午，秋辛酉、癸酉，冬丙子、壬子。

天地正杀：春癸卯，夏丙午，秋巳，冬亥。

正四废：春庚申、辛酉，夏壬子、癸亥，秋甲寅、乙卯，冬丙午、丁巳。

九土鬼：乙酉、癸巳、辛丑、庚戌、丁巳、甲午、壬寅、己酉、戊午。

九丑：壬子、乙酉、戊子、辛卯、壬午、戊午、己卯、己酉、辛酉。离窠：戊辰、己巳、丁卯、戊寅、辛巳、戊子、己丑、辛卯、戊戌、己亥、戊午、壬戌、癸亥。

天地空亡凶日定局

子年	五	六	七	八	正九	二十	三十一	四十二
丑寅年	四十二	五	六	七	八	正九	二十	三十一
卯年	三十一	四十二	五	六	七	八	正九	二十
辰巳年	二十	三十一	四十二	五	六	七	八	正九
午年	正九	二十	三十一	四十二	五	六	七	八
未申年	八	正九	二十	三十一	四十二	五	六	七
酉年	七	八	正九	二十	三十一	四十二	五	六
戌亥年	六	七	八	正九	二十	三十一	四十二	五
天空亡	初一初九十七廿五	初八十六二十初四	初七十五二十初三	初六十四廿二三十	初五十三廿一廿九	初四十二二十廿八	初三十一十九廿七	初二初十十八廿六
地空亡	初五十三廿一廿九	初四十二二十廿八	初三十一十九廿七	初二初十十八廿六	初一初九十七廿五	初八初六二十初四	初七十五二十初三	初六十四廿二三十

凶 日	正七月	二八月	三九月	四十月	五十一月	六十二月
六壬空亡	初五十一十七廿三廿九	初四初十十六廿二廿八	初三初九十五廿一廿七	初二初八十四二十廿六	初一初七十三十九廿五	初六十二十八廿四三十

宜日干生旺有气吉日,如值神号鬼哭,切忌。

绘塑宜杀刃日。

安香火周堂吉日

大月:初一、初二、初三、初六、初七、初九、初十、十一、十四、十五、十七、十八、十九、二十二、二十三、二十六、二十七、三十。

小月:初一、初二、初三、初五、初六、初九、初十、十一、十三、十四、十七、十八、十九、二十一、二十二、二十五、二十六、二十七、二十九。

安香火周堂局

天吉　　害凶　　煞凶

利吉　　　　　富吉

安吉　　灾凶　　师吉

起例:大月初一从安向利,顺轮。小月初一从天向利,逆行。值天、利、安、师、富吉,若与神在日合,大吉。

开神光要合九龙、吉塔、吉日、吉龙便览
(新增补入)

一龙属水。吉日:己巳、丙子、乙酉、辛亥、壬子、庚申、辛酉。

二龙属土。凶日:乙丑、甲戌、乙亥、庚辰、辛巳、癸未、癸巳、甲午、乙未、庚子、壬寅、癸卯、丙午、甲寅。

三龙属木。凶日:丙寅、壬午、壬辰、己未。

四龙属木。甲子、丁卯、戊午、乙卯。

五龙属土。庚寅、己亥、丁巳。

六龙属金。吉日:辛未、丁丑、戊寅、甲申、丙戌、辛丑、己丑、辛卯、戊戌、丁未、己酉、庚戌、丙辰、癸亥。

七龙属金。凶日:庚午、壬午、戊子、丁酉、戊申。

八龙属土。吉日:戊辰、乙巳、甲辰、癸丑、己卯、壬戌。

九龙属火。凶日:癸日、丁亥、丙申。凡塑神像开光要合一龙、八龙、六龙值日为吉,佛必灵圣感应。

逐月塑神像吉日

正月:癸酉、丁酉。

二月:癸未、乙未、己未。

三月:癸酉、丁酉、乙巳。

四月:甲子、乙丑、庚辰、庚子、乙卯。

五月:丙寅、辛未、戊寅。

六月:乙亥、丁亥、丁酉、辛酉、甲寅。

七月:甲辰、甲子、丙辰、壬辰。

八月:乙丑、丁丑、庚辰、壬辰、丙辰。

九月：庚午、丙午。

十月：庚午、辛未、癸未、乙未、丙午、己未、丁未。

十一月：丙寅、庚寅、乙巳。

十二月：甲申、丙申、庚申、丙寅。

上吉日，不犯天瘟、受死、建破、勾绞、天贼、地贼、神隔、九空、独火、朱雀、破家煞、鬼隔、阴阳错、鬼神空屋、转杀、正四废、伏断、九土鬼、九丑、离窠、天地空亡、六壬空亡日。

绘真行乐
（谓写容、图像、行乐图等事）

绘真行乐吉日：甲子、乙丑、丙寅、丁卯、戊辰、己巳、辛巳、壬午、癸未、庚寅、辛卯、壬辰、癸巳、己亥、庚子、辛丑、乙巳、丁巳、庚申、甲申、壬寅、癸卯。并合吉局内天月德等吉神。

大明吉日：辛未、壬申、癸酉、己卯、壬午、甲申、壬寅、甲辰、丙午、己酉、庚戌、丙辰、己未、庚申、辛酉。

天恩吉日：甲子、乙丑、丙寅、丁卯、戊辰、己卯、庚辰、辛巳、壬午、癸未。

天福吉日：己卯、辛巳、庚寅、辛卯、壬辰、癸巳、己亥、庚子、辛丑、乙巳、丁巳、庚申。

吉日 \ 月	正	二	三	四	五	六	七	八	九	十	十一	十二
天德	丁	申	壬	辛	亥	甲	癸	寅	丙	乙	己	寅
月德	丙	甲	壬	庚	丙	甲	壬	庚	丙	甲	壬	康
月恩	丙	丁	庚	己	戊	辛	壬	癸	庚	乙	甲	辛
益后	子	午	丑	未	寅	申	卯	酉	辰	戌	巳	亥
续世	丑	未	寅	申	卯	酉	辰	戌	巳	亥	午	子
福生	酉	卯	戌	辰	亥	巳	子	午	丑	未	寅	申
福厚	春寅			夏巳			秋申			冬亥		
普护	申	寅	酉	卯	戌	辰	亥	巳	子	午	丑	未

（续表）

吉日　　月	正	二	三	四	五	六	七	八	九	十	十一	十二
要安	寅	申	卯	酉	辰	戌	巳	亥	午	子	未	丑
生气	子	丑	寅	卯	辰	巳	午	未	申	酉	戌	亥

凶日　　月	正	二	三	四	五	六	七	八	九	十	十一	十二
天瘟	未	戌	辰	寅	午	子	申	酉	巳	亥	丑	卯
死神	巳	午	未	申	酉	戌	亥	子	丑	寅	卯	辰
死气	午	未	申	酉	戌	亥	子	丑	寅	卯	辰	巳
受死	戌	辰	亥	巳	子	午	丑	未	寅	申	卯	酉
致死	酉	午	卯	子	酉	午	卯	子	酉	午	卯	子
死别	春戌			夏丑			秋辰			冬未		

逐月写真容并行乐图吉日

正月：丁卯、丙子、丙寅、戊寅。

二月：己巳、丙寅、戊寅、壬申、己丑、癸丑、丙子、丁丑、壬寅、甲寅、甲申、癸巳。

三月：甲子、丙寅、壬寅、己酉、乙巳。

四月：丁卯、己卯、辛卯、癸卯、乙卯、庚辰、甲午，外丁丑。

五月：庚辰、庚寅、壬辰、辛丑、丙辰、丙寅、戊辰、乙亥、己卯、辛卯、壬寅、己未。

六月：甲申、庚申、丙申、辛巳、甲寅、丙寅、辛未、丁酉、乙巳。

七月：壬申、甲申，外戊辰、壬午、丙午、庚辰、甲辰。

八月：乙亥、庚寅、辛巳、己亥。

九月：庚午、丙午、甲午、辛未、癸卯、丙戌、丙申、庚申、壬午、辛亥、丙子。

十月：甲子、辛未、庚子、己未。

十一月：庚寅、丙申、壬寅、庚申，外丙寅、戊寅、辛巳、乙巳。

十二月:戊寅、壬寅、甲寅、庚申、丙寅、甲申、丙申,外辛亥。

上吉日,不犯十恶、无禄日、天乙绝气、天地灭没日,并凶局内天瘟、死神等杀。

(新镌历法便览象吉备要通书卷之二十六终)

新镌历法便览象吉备要通书卷之二十七

潭阳后学　魏　鉴　汇述

祭祀鬼神
（谓祭祀家庙、祭祀坟墓、祈福谢土等事）

神在通用吉日：甲子、乙丑、丁卯、戊辰、辛未、壬申、癸酉、甲戌、丁丑、己卯、庚申、乙酉、丙戌、丁亥、己丑、辛卯、甲午、乙未、丙申、丁酉、乙巳、丙午、丁未、戊申、己酉、庚戌、乙卯、丙辰、丁巳、戊午、己未、辛酉、癸亥。宜普护、福生、圣心、敬心。

忌天狗、游祸、寅日、建、破。日时祭不忌。又忌每月初二、初四、初五、初十、二十七。九月初一、初四部禁日，虽系神在，不可祭祀，及天狗下食时。

国立祀皇天后土，正月上旬，神在天德，黄道之日。

祀社稷，春秋仲月，上戊先日，上丁祀孔子。孟春四日祭户。孟夏一日祭社。季夏遇土旺，土王用事祭雷。孟秋一日祭门。季秋霜降日祭旗纛。孟冬一日祭井。

祭土神土公食日：丙寅、丁卯、戊寅、己卯、壬寅、癸卯、甲寅、乙卯、庚寅、辛卯。祭祀坟墓吉日大利，天牛不守冢良日：庚午、辛未、癸酉、戊寅、己卯、壬午、癸未、甲申、乙酉、甲午、乙未、丙申、丁酉、壬寅、癸卯、丙午、丁未、戊申、己酉、辛酉、庚申。

以上皆天牛不守冢日也。宜结墓砌拜坛上吉。

祭河神吉日：庚午、辛未、壬申、癸酉、甲戌、庚子、辛酉。宜除、满、执、危、破、成、开日。

设齐吉日：甲子、乙丑、丙寅、庚午、壬申、甲戌、乙亥、戊寅、辛巳、甲申、乙酉、己酉、辛卯、壬辰、甲午、乙未、戊戌、庚子、辛丑、癸卯、戊申、己酉、乙卯、丁巳、丙辰、庚申、己未。

　　谢土吉日:庚午至丁丑日,甲申至癸巳日,庚子至丁未日,甲寅至癸亥日,并土神入中宫,宜谢土安龙吉。

吉日　　月	正	二	三	四	五	六	七	八	九	十	十一	十二
天德	丁	申	壬	辛	亥	甲	癸	寅	丙	乙	巳	庚
月德	丙	甲	壬	庚	丙	甲	壬	庚	丙	甲	壬	庚
福生	酉	卯	戌	辰	亥	巳	子	午	丑	未	寅	申
普护	申	寅	酉	卯	戌	辰	亥	巳	子	午	丑	未
阴德	酉	未	巳	卯	丑	亥	酉	未	巳	卯	丑	亥
敬心	未	丑	申	寅	酉	卯	戌	辰	亥	巳	子	午
天解	午	申	戌	子	寅	辰	午	申	戌	午	寅	卯
益后	子	午	丑	未	寅	申	卯	酉	辰	戌	巳	亥
续世	丑	未	寅	申	卯	酉	辰	戌	巳	亥	子	午

凶日　　月	正	二	三	四	五	六	七	八	九	十	十一	十二
天贼	辰	酉	寅	未	子	巳	戌	卯	申	丑	午	亥
天罡	巳	子	未	寅	酉	辰	亥	午	丑	申	卯	戌
河魁	亥	午	丑	申	卯	戌	巳	子	未	寅	酉	辰
龙虎	巳	亥	午	子	未	丑	申	寅	酉	卯	戌	辰
受死	戌	辰	亥	巳	子	午	丑	未	寅	申	卯	酉
鬼隔	申	午	辰	寅	子	戌	申	午	辰	寅	子	戌
神隔	巳	卯	丑	亥	酉	未	巳	卯	丑	亥	酉	未
游祸	巳	寅	亥	申	巳	寅	亥	申	巳	寅	亥	申
穴天狗	辰	巳	午	未	申	酉	戌	亥	子	丑	寅	卯
荒芜	巳	酉	丑	申	子	辰	亥	卯	未	寅	午	戌

（续表）

凶日　月	正	二	三	四	五	六	七	八	九	十	十一	十二
天狗下食时	子亥日时	丑子时	寅丑时	卯寅时	辰卯时	巳辰时	午巳时	未午时	申未时	酉申时	戌酉时	亥戌时
天隔忌上表章	寅	子	戌	申	午	辰	寅	子	戌	申	午	辰

祭土地衙奠日（即作神福日）：每月初二、十六日，出《安土地经佛说》也。

逐月祭祀吉日

正月：乙丑、丁卯、己卯、辛卯、乙卯、甲午、壬午、辛未、癸酉、乙酉、丁酉、己酉、丁丑、己丑。

二月：辛未、壬申、甲申、甲戌、丙戌、乙未、丙申、戊申、庚戌、己未。

三月：甲子、丁卯、己卯、辛卯、乙卯、丁巳、壬申、甲申、丙申、戊申、乙酉、丁酉、己酉、辛酉、癸酉、乙巳。

四月：乙丑、乙酉、丁酉、辛酉、己酉、甲戌、庚辰、丙戌、甲午、壬午、丙辰、丙午、丁丑、己丑、戊辰、癸酉。

五月：乙丑、甲戌、丙戌、丁亥、庚戌、癸亥，外丁丑、己丑。

六月：甲子、丁卯、己卯、丁亥、辛卯、乙亥、癸卯。

七月：甲子、丁卯、己卯、戊辰、辛未、庚辰、辛卯、乙卯、乙未、丁酉、丙辰、辛酉、丁未。

八月：乙丑、戊辰、甲戌、庚辰、丙戌、乙巳、庚戌、丙辰、丁巳、丁丑、己丑。

九月：丁卯、己卯、辛卯、甲午、丁亥、乙卯、癸亥，外壬戌、丙午、戊午。

十月：甲子、戊辰、辛未、乙未、甲戌、庚戌、丙戌、甲午、庚戌、丙辰、壬午、丙午、丁未、戊午、己未。

十一月：乙丑、戊辰、辛未、壬申、庚辰、甲申、乙未、丙申、戊申、丙辰、丁丑、丁未、己未。

十二月：甲子、乙巳、甲午、丁巳，外壬午、戊午。

上吉日，祭享家庙，按伊川先生曰：冬至之日，阳至之日，祭始祖立春日，生物之始祭先祖。立秋日，成物之始，祭称名妣配祀。明道先生曰：拜坟则十月一日,拜之感霜降也,寒食则又从常礼祀之。张九韶曰:古人之祭祀求福,非以求福也,将以尽报本之诚意也,是以荐其诚敬,荐其时物而奉其祭祀,故能致鬼神之来格,后世此理不明,其所以祀鬼神者,既无诚敬之心,徙于祈祷之语,如此古人报本之意亡矣。

设齐建醮

(谓设齐建醮、炼度预修因果等事)

设齐吉日:甲子、乙丑、丙寅、庚午、甲戌、乙亥、戊寅、辛巳、甲申、乙酉、己丑、辛卯、壬辰、甲午、乙未、戊戌、庚子、辛丑、癸卯、戊申、己酉、乙卯、丙辰、丁巳、己未、庚申。

忌神隔、龙虎、受死、天狗下食时、伏断、荒芜、凶败、空亡、灭没、破日及本命日。

逐月设齐建醮吉日

正月:庚午、乙酉、甲午、乙未、癸卯、己酉。

二月:甲戌、甲申、乙未,外己未。

三月:甲子、甲申、乙酉、庚子、己酉。

四月:乙丑、庚午、甲戌、乙酉、甲午、辛丑、丁丑。

五月:乙丑、戊寅、辛丑,外丁丑。

六月:乙亥、戊寅、甲申、癸卯、乙卯、庚申。

七月:甲子、庚子。

八月:乙丑、辛丑、丁丑。

九月:庚午、甲午、癸卯。

十月:甲子、庚午、甲午、乙未、庚子、己未。

十一月:乙丑、甲申、乙未、辛丑、庚申、丁丑、己未。

十二月:甲子、甲申、庚子、丙申、庚申。

上吉日,不犯取正、天瘟、天贼、受死、龙虎、鬼神隔、荒芜、灭没日。

男女预修案局

预修吉日：与祈福、祭祀、设斋通用日，并宜天月二德、天月德合、天恩、月恩、上吉、敬心、普护、福生、圣心。逢开日、生气、黄道吉。

卯　寅　丑　子　亥　戌

欢喜案王	宋帝案王	畜类案王	楚江案王	造业案王	秦广案王
福德案院	预修案院	八司案王	三天案王	畜生案王	转轮案王

○男命：从本命上起一十顺行，零年亦顺。

○女命：从本命上起一十逆行，零年亦逆。

泊子、卯、辰、未、申、亥宫吉。

六甲修斋吉凶日

○甲子日，善缘童子于世间检斋，若要设斋还愿者，子孙绵远，招财富贵，大吉。

○乙丑、丙寅日，阿难尊者与天神检斋，若有修斋还愿者，一年内招财进喜，大吉。

●丁卯日，司命神并恶薄童子于世间检斋，还愿者损坏人口，大凶。

●戊辰、己巳日，哪吒太子于世间检斋，若有设斋还愿者，作善返恶，大凶。

○庚午日，青衣童子下界，作福还愿者，大吉。

●辛未日，三命饿鬼下界，作福者主破财，损六畜，凶。

●壬申、癸酉日，司命曹官下界，作福还愿者，主官符，凶。

〇甲戌、乙亥、丙子、丁丑、戊寅、己卯日，马明王菩萨下界，作福还愿者，大吉。

〇庚辰、辛巳日，善财童子下界，作福还愿者，主三年大吉。

●壬午、癸未日，玄武下界，作福还愿者，主一年人口啾唧。

〇甲申、乙酉日，阿弥陀佛下界，修齐还愿，善神拥护，主二年大吉。

●丙戌、丁亥日，朱雀下界，若有还愿者，主官司，大凶。

●戊子、己丑日，受罪司命府君下界，作福还愿，主一年大祸，凶。

●庚寅、辛卯日，大杀神下界，作福还愿者，主口舌，凶。

〇壬辰日，护福无量佛下界，保安还愿者，十倍大利。

●癸巳日，大杀神下界，保安返愿者，主十年不利，大凶。

〇甲午、乙未、丙申、丁酉、戊戌、己亥、庚子、辛丑日，世尊下降，修齐还愿者，主十年大吉。

〇壬寅、癸卯日，诸佛下界，大吉利。

●丙午、丁末日，牛头夜叉下界，作福大凶。

〇戊申、己酉日，千佛下降，作福大吉利也。

●庚戌、辛亥、壬子、癸丑、甲寅、乙卯日，作福还愿大祸，凶。

●丙辰、丁巳、戊午日，牛头夜叉、金刚下界，作福者主失次、口舌、是非，大凶。

〇己未日，诸佛下降，作福还愿者，主大吉。

〇庚申、辛酉日，释迦佛下界，作福还愿者，十分大吉大利也。

●壬戌、癸亥日，袁天罡下世，作福者，主凶，大不利也。

圣忌日凶

丙寅、丁卯，道父忌。丙申、丁酉，道母忌。壬辰、壬戌，北帝忌。戊辰、戊戌，南帝忌。龙虎日、受死日并宜忌，在日用末，宜脚下查看。

祈神作福
（谓建立道场、开设齐醮、技除灾咎、请求福愿等事）

祈福吉日：壬申、乙亥、丙子、丁丑、壬午、丁亥、癸未、己丑、辛卯、壬辰、甲午、乙未、丁酉、壬寅、甲辰、戊申、乙卯、丙辰、戊午、壬戌、癸亥。

宜福生、黄道、天恩、天赦、天德、母仓、上吉、天医、天月德合、月德、次吉。

忌龙虎、受死、天狗、寅日、建、破、平、收日。六戊日忌烧香还福愿。

解冤送船吉日

解冤日：子午朔酉日，寅卯朔戌日，辰巳朔亥日，丑未朔子日，申酉朔丑日，戌亥朔辰日。

报冤日：受死、执收日，谓翻解魔魅事。

送船日：宜以住宅坐山论之，如壬亥山巳内向屋，如申、子、辰日，煞出南方，亥、卯、未日，煞出西方，巳、酉、丑日煞出东方，并吉。惟忌寅、午、戌日，煞在北方，亥、子、丑日，凶。

逐月祈神作福吉日

正月：辛卯、甲午、乙未，外壬午、癸酉、乙酉、辛酉、己酉。

二月：癸未、乙未，外辛未、甲申、丁未、己未。

三月：壬寅，外丙子、己卯、甲子、壬子、丁巳。

四月：甲午、壬辰、丙辰，外丁丑、庚辰、丙戌、丙午、壬午、庚午。

五月：乙亥、壬寅、丁丑、辛丑、辛亥、己亥、庚寅、壬戌。

六月：壬申、戊申、己亥、丁卯、己卯、甲申、庚申、辛亥。

七月：壬辰、丙辰、甲辰，外戊子、甲子、丙子、庚子、壬子、癸未。

八月：壬辰、甲辰、丙辰，外庚辰、丁丑、己丑。

九月：辛卯、甲午，外庚午、壬午、丙午。

十月：甲午、乙未、壬午、戊午、癸未、辛未、庚午、丙午、丁未。

十一月：壬申、戊申、乙未、甲辰、丙辰、庚申、丁丑、癸未。

十二月：庚午、甲午、壬寅、乙巳、庚寅、戊寅、甲寅、戊申。

上吉日，不犯建、破、天罡、河魁、神隔、天狗下食时、伏断、荒芜、凶败、空亡。

求嗣继续

（谓祈求子息等事）

逐月求嗣吉日

宜益后、续世、二德（天德、月德）、神在日，忌用天狗下食时。

正月：乙丑，外丁丑、己丑。

二月：辛未、乙未，外丁未、己未。

三月：坎，甲子、庚子，外丙子、壬子。

四月：庚午、甲午。

五月：坎，戊寅、庚寅、壬寅、甲寅。

六月：壬申、甲申、戊申、庚申。

七月：己卯、辛卯、乙卯、丙辰、庚辰。

八月：甲戌、丙戌、庚戌。

九月：辛巳、乙巳、丁巳。

十月：甲戌、丙戌、庚戌。

十一月：乙巳、丁巳。

十二月：甲子、庚子、戊子、戊寅、庚寅、壬寅、甲寅。

上逐月求嗣继续吉日，不犯天罡、河魁、龙虎、受死、神隔、天隔、游祸、建、破日。

拜表进章

（谓设道场、延生、求嗣、升度、祈福、陈情等事）

纳表进章吉日：甲子、乙丑、丙寅、丁卯、壬申、丙子、丁丑、己卯、壬午、丙戌、己丑、辛卯、壬辰、丙申、丁酉、戊戌、庚子、壬寅、甲辰、丙午、戊申、己酉、庚戌、壬子、甲寅、丙辰、丁巳、戊午、庚申、辛酉、壬戌。宜黄道、福生。

逐月纳表进章吉日

正月：甲子、己卯、辛卯、庚子、己酉，外丙子、壬午、丙午、壬子。

二月：乙丑、甲戌、丙戌、庚戌，外丁丑。

三月：壬寅、甲寅、甲子、庚子、己酉，外丙子、壬子。

四月：乙丑、己卯、丙戌、辛卯、庚戌、辛酉，外丁丑、壬午、丙午。

五月：乙丑、壬寅、甲寅、丙辰，外丁丑。

六月：己卯、辛卯、壬寅、甲寅、庚申。

七月：甲子、庚子、丙辰，外丙子、壬午、丙午、壬子。

八月：乙丑、庚戌，外丁丑。九月：己卯、辛卯、庚申，外丙午。

十月：甲子、庚子、己酉、丙辰、辛酉，外壬午、壬子。

十一月：乙丑、丙辰、庚申，外丁丑。

十二月：壬午、甲寅、庚申。

上祈福吉日，设齐进表章，不犯魁罡、龙虎、受死、天神鬼隔、满、破、戊戌、天门、阳日也。

月将选时局　六阳日局

	天罡	太乙	胜光	小吉	传送	从魁	河魁	登明	神后	大吉	功曹	太冲
子日	卯	辰	巳	午	未	申	酉	戌	亥	子	丑	寅
寅日	巳	午	未	申	酉	戌	亥	子	丑	寅	卯	辰
辰日	未	申	酉	戌	亥	子	丑	寅	卯	辰	巳	午

（续表）

	天罡	太乙	胜光	小吉	传送	从魁	河魁	登明	神后	大吉	功曹	太冲
午日	酉	戌	亥	子	丑	寅	卯	辰	巳	午	未	申
申日	亥	子	丑	寅	卯	辰	巳	午	未	申	酉	戌
戌日	丑	寅	卯	辰	巳	午	未	申	酉	戌	亥	子

月将选时局　六阴日局

	天罡	太乙	胜光	小吉	传送	从魁	河魁	登明	神后	大吉	功曹	太冲
丑日	辰	卯	寅	丑	子	亥	戌	酉	申	未	午	巳
卯日	午	巳	辰	卯	寅	丑	子	亥	戌	酉	申	未
巳日	酉	申	未	午	巳	辰	卯	寅	丑	子	亥	戌
未日	戌	酉	申	未	午	巳	辰	卯	寅	丑	子	亥
酉日	子	亥	戌	酉	申	未	午	巳	辰	卯	寅	丑
亥日	寅	丑	子	亥	戌	酉	申	未	午	巳	辰	卯

上月将选时法：阳日起大吉顺行，阴日起小吉逆行，皆以不日支遁起天罡、太乙、胜光、小吉、传送、从魁、河魁、登明、神后、大吉、功曹、太冲。

天门开闭时

阳日：阴时开，阳时闭。子、寅、辰、午、申、戌为阳。阴日：阳时开，阴时闭。丑、卯、巳、未、酉、亥为阴。上章用。

上选时法，取阴阳日为例，阳日阴时天门开，阴日阳时天门开，若值大吉、小吉、传送、功曹时为佳。如祈福荐拔关发文字，亦依月将选时，用见黄录立成内。

空亡时：甲己日、申酉时。乙庚日、午未时。丙辛日、辰巳时。丁壬日、寅卯时。戊癸日、子丑时。

黄录立成仪择日法
（依信州龙虎山刊本）

崇建大齐要择节会日开坛（谓宿启日及正齐第一由）散坛，更值良日尤佳，虽得吉辰，仍避丙寅、丁卯、丙申、丁酉、戊戌、戊辰及受死、龙虎、天地凶败为善，惟三会日无避忌。若启齐先得吉日，而以后日分或值当避之日，则须不忌。

拜表章忌六戊日，乃天门不开故也，见《名应经》。开发文字忌截路空亡时，值大吉、小吉、传送、功曹为佳。

三会日：正月七日，天曹学迁赏会。七月七日，地府庆生神会。十月十五日，朱府建生大会。

八节日：立春、春分、立夏、夏至、立秋、秋分、立冬、冬至。

五腊日：正月一日天腊，五月五日地腊，七月七日道德腊，十一月一日民岁腊，十二月逢腊日为王侯腊，是王真人授赵真人。

冬至第三戊为腊日，冬至本日值戊为一戊，若三戊在十一月内，须用第四戊为腊日。

小三会日：庚申、尸神、白人、罪过，甲子、太乙、简问、神祇、本命，百神朝身。

四始日：正月一日、四月一日、七月一日、十月一日，是也。

十天逐月下降日：明真科拔度死魂对上品，常以六阳月，每月十日及八节，甲子、庚申，依威仪具法开启。一日、八日、十四、十五、十八、廿三、廿四、廿八、廿九、三十。小尽取廿七日。出《玉清经》。

节会日：甲午，天节；甲申，地节；甲子，人节。甲辰，四时会；甲戌，五行会；丙午，天会；壬午，地会；壬子，人会；丁卯，真仙会；辛酉，星辰会；庚午，日会；庚申，月会；月三日，斗晨会；本命日，万寿会。出《女青律》。

帝酷杀日：正月：庚申，又初二日，二月：辛亥、辛卯，又初九日。三月：甲戌、庚戌，又初十日。四月：癸亥，又十一日。五月：壬子，又十一日。六月：癸丑，又初七日。七月：甲寅，又十二日。八月：又十三日。九月：甲辰，又十三日。十月：丁巳，又初八日。十一月：丙子，又十五日。十二月：丁未、乙未，又十三日。二月、十二月有三犯，余月两犯。

总论

《玄都律》所载上章，忌戊辰、戊戌日。戌为天门，辰为地户，戌将狗辰将龙，遇戌中宫土神，其日太上诸君丈人到校，天下男女，生死善恶，龙游五岳，狗行河梁，中黄犬天神仅守天门，犯者摄人魂魄。若戊辰、戊戌卒有灾病，欲诉告者，但正心端坐，思过悔责，上天悬知，当为宽停。候吉日，上表章，无不如愿。其日或遇三元、三会、八节，本命亦于上章不忌，谓此日正许人忏谢。余日不许章奏，吉人写年月日下，止云天门开时，今人只书写吉时，发行出理最好。盖别有法，谓阳日当阴时，天门开，阴日当阳时，天门开。吾侪不可不知，说见《道门定制》。

论设清醮荐佛事，大杀白虎、雷霆白虎其日入中宫，州县官符其日入中宫，忌在正所用钟鼓动法器，犯之损人。如白虎占中宫，隔日铺设，动法器，若次日入中宫则不忌。昔一人家误用乙未日建醮保病，其日铺神像连落三次，遂病者即死，险也。

奏名传法
（谓部符破券、拨将传法等事）

附释氏传衣钵同，附造雷旗、印剑、令牌、天蓬尺等事。

法官奏名曰：庚申、甲子，三仙官吉。三元日旦，望星下来治律。宜黄道在日、显、曲、传星、天德、月德、益后、续世、守日吉。老君、乙酉日，本香火一行便发。叶靖、庚申日月，三个庚申日香火便行。吴真君丁卯日登香火便行。许真君辛卯日登香火即发。张天师：己丑日七日后香火便行。董仲己卯日一百二十日后香火便行。元皇张赵甲申乙酉度法香火即旺。三元传法日：丙辰日香火即发。忌大败六不成日、隔绝、破日。造雷旗、印剑令尺宜显、曲、传星及天地转杀日，吉。

《金华经》拜受师教法录年月

子生命：未、丑、卯、巳、申年吉，辰年大旺，利六、十二月，一万三千兵度。子、寅、午、酉、戌、亥年凶。

丑生命：寅、卯、子、巳、午、戌年吉，利五、十一月，七万一千兵度。丑、辰、申、酉、亥年凶。

寅生命：辰、巳、未、申、午、吉利二、五、八、十一月，一万一千兵度。寅、卯、午、酉、戌、亥、子、丑凶。

卯生命：未、酉、亥、子年吉，利正、五、九月，三百八十兵度。卯、辰、巳、午、申、戌、寅、丑年凶。

辰生命：巳、酉、戌、子、丑、寅、卯年吉，利三、九月，一千四百七十兵度。辰、午、未、申、亥年凶。

巳生命：午、申、酉、亥、寅、卯、辰年吉，利二、三、六、十二月，七千兵度。巳未戌子丑年凶。

午生命：未、酉、子、卯、辰年吉，利三、六、九、十二月，一千兵度。午、申、戌、亥、丑、寅、巳年凶。

未生命：申、酉、亥、巳、卯年吉，利五、十一月，十万兵度。未、戌、子、丑、寅、辰、午年凶。

申生命：酉、亥、丑、卯、辰、未年吉，利六月，一万兵度。申、戌、子、寅、巳、午年凶。

酉生命：戌、亥、子、卯、未年吉，利正、四、七、十月，二万兵度。酉、丑、寅、辰、巳、午、申年凶。

戌生命：寅、巳、酉、未、辰年吉，利四、十月，七千兵度。戌、子、丑、卯、午、申、亥年大凶。

亥生命：子、丑、卯、未、午、戌年吉，利正、七月，五百兵度。亥、寅、辰、巳、申、酉年凶。

凶日：不宜受师教、行兵、治病。

甲子日东王公忌。乙亥日忌不东行。丁酉日王母忌不西行。丙辰日南斗忌不南行。丙寅日北斗忌不北行。丁酉日太岁死不祀神。戊子日赵侯死不行兵。壬戌日天师父死。丁亥日地师父死。丙戌日地师母死。甲寅日本师死。辛亥日师父死。庚子日师母死。

立坛祈祷

（谓结幡旗、求晴雨等事）

祈雨吉日:丙子、癸未、乙丑、壬辰、癸巳、壬子,宜纳皆水日并申子辰水周日。忌壬申、癸酉、甲子,风伯死日、雨师死日。宜用水溠、金水、天罡、血刃、月孛、紫气交会,主雨。合月将血刃、月孛、土溠、天罡,主雷。

祈晴吉日:宜月孛、太阳、奇罗、燥火,主晴。忌灭没、灭门、受死、荒芜、鬼隔、天隔、神隔、天隔、水隔。祈晴忌火隔。以上详见雷霆祈祷例。

年	子	丑	寅	卯	辰	巳	午	未	申	酉	戌	亥
天乙水星方	子	寅	午	子	亥	酉	子	寅	午	子	亥	酉
月	正	二	三	四	五	六	七	八	九	十	十一	十二
天地灭没星	巳	子	未	寅	酉	辰	寅	午	丑	申	卯	戌
受死	戌	辰	亥	巳	子	午	丑	未	寅	申	卯	酉
鬼隔	申	午	辰	寅	子	戌	申	午	辰	寅	子	戌
神隔	巳	卯	丑	寅	酉	未	巳	卯	丑	寅	酉	未
水隔	戌	申	午	辰	寅	子	戌	申	午	辰	寅	子
死日	戌	亥	子	丑	寅	卯	辰	巳	午	未	申	酉
火隔	午	辰	寅	子	戌	申	午	辰	寅	子	戌	申

祈祀灶神

（谓默奏拜进灶录、附问响卜等事）

祈祀灶神吉日:丁卯、壬申、癸酉、甲戌、乙亥、己卯、庚辰、甲申、乙酉、丁亥、己丑、丁酉、癸卯、甲辰、丙午、己酉、壬亥、癸丑、乙卯、辛酉、癸亥。

宜天德、月德、福生、黄道、正阳、五祥、除、成、开日。每月六癸日、三元日,二、八月社日。忌天狗、游祸、寅日、建、破、平日、灭没、大败日。《礼记》注:孟夏其祀灶,阳极化阴之象,故祀之。

吉日　　月	正	二	三	四	五	六	七	八	九	十	十一	十二
福生	酉	卯	戌	辰	亥	巳	子	午	丑	未	寅	申
正阳	丑	卯	巳	未	酉	亥	丑	卯	巳	未	酉	亥
五祥	戌	子	辰	寅	午	申	戌	子	寅	辰	午	申
祀灶十恶凶	巳午	戌	未申	子	酉戌	寅	亥子	辰	丑寅	午	卯辰	申

凶日　　月	正	二	三	四	五	六	七	八	九	十	十一	十二
天瘟	未	戌	辰	寅	午	子	酉	申	巳	亥	丑	午
天狗开日	子	丑	寅	卯	辰	巳	午	未	申	酉	戌	亥
穴天狗满日	辰	巳	午	未	申	酉	戌	亥	子	丑	寅	卯
游祸	巳	寅	亥	申	巳	寅	亥	申	巳	寅	亥	申
荒芜	巳	酉	丑	申	子	辰	亥	卯	未	寅	午	戌
鬼隔	申	午	辰	寅	子	戌	申	午	辰	寅	子	戌
受死	戌	辰	亥	巳	子	午	丑	未	寅	申	卯	酉
天贼	辰	酉	寅	未	子	巳	戌	卯	申	丑	午	亥
破败	寅	寅	辰	辰	午	午	申	申	戌	戌	子	子
丰至	申	申	戌	戌	子	子	寅	寅	辰	辰	午	午
徵冲	酉	酉	亥	亥	丑	丑	卯	卯	巳	巳	未	未
重折	卯	巳	巳	未	未	酉	酉	亥	亥		丑	丑
绞缝	未	未	酉	酉	亥	亥	丑	丑	卯	卯	巳	巳
害日	辰	辰	午	午	申	申	戌	戌	子	子	寅	寅
天败日	亥子	丑	丑寅	卯	卯辰	巳	巳午	未	未申	酉	酉戌	亥
祭灶凶日	丙午	丁未	初六	丙子	初六	初六	戊子	初十	丁巳	十二	十二	十二

逐月祀灶吉日

正月:己丑、癸丑、丙午,外甲子。

二月:己丑、癸丑、甲戌、乙亥、丁亥、辛亥、癸亥。

三月:己卯、癸卯、乙卯、丁卯、壬申、甲申,外甲子、壬子。

四月:己丑、癸丑、癸卯、己卯、丁卯、乙卯,外甲子。

五月:庚辰、甲辰、甲戌,外丙辰。

六月:癸卯、丁卯、己卯、乙卯、庚辰、癸酉、辛酉、甲辰。

七月:庚辰、甲辰、丙午,外甲子、庚子、丙子、壬子、壬辰。

八月:乙亥、丁亥、辛亥、庚辰、甲辰,外丙辰、壬辰。

九月:甲申、壬申、丙午、癸酉、丁酉,外庚午、庚申、辛酉。

十月:己丑、癸丑、丙午、癸酉、辛酉,外庚午、甲午、辛未、癸未、乙未、丁未、己未。

十一月:壬申、甲申、甲戌、庚辰、甲辰,外庚申、壬辰。

十二月:丁卯、己卯、壬申、乙亥、甲申、乙卯、癸亥、辛亥,外庚申。

鬼谷先生响卜法

　　灶者,五祀之首也,吉凶之柄悉归所主。凡有疑虑,候夜稍静,洒扫凝室,涤釜注水令满,以木杓一个顿于灶上,燃灯二盏,一置灶腹,一置灶上。安镜于灶门边,炷香阴齿,祝曰:维某年、某月、某日、某官,敢执信香,昭告于司命灶君之神,切闻福既有基咎,岂无徵事之先兆,惟神是司以令某伏为某事,衷心营营,罔知攸指,敬干静夜徙薪息,爨涤釜注泉求趋响卜之途,恭候指迷之柄,情之所属,神实鉴之,某不胜听命之至。祷毕,以手拨锅水,令左旋,执杓祝之曰:四纵五横,天地分明,神杓所指,祸福攸分。祝毕,以杓置水上,任其自旋,自定,随杓所指,抱镜出门,不得回头密听旁人言语,即是响卜事,应后方得言之。或干杓柄所指之处无路,则是有阻,宜再占。忌月厌、黑道、神隔日。

　　灶主司命,所谓灶者,五祀之一也。故凡家眷不可灶前怨咒诅骂,不可煮狗肉以秽司命，不可焚畜毛以污灶神。凡此司命皆直奏其事，盖灶不相安则家不宁，人生灾病，致有金鸣之变，自外鸣入内者，吉。自内鸣入外者，凶。然井灶不可相见，夜釜不可缺水。术人到家能言遇去事，皆司报知命。

入室坐禅

（附修养、释丹、鼎行法等事）

宜甲寅、乙卯、日月合、丙寅、丁卯、阴阳合、上吉、黄道、甲子、庚申、成、开日。忌天隔、地隔、六不成、建、破、魁罡日，凶。

修养择预行法：现崔公入药镜，并悟真参同气例，桑门坐禅，甲月守空日、闭日。

募缘题化

（谓题疏、化缘、施舍、建修等事）

宜六合、天财、地财、月财、天富、天贵、天喜、天恩、禄库、天德、月德、天德合、月德合、戌日。忌空亡、赤口、天败、六不成、天耗、地耗、鬼贼、破败、四方耗日、荒芜、灭没、伏断日。

炼丹点黄

（谓抱炉火起炉煎销等事）

宜庚寅、辛卯、金石合、平、定、成、开日、甲子、显星、曲星、传星、上吉、黄道、生气、神在、天月二德、天月二德合、紫微、幽微、少微、天恩、天成、吉庆、成、定日。

忌庚申、辛酉、金石离、火隔、焦坎、破日、正四废、六不成日。春戊辰。夏丁巳、戊申、己巳、丑未、辰也。秋戊戌、己亥、庚子、辛亥。冬戊寅、己卯、癸酉及壬戌、丙戌、乙亥逢土,戊癸、辛巳逢建及日杀反吉。收、闭、晦、朔、上朔、八绝往亡日。以上皆凶,炼丹难成。

铸丹鼎:宜甲子六十之首阳,择黄道、神在、金石合、成日吉星多者。忌六不成、焦坎、金石离、火隔、赤口、破日、凶败、灭没日。

造丹灶:炉同,六戊日取勾陈阳土。六甲日作青龙阳木。六丙日用朱雀阳火。六庚日用白虎阳金。六壬日取玄武阳水。乃以五行合阳土筑坛砌灶。

传炼丹点置宝盂,天照与铸鼎同,地照壬子日,太阴望中尘,人照丙午日,太阳中时针,凡炼丹,无此不能威伏鬼神,以合天地之灵。

云游吉日:宜三月十日,吉。其他月宝、义、专日,吉。制、伐日凶。

宝日:丁丑、丙戌、甲午、庚子、壬寅、癸卯、乙巳、丁未、戊申、辛亥、丙辰,以上吉日。

义日:甲子、丙寅、丁卯、己巳、辛未、壬申、癸酉、甲戌、乙亥、戊午,以上吉日。

专日:戊辰、己丑、戊戌、丙午、壬子、甲寅、乙卯、丁巳、己未、庚申、辛酉、癸亥,以上吉日。

制日:乙丑、甲戌、壬午、戊子、癸巳、甲辰、庚寅、辛卯、乙未、丙申、丁酉、己亥,以上凶日。

伐日:庚午、丙子、戊寅、己卯、辛巳、癸未、甲申、乙酉、丁亥、壬辰、癸丑、壬戌,以上凶日。

桑门游方

（与出行同）

入山采药:宜天仓开日,地仓开日。

天仓开日:正月一日、二月廿五日、三月二十日、四月十六日、五月十一日、六月六日、七月二日、八月廿五日、九月廿一日、十月十六日、十一月十二日、十二月六日。

地仓开日:正月子日、二月丑日、三月寅日、四月卯日、五月辰日、六月巳日、七月午日、八月未日、九月申日、十月酉日、十一月戌日、十二日亥日。

开生坟、合寿木一览

宜正四废、傍四废、天上空亡、天地空亡、旬中空亡、伏断、本命、长生、有气日,其诸家总局,过得七八分可也,不必尽合。忌天地转杀、重复、建、破、平、收、本命、冲克、天瘟、受死、飞气、月廉、死杀、大祸。如寿木忌天火、火星、鲁班刀砧杀。

生坟动土忌土符、土府、土瘟、灭没、荒芜等凶日。

天上大空亡日:丁丑、丁未、戊寅、戊申、癸巳、癸亥、壬辰、壬戌。

正四废日:春庚申、辛酉日,夏壬子、癸亥日,秋甲寅、乙卯日,冬丙午、丁巳日。

傍四废日:春庚、辛日,夏壬、癸日,秋甲、乙日,冬丙、丁日。

杨国忠通天窍吉日:春申、酉日,夏子、亥日,秋寅、卯日,冬巳、午日。

本命纳音生旺有气吉日:金命巳、午、未、申、酉日,木命亥、子、丑、寅、卯日,火命寅、卯、辰、巳、午日,水土命申、酉、戌、亥、子日。

本命纳音入墓凶日:该月同忌,金命忌丑日,木命忌未日,火命忌戌日,水、土命忌辰日。

六甲生人月日空亡:甲子旬人戌亥空,甲戌旬人申酉空,甲申旬人午未空,甲午旬人辰巳空,甲辰旬人寅卯空,甲寅旬人子丑空。

天地空亡日:亥、戌、酉、未、申、午,天空。辰、巳、卯、丑、寅、子,地空。

法以太岁起正月,月上起初一,逆行而上,遇午为天空,宜合寿木,遇子为地空,宜开生基。

安寿木吉方:宜天月德、月空方,年月俱利要月见双月即利,年见双年即利。

安寿木凶方:寅午戌人寅卯辰方,申子辰人申酉戌方,巳酉丑人巳午未方,亥卯未人亥子丑方。

求医疗病

（谓用针灸、服药饵、施禁咒、治诸病等事）

求医疗病吉日：己酉、丙辰、壬辰，宜天医、天后、天巫、生气、普护、要安、破、除、成、开日。忌死神、死气、致死、游祸、月害、月厌、月杀往亡、气往亡、朔、望、弦、晦、灭没、建、平、满、收。

合药吉日：戊辰、己巳、庚午、壬申、乙亥、戊寅、甲申、丙戌、辛卯、乙未、丙午、辛亥、己未，宜除、破、开日。忌辛未、扁鹊死日。

服药吉日：乙丑、壬申、癸酉、乙亥、丙子、丁丑、壬午、甲申、丙戌、己丑、壬辰、癸巳、甲午、丙申、丁酉、戊戌、己亥、庚子、辛丑、戊申、己酉、癸丑、辛酉。宜破、除、开日。忌游祸日、满日、未日。一云：男忌除日，女忌破日。

针灸吉日：丁卯、庚午、甲戌、丙子、丁丑、壬午、甲申、丙戌、丁亥、辛卯、壬辰、丙申、戊戌、己亥、庚子、辛丑、甲辰、乙巳、丙午、戊午、戊申、壬子、癸丑、乙卯、丙辰、己未、壬戌。宜天医、要安、除、破、成、开日。忌血忌、血支、灭没、辛未、白虎、受死日。

按《明堂经》云：忌月厌、月杀、月刑、死气、独火。又云：建日不治头，闭日不治目。男忌除日，女忌破日。《秘要》云：男忌戌日，女忌巳日。

针灸妊妇，五月胎神占身忌之。

吉日　　　月	正	二	三	四	五	六	七	八	九	十	十一	十二
天医	戌	亥	子	丑	寅	卯	辰	巳	午	未	申	酉
天后	申	巳	寅	亥	申	巳	寅	亥	申	巳	寅	亥
普护	申	寅	酉	卯	戌	辰	亥	巳	子	午	丑	未
生气开日	子	丑	寅	卯	辰	巳	午	未	申	酉	戌	亥
要安	寅	申	卯	酉	辰	戌	巳	亥	午	子	未	丑
除日女宜	卯	辰	巳	午	未	申	酉	戌	亥	子	丑	寅
破日男吉	申	酉	戌	亥	子	丑	寅	卯	辰	巳	午	未

凶日 ＼ 月	正	二	三	四	五	六	七	八	九	十	十一	十二
白虎黑道	午	申	戌	子	寅	辰	午	申	戌	子	寅	辰
死神	巳	午	未	申	酉	戌	亥	子	丑	寅	卯	辰
死气	午	未	申	酉	戌	亥	子	丑	寅	卯	辰	巳
致死	酉	午	卯	子	酉	午	卯	子	酉	午	卯	子
游祸	巳	寅	申	亥	巳	寅	申	亥	巳	寅	亥	申
月害	巳	辰	卯	寅	丑	子	亥	戌	酉	申	未	午
往亡	寅	巳	申	亥	卯	午	酉	子	辰	未	戌	丑
月厌	戌	酉	申	未	午	巳	辰	卯	寅	丑	子	亥
月杀	丑	戌	未	辰	丑	戌	未	辰	丑	戌	未	辰
除日	卯	辰	巳	午	未	申	酉	戌	亥	子	丑	寅
破日	申	酉	戌	亥	子	丑	寅	卯	辰	巳	午	未
满日	辰	巳	午	未	申	酉	戌	亥	子	丑	寅	卯
闭日 血支同	丑	寅	卯	辰	巳	午	未	申	酉	戌	亥	子
血忌	丑	未	寅	申	卯	酉	辰	戌	巳	亥	午	子
火隔	午	辰	寅	子	戌	申	午	辰	寅	子	戌	申
死刑		戌			丑			辰			未	

气往亡日:立春后七日,惊蛰后十四日,清明后廿一日,立夏后八日,芒种后十六日,小暑后廿七日,立秋后九日,白露后十八日,寒露后廿七日,立冬后十日,大雪后二十日,小寒后三十日。

逐月求医治病吉日

正月:甲子、丁卯、壬申、己卯、甲申、辛卯、丙申、庚子、癸卯、戊申、乙卯、庚申、戊子、壬子、丙子。

二月:乙丑、乙亥、丁亥、己亥、辛丑、辛亥、癸亥,外丁丑、己丑、癸丑。

三月:甲子、丙寅、己巳、癸酉、戊寅、辛巳、乙酉、庚寅、癸巳、丁酉、庚子、壬寅、乙巳、己酉、甲寅、丁巳、辛酉,外丙子、戊子、壬子。

四月:乙丑、丁卯、庚午、己卯、辛卯、甲午、辛丑、癸卯、乙卯,外丁丑、己丑、壬午、丙午、癸丑、戊午。

五月:戊辰、庚辰、壬辰、甲辰,外丙寅、戊寅、庚寅、壬寅、甲寅、丙辰。

六月:乙丑、丁卯、己卯、辛卯、辛丑、癸卯、乙卯,外壬申、甲申、丙申、戊申、庚申、丁丑、己丑、癸丑。

七月:丙寅、戊寅、庚寅、壬寅、甲寅。

八月:己巳、辛巳、癸巳、乙巳、丁巳。

九月:庚午、壬申、甲申、甲午、丙申、戊申、庚申,外壬午、丙午、戊午、癸亥、乙亥、丁亥、己亥、辛亥。

十月:己巳、癸酉、辛巳、乙酉、癸巳、丁酉、乙巳、丁巳、辛酉、己酉。

十一月:乙丑、壬申、甲申、丙申、辛丑、戊申、庚申,外丁丑、己丑、癸丑、庚午、壬午、戊午、丙午。

十二月:丙寅、辛未、戊寅、乙亥、庚寅、丁亥、壬寅、己亥、甲寅、辛亥、乙卯、癸亥。

神农经

九宫尻九神:一岁起坤自上,坤踝,震牙指,巽头口乳中肩尻,乾背面目。而下周而复始,兑手、肘,艮腰、头,离膝、肋,坎脚、肘、肚。

九部人神:一岁起脐,一岁一字,周而复始。

脐 心 肘 咽 口 头 脊 腰 足

十二部人神:一岁起心,同前。

心 喉 头 肩 背 腰 腹 项 足 膝 阴

干日人神:甲头,乙喉,丙肩,丁心,戊腹,己脾,庚腰,辛膝,壬胫,癸足。

支日(所在忌):子日目,丑日腰、耳,寅日胸,卯日脾、鼻,辰日腰、膝,巳日手。

人神(针灸今人用此):午日心,未日头、手,申日头、背,酉日背,戌日头、目,亥日头、项。

四季人神：春左肋，夏在脐，秋右肋，冬在腰。

逐日人神所在忌针灸

一日在足大指，二日在外踝， 三日在股内，

四日在腰， 五日在口， 六日在手，

七日在内踝， 八日在胸腕， 九日在尻，

十日在腰背， 十一日在鼻柱，十二日在发际，

十三日在牙齿，十四在胃腕， 十五日在遍身，

十六日在， 十七日在气冲，十八日在股内，

十九日在足， 二十日在内踝，廿一日在手小指，

廿二在外踝， 廿三在肝足， 廿四在手(阳阴)，

廿五在足阳明，廿六日在胸， 廿七日在膝，

廿八日在阴， 廿九日在膝胫，三十日在足踝。

逐月针灸吉日

正月：庚子、壬辰、甲辰、丙辰、丁卯、辛卯、乙卯、甲申、丁亥、己亥，外丙子、壬子、己未。

二月：庚子、辛丑、丁卯、辛卯、乙卯、乙巳、庚午、丁亥、己亥，外丙子、壬子、丁丑、癸丑、壬午。

三月：庚子、壬辰、甲辰、丙辰、庚午、丁巳、乙巳、己己，外丙子、壬子、壬午、丙午。

四月：丁卯、辛卯、己卯、庚午、甲戌、丙戌、戊戌、丁亥、己亥，外壬午、丙午。

五月：壬辰、甲辰、丙辰、丁亥、己亥，外己未。

六月：丁卯、辛卯、乙卯、甲申、丁亥、己亥，外己辛。

七月：庚子、乙巳、甲申、甲戌、丙戌、戊戌，外丙子、壬子。

八月：庚子、辛丑、乙巳、庚午、丁亥、己亥，外壬子、丙子、壬午、丙午、丁丑、癸丑。

九月：庚子、辛卯、丁卯、乙卯、庚午、甲申，外壬子、丙子、丙午。

十月：丁卯、辛卯、乙卯、壬辰、甲辰、丙辰、乙巳、庚午，外壬午、丙午。

十一月：庚子、辛卯、辛丑、丁卯、乙卯、壬辰、甲辰、丙辰、乙巳、甲申，外丙子、壬子、丁丑、癸丑。

十二月：辛丑、丁卯、辛卯、乙卯、乙巳，外丁丑、癸丑。

按：三月原有丁丑、辛丑、癸丑。五月甲申。七月丁卯、辛卯、乙卯。八月己未。九月丁亥、己亥。三月己亥、丁亥，亦可备用。

上吉日，不犯死气、死神、致死、月害、白虎、黑道、月厌、月杀、死别、血支、血忌、闭日、火隔。男忌戊日，女忌己日。

总论

论人得病，以药疗之，以针灸补泻，卒然有疾，岂待择日而求医服药？然先贤必用择日，欲人之不轻服也。至如针灸详逐日人神所值之处，尤宜避之。

论人神每月十五日在遍神，二十八日在阴及朔、望、弦、晦、甲子、庚申，本命合丙丁日、四立、二至、二分日，并雷电狂风猛雨之时，火光之下忌行房事，皆令人生疾。又且元阳易衰，妊子亦生愚夫，及大病初瘥，若不避忌，再复难医，切宜戒之。

针灸杂说：凡灸以日午以后方可下火，谓阴未至午前平旦谷气虚，令人癫眩，不可针灸，谨之大概如此。卒病又不可拘此。若遇阴雾大起，风雷忽降，猛雨、炎暑、雷电、虹霓暂停时候再灸，灸之际，不得伤、饱、失饥、饮食硬物，不可思虑、忿怒、呼斗、骂詈、嗟叹。一切不详，忌之大吉。

瘟鬼所在

（谓入瘟家问病、瘟鬼占处所忌等事）

初一在中庭，初二在东壁下，初三在大门，初四在中门，初五在外，初六在东壁下，初七、初八在西壁下，初九、初十在外，十一在西壁下，十二在房中，十三在房中，十四南方路上邸客，十五后门候客，十六在灶前，十七在病人床上，十八在中庭，十九在灶前，二十在灶宫，廿一在西方果树下，廿二在堂前，廿三在路等诸客六亲，廿四在东方候客，廿五在路等师人，廿六在树下，廿七在病人床边，廿八在北方井边，廿九在庙，三十在病人床上。

逐时瘟神出入
（姑存俗览）

子日：午时入申时，出在大门。丑日：未时入酉时，出在大厅。

寅日：申时入戌财，出在前宅。卯日：酉时入亥时，出屋中病人身上。

辰日：戌时入子时出在药店。巳日：亥时入丑时出在后门。

午日：子时入寅时出在中厅。未日：丑时入卯时出在东方。

申日：寅时入辰时出在东方。酉日：卯时入巳时出在病人身床。

戌、亥日：西南北方，申时入在病人门户。

送瘟疫日时灾吉凶诗断

甲子送神神便去，乙丑不去损人凶。丙寅直向南方去，
送瘟之后主兴隆。丁卯戊辰主人凶，己巳南方千里通。
庚午辛未伤人命，壬申癸酉不回踪。甲戌须教大难当，
乙亥丙子去西方。丁丑戊寅千里外，己卯直去不回藏。
庚辰辛巳永无妨，壬午癸未去西安。甲申乙酉与丙戌，
送瘟去后却回旋。丁亥送神仍旧病，戊子己丑去西行。
庚寅辛卯壬辰日，三四五人不安宿。癸巳送神杀长子，
甲午损人不须评。乙未丙申与丁酉，送去八十里回侵。
戊戌己亥主半吉，庚子辛丑西不归。壬寅送神不肯去，
癸卯大吉永无危。甲辰乙巳三日亏，丙午丁未南行利。
戊申送神神又转，己酉庚戌吉无疑。辛亥壬子并癸丑，

甲寅乙卯病仍甲。丙辰丁巳不回还，戊午伤人送不周。
己未小口二人忧，损师庚申及辛酉。壬戌癸亥损人丁，
仙人口诀宜遵守。

（新镌历法便览象吉备要通书卷之二十七终）

新镌历法便览象吉备要通书卷之二十八

潭阳后学　魏　鉴　汇述

生人魂印法

金丑、木未、火戌、水土辰。

只此山头起例难，更将音徵五行飞。山久若用生魂印，

二年相促入泉扉。金生巳酉丑魂灵，不犯尸魂更安宿。

水土申子辰局是，尸魂入墓土非迟。更有木星亥卯木，

犯着儿孙相逐移。火生寅午戌生魂，儿孙不犯入金门。

犯着当年定须卒，生魂入墓不堪闻。午生丁亥及丁未，

干年记取其中义。甲生乙未不堪言，六十日内入黄泉。

酉生辛丑不堪作，犯着令人见消索。戌生壬戌大难当，

亥生癸酉切须防。子生莫犯己酉日，丑生乙丑莫商量。

时人不晓其中诀，便见灾殃不可禳。生人魂印今留下，

术者须知仔细详。

妙行真人游魂年定局

游魂	催官	长命	黄泉
生气	益福	催尸	延年
迎财	灭魂	喜隆	增龄

每以命支如游魂,顺数而下,子年卯、酉生命忌子、午、卯、酉年,寅、申、巳、亥生命忌寅、申、巳、亥年,辰、戌、丑、未生命忌辰、戌、丑、未年。

白鹤仙人传唐贞观三年,进士王可崇开生坟法,屡有明验。法以姓音取长生墓库,用青龙上天宜开坟,白虎入地,宜葬亡者。亦从命音旺处起甲子,顺行九宫遇本命上起一十至开生基之行年住处起正月月上。起日日上起时且如崇可母甲子年四十四岁,取十月十二日未时开生基,王姓属商音,卷在辰巽巳上,就一十起巽、三十中、二十乾、四十兑、四十一艮、四十二离、四十三坎、四十四坤,就坤上起,正月,顺飞十月到坤,就坤上起初一,飞十二日到巽。就巽上起子时,飞未时到坤。是年月日时到坤巽,令青龙上天之吉。又如甲子命长生在巽,就巽上起一十,二十中、三十乾、四十兑、四十一艮、四十二离、四十三坎、四十四坤。却以本命宫起正月,飞十月到坤,就坤上起初一,十二日到巽,又巽上起子时,未时到坤,俱合青龙上天,余仿此。

寿木生坟备要

（谓作生坟、合寿木等事）

杨救贫催尸图

申	酉	戌 甲子 甲戌	亥
未 甲申 甲午			子
午			丑 甲寅
巳	辰 甲辰	卯	寅

其法不问男女,甲子、甲戌旬人一十起戌。甲申、甲午旬人一十起未。甲辰旬人一十起辰。甲寅旬人一十起丑。十一未逐位顺行,遇辰戌丑未为正杀凶。

阎王催尸煞例

乾凶　　兑吉　　艮凶　　离吉

中吉

巽凶　　震吉　　坤凶　　坎吉

男一岁起震宫顺行,女一岁起兑宫逆行。值坎、离、震、兑、中宫吉,余凶。

九轮催尸煞例

坤凶　　兑吉　　乾凶

离吉　　中凶　　坎吉

巽凶　　震吉　　艮凶

起例:男命一十起艮顺飞,女命一十起坤逆飞。

命龙星局

地福吉　大长生　土星吉　墓绝凶　火长生　　天喜吉

瘟星凶

紫气吉　金长生　木星吉　病死凶　水土长生　福星吉

上本命纳音长生上起甲子,男顺行,女逆行。如甲午命,金人紫气上起甲子,男顺寻本命在兑一岁戌顺行四十到坤,值病、死凶。女命依例逆行。

捷法:不用年数,金生人遇辰、戌、丑、未年,木生人遇寅、申、巳、亥年,火、水、土生人遇子、午、卯、酉年不利,瘟星墓绝病死凶。

论合寿木

十二命纳音长生运

申水土申	酉旺	戌墓	亥木生
未墓			子旺
午旺			丑墓
巳金生	辰墓	卯旺	寅火生

此例起法:各从本命纳音五行生处起,甲子顺寻至本命住,却又从本命上起一岁节上顺数,遇生旺则吉,逢墓则凶。男女同例。

八宫催尸

坤香炉	兑如意	乾黄泉
离火把		坎路口
巽旋甲	震官木	艮贵人

男生年一十起乾宫黄泉顺行,零年亦顺,女生年一十起坤宫香炉,逆行零年亦逆,遇贵人香炉如意吉。

黄泉当年死,路口卖他人。棺木葬儿妇,旋旋理子孙。

火把为人借,吉利逢内人。香炉生贵子,如意进金银。

催尸杀

长生吉	催尸凶	五鬼凶
棺椁凶		青龙吉
男女凶	福禄吉	鬼门凶

起例:男一十起兑宫催尸顺行,零年亦顺。女一十起震宫福禄逆行,零年亦并青龙、长生、福禄吉。

狗迹三元

	左厢吉	
盖凶		底凶
	右厢吉	

起例:男一十起盖,向左厢顺行,零年亦顺。女一十起底,向左厢逆行,零年亦逆。值左厢、右厢吉,底、盖凶。

丁线虎日

利_吉　　　进_吉　　　催尸_凶

延年_吉　　大延年_吉　　御尸_凶

男从右数左,女从左数右,并起一岁轮数。

四宫催尸

福庆_吉　　　　催尸_凶

讼笔_凶　　　　延年_吉

起例:不问男女,巳酉丑人讼笔起,申子辰人福庆起,亥卯未人催尸起,寅午戌人延年起,并起一十,零年亦顺行。

催尸大杀

坤_{大败}　兑_{福寿}　乾_{凤凰}

离_{狮子}　　　　坎_{麒麟}

巽_{长生}　震_{进田}　艮_{催尸}

纳音长生起木生起乾,火生起艮,金生起巽,水土生起坤,各起一十逆行,零年亦逆。假如甲子生人纳音金,就在巽上起一十,逆行十一年,二十二在坤,遇生旺吉。

上马杀年

巳

午

未　　　　　上马杀年巳上起,不问男女皆顺移。巳午未申四宫轮,遇午上马杀当知。

申

上马杀日

巳　午　未　申

假令四十二岁,三月初五日合寿木,就巳上起一十,午二十,未三十,申四十,巳四十一,午四十二,是上马年。又未上起正月,申上二月,巳上三月,又从午上初一,未初二,申初三,巳初四,午初五,是上马杀日,余仿此。

四宫年月

兑金堂吉

离朱雀凶　　　　　　　　　坎玄武凶

震玉堂吉

男起玄武顺行,女起朱雀逆行。如男五十四岁,四月初四日卯时合寿木,一十起坎,二十震,三十离,四十兑,五十坎,震上起正月数至四月亦在坎震上起初一,数至初四亦在坎前一位,震起子时至卯时。又在坎凶,合震兑宫吉。一云:男忌玄武为盖,妇忌朱雀为底,年月日时俱在坎离,为之四并齐足凶。

以上十二家起例并论合寿木,内有九家立成定局在后,外三家例十二宫长生运,四宫年月,上马杀日,此三条事头多端,难作定局用者,君子谓白捡看。

论开生坟

王可崇九龙星

乾木车凶　　兑死败凶　　艮金库吉　　离狮子吉
中紫袍吉
巽血光凶　　震金华吉　　坤天仙吉　　坎飘蓬凶

上起法:上元男坤宫,中元男中宫,下元男艮宫,各起一十顺行。上元女坎宫,中元女兑宫,下元女巽宫,各起一十逆行,零年俱同。

九宫运

乾吉戌火库　　兑凶　　艮吉丑金库　　离吉
中凶
巽凶辰水土库　　震凶　　坤凶未木库　　坎吉

1659

其法:男一十起艮顺数,零年亦顺。女一十起坤逆数,零年亦逆数。坎、乾、艮、离吉。又法:自九宫本命墓上起甲子,逆寻本命落何宫,即就其宫起一十,不问男女,零年皆逆行,逢命纳音墓凶,余宫值墓不忌。

四轮经

太阴_吉　　延寿_吉　　男一十起太阳顺行,零年亦顺。

休停_凶　　太阳_凶　　女一十起太阴逆行,零年亦逆。

以上三家起例,九龙星、四轮经,有立成定局在后,九宫运难立局。

治寿棺之法

朱子曰:治棺油杉为上,柏木次之,土杉为下。其制方直头大足小,仅取容身,勿令高大及为虚誉高足内外皆为灰漆,以炼熟淋米灰铺其底四寸许,加七星板,其曰:沥青钉钚则恐未然。又曰:虽难得吉地,而葬之不厚,藏之不深,则兵戈乱离之际,无不遭罹发掘暴露之变。此又其所当虑之大者。

彭氏曰:灌以松脂,宜于北方,江南用之,适为蚁房,而钉钚亦能引水,其木易为腐朽,则在孝子自考焉。

合寿木开生坟诸家吉凶年定局

有图者犯催尸上马杀,忌合寿木。

男女位
杨救贫催尸
八宫长生运

主宫长生运

阔王催尸
九轮催尸

八宫催尸

催尸杀
狗迹三元
丁线虎口三元

四宫催尸

催尸大杀

王可　上元
崇九　中元
龙经　下元
四轮经

外有十二宫运,四宫年月,上马杀日九宫运,此四家起例难入总局。

开生坟吉凶日

甲子日，金木命吉，水土命凶，申子辰生人，魂印入墓。乙丑日，巳酉丑亥命人乃名催尸之日，金生人魂入墓凶。丙寅、丁卯日五音皆吉。春转杀不利，余吉。戊辰日辰生人，辰年催尸大杀不吉。己巳日，主牛尾白矮十全大吉。庚午日，夏凶。辛未日，亥卯未木，金人凶。壬申日，五音不吉。癸酉日五音吉，秋凶。甲戌日，寅午戌人，甲戌命土呼凶。乙亥日五音吉，秋凶。丙子日水土命入墓，冬凶，余吉。丁丑、戊寅日五音凶。己卯日春凶，余吉。庚辰日申子辰生宫羽音不用，辛巳、壬午、癸未日，亥卯未命夏月凶。甲申、乙酉日，秋凶，余并吉。丙戌、丁亥、戊子日，水土命入墓，秋转杀。己丑日，商角音吉，余凶。庚寅日皆吉。辛卯日，春凶，余并吉。壬辰日，寅生人不用，冬凶。癸巳、甲午、乙未日，亥卯未命上随杀，春夏。丙申日，皆凶。丁酉日火命凶，余吉。戊戌日，火命人土随杀，凶。己亥、庚子日，土公败卯命犯上，随水土人忌。辛丑、壬寅、癸卯、甲辰日，庚戌命凶。乙巳日辛亥命凶。丙午日，火命入墓，凶。丁未日，冬凶，余吉。戊申日，吉。十月受死，凶。己酉日吉，火命秋凶。庚戌、辛亥日凶。壬子日，上命不用，冬凶，余吉。癸丑日己酉丑亥金命催尸入墓，凶。甲寅日火命不用，秋冬吉。乙卯日春月十月凶，余并吉。丙辰日吉，申子辰命凶。丁巳日吉，冬月凶。戊午、己未日并凶，庚申月吉。辛酉、壬戌、癸亥日，五音皆凶。

飞宫图定局

此九宫即洛书之数起例皆从，五行生旺处起一十巽离坤三宫，为青龙上天乾坎艮三宫为白虎入地。

角音属木,养在戌乾上起甲寻本命宫起一十。江七乾州作艮垣更兼震兑角音还四大吉星,宜葬访若问青龙盖上天。

徵音属火,养在丑艮上起甲子寻本命宫起一十。陈八相呼出艮场更兼坎巽度南阳,此是徵音葬起例艮宫甲子细推详。

商音属金,养在艮巽上起甲子寻本命宫起一十。谁职张公出巽游须宜坤兑震宫,求惟有商音开穴吉绵延福寿永元休。

宫羽二音属水土,养在未坤上起甲子寻本命宫起一十。宫、羽二音向坤行吉从乾上又离生,若得此宫开寿穴何愁金傍不题名。

生穴法:子午卯酉为人魂入墓之年主有灾,寅申巳亥名天魂入墓之年立延寿,辰戌丑未名人魂入墓之年主大凶。

安葬总论

先看山家墓运,正阴府太岁不克山头,浮天空亡年,天官符忌开山立向之处,巡山岁喉止忌立向。次论月家飞宫、州县官符,忌占开山立向。山家墓运、正阴府、太岁月日时,忌克山,如穿山罗喉、巡山大耗、山家官符、山家朱雀并忌开山,吉星能制,宜用通天窍、走马、六壬天符经同论择取得利年月,更求三音禄马贵人,诸家帝星得一位吉星同到山向,以佐其吉然后择吉日、吉时斩草、破土、安葬,乃为善也。

论斩草破土日:《撮要》云:当与安葬逐月吉日通用。

论斩草三凶日:初一、初八、十五。其日止忌用鸡斩草破土,盖触犯地神,能使亡魂不安,生人受祸。用此日斩草,不用鸡,则亦不忌。

论地隔凶日:只忌斩草、破土、穿金井。论三圹日:初六、十六、二十六。备要云,忌穿圹。据术者云,其日落圹之时,为孝子者,不宜临圹,吾尝见人犯之,祸亦无应。

论斩草鸣吠对日:旧本用庚子日斩草乃是,甲子日盖后人传写有差,今依《道藏经》,改正。按三甲子、庚子,鸣吠对日却与庚申、庚戌对。一云庚子对甲子,非是。

论安葬鸣吠日:壬申、癸酉、壬午、甲申、乙酉、丙申、丁酉、壬寅、丙午、己酉、庚申、辛酉、庚午、庚寅十四日。有鸣吠,丙寅、丁卯、丙子、辛卯、甲午、庚子、癸卯、壬子、甲寅、乙卯十日,皆鸣吠对。一如壬辰、甲辰、丙辰、己未四日,无鸣吠亦可用也。

论横推历葬犯凶日:按尽一云诸历书忌葬日,犯天吞、天健、天,损宅长;月吞损长子、长孙。今参订四、七、十月。天德与天吞同日,又狱绘与天建同日,又与相日同,相日与天苑同,月空与月吞同,诸历书云大吉,何例作凶日,取用可乎!大葬日乃前贤所选吉辰,屡试无误,惟通人不拘,岂可为其惑焉。

论凶葬法:按《周公七分明堂经》说凡凶葬不避凶年恶月,天尸地凶,月墓内有杀及众神皆不能成咎,百忌。又云:凡人初死,不问年月,若三日内乘凶葬之,吉。虽值凶神,亦不为害,以其不犯地域故也。今人凶葬,尽三日之内或一旬之内,并不问山向年月,但择吉日之内成填,惟有月家、州县官符占开山立向之处,不宜斩草、举哀、拜圹,俟凶神过,方可择日力口工瓦砌谢墓。

论落圹忌方孝眷,忌于日三杀方,上立葬师,忌立命坐日命座方。论葬理有中宫,凡葬,或谓山头立坟,临时开圹,即无中宫之避。如州县官符在中宫,当日以早开圹,即时结砌,厝棺掩墓尽 日内成坟即为无犯。若欲加工瓦砖,又顺别选吉利年月,若次日于坟上加土用工,虽止一宿,即是是犯昨日之中宫矣。多见世人执泥山头无中宫之说,前一日安葬,后一日加土,皆见大祸。

凡安葬,其月中宫无杀,但取吉日斩草,以后相连用工不住,虽过月节作用不妨。若一住手从月节已过再起手用工,虽无吉神但无凶杀,亦可用工,若过月节为凶神所占,不可再起手作用也。

凡葬坟以棺木为中宫,如其月州县宫符在中宫,切忌动坟。

论葬不斩草、不立券,名曰盗葬。斩之以去殃咎。

论太阳密日:安葬大凶。忌值房、虚、昴、星四宿,属太阳,乃阳光之晶。真气之形照耀万物、荣生之象,恶死丧阴暗之事,且人死神魂归化于阴冥之方,骨肉葬归于幽暗之处,此二者,反逆之道,故忌葬埋。但诸书论载房宿属春,意融和之象以为可用,反吉。又曰:更忌宿值,克制祭主本命,宜避之,以角宿本值日冲克戌上生人;井宿木星值日冲克丑土生人;奎宿本星值日,冲克辰土生人;斗宿木星值日冲克未土生人;柳宿水星值日冲克子水生人;尾宿火星值日冲克巳火生人;具余星值非辰对冲难是相克,为无所制也。

论开穴:一日大吉,二日次之,三日又次之,四日而葬失之常也。

广陵子验穴惟怕地风吹,以烛验之,烛入而辄灭者,非吉也。烛入而焰动,此亦地风吹之,能翻棺转尸凶,不可不验也。

论建日取地支一气,上格不得以人皇人建,转杀忌之。

论天地官符、大小月建占中宫,白地何有中宫,《通书》谓尽一日成坟,次日不可加土,屡试无害,连工修筑无妨。

金书四字

其法:不论阴阳二命,只论金木水火土纳音死处起一十,顺行且如金命人一十起子到巳,为天魂吉午,为人魂吉本命人一十起午寅申巳亥,为天魂吉火命人一十起酉子午卯酉,,为人魂亦吉水土命人一十起卯寅申巳亥年大吉。假如命人一十起子,二十丑,三十寅,四十卯,四十一辰,四十二巳,四十三午,四十四未,入墓凶。

申命在天宫	酉命在身宫	戌年魂不利	亥命在天宫
未月魂不利			子命在中宫
午命在中宫			丑日魂不利
巳命在天宫	长年魂不利	卯命在中宫	寅命在天宫

男命顺行十二支,女命逆行十二支。

其法:不问男女各从本命上起一十,男顺女逆看具吉凶。

诗曰:

命在天宫任所为,若逢身命亦同推。生墓若用斯年月,
福禄均膺无书时。误用年庚遭四墓,必定枉死入泉非。

别法:

五个中宫五音也,三条死路坤艮中也。寿木生墓别有功,
时师不会五行踪。五个中宫起甲子,三条死路莫相逢。
坤艮中宫皆不吉,犯之却似烛遭风。乾坎离震巽兑吉,
寿如松柏福坚荣。

安寿木忌棺木杀方

凶日 \ 月	正	二	三	四	五	六	七	八	九	十	十一	十二
天瘟	未	戌	辰	寅	午	子	酉	申	己	亥	丑	卯
重丧	甲	乙	己	丙	丁	己	庚	辛	己	壬	癸	己
受死	戌	辰	亥	巳	子	午	丑	未	寅	申	卯	酉
破日	申	酉	戌	亥	子	丑	寅	卯	辰	巳	午	未
木呼杀	壬申	庚子	戊辰 戊申	庚戌 丙戌	丁亥 己巳	己未 己卯	乙未 庚申	辛酉	壬戌	丁巳	癸未 癸酉	乙丑 乙酉
木髓杀	辰申	寅子	申戌	午申	未酉	申辰	巳酉	丑酉	寅亥	卯亥	午酉	未辰

逐月合寿木吉日

正月：丁丑、戊寅、癸巳、辛酉、癸酉、乙酉。

二月：丁丑、癸巳、丁未、戊申、癸亥、戊寅、戊申。

三月：癸巳、丁未，外戊寅、壬申、庚申。

四月：丁丑、壬辰、丁未、戊申、壬戌。

五月：戊寅、壬辰、丁未、戊申、壬戌、癸亥。

六月：戊寅、壬戌、癸亥。

七月：乙卯、壬戌、癸亥，外壬辰。

八月：戊寅、癸巳、甲寅、壬戌、癸亥、壬辰。

九月：戊寅、壬辰、戊申、壬戌、癸亥。

十月：丁丑、戊寅、丙午、丁未。

十一月：戊寅、壬辰、戊申、壬戌，外丁未。

十二月：戊寅、壬辰、癸巳、丙午、丁巳、癸亥。

上吉日，不犯天瘟、受死、重丧、重复、死气、飞廉、月杀、建、破、大祸、天火、火星、鲁班刀砧杀、灭没、荒芜等凶日。

逐月开作生坟吉日

正月：丁丑、戊寅、辛酉、癸巳，外癸酉、乙酉。

二月：丁丑、丁未、戊申、戊寅、庚申、癸亥。

三月：癸巳、丁未、戊寅，外壬申、丙申、庚申、甲申。

四月：丁丑、壬戌、戊申、壬辰，外辛酉、乙酉、丁酉。

五月：戊寅、壬辰、丁未、壬戌、癸亥、甲寅。

六月：戊寅、壬辰、癸亥，外壬申、甲申、丙申、庚申。

七月：癸亥、乙卯，外壬辰。八月：戊寅、癸巳、甲寅、寅、壬戌。

九月：丁丑、戊申、乙卯，外庚申、甲申、壬申、庚午、丙午。

十月：丙午、丁未、戊寅，外乙酉、丁酉、辛酉、癸酉、辛未、庚午、甲子。

十一月：壬辰、戊申、壬戌。

十二月：戊寅、壬辰、癸巳、丙午、丁巳、癸亥。

上吉日，不犯天瘟、土瘟、土禁、重丧、重复、受死、死气、月杀、凶败、灭没、荒芜、天贼、四时墓、月建转杀等日。大忌四柱刑冲、刃害，犯者不吉。

治寿圹作灰隔法

其穿圹圹外勿令高阔，佑取容木炭、石灰、沙土三物和匀，筑城郭外。朱子曰：炭御木根，辟水蚁。石灰得沙而实，得土而粘，岁久结为金石，蝼蚁盗贼皆不可进也。又曰：炭末七八寸厚，既辟湿气，免水患，又绝树根不入，树根遇灰皆生转去，以此见炭灰之妙。盖灰是死物无情，故树根不入也。

生穴诗诀

长生位上起依依，六甲顺行甲子随。

数至本命起一十，坎离震兑四宫推。

以上每从长生起，甲子寻本命起一十顺行四位大吉。余仿此。

生坟压圹灵符

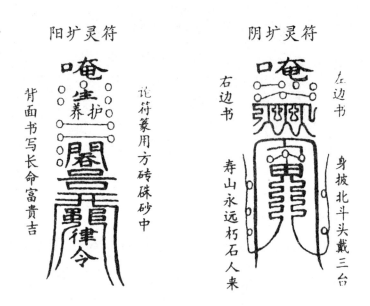

阳圹灵符　　　　　　阴圹灵符

背面书写长命富贵吉　　论符篆用方砖硃砂中　　右边书　　左边书　　寿山永远朽石人来　　身披北斗头戴三台

(新镌历法便览象吉备要通书卷之二十八终)

新镌历法便览象吉备要通书卷之二十九

潭阳后学　魏　鉴　汇述

葬事备要

（谓行丧、安葬、斩草破土等事）

圣贤喻论

先贤葬说云：卜其宅兆，卜其地之美恶也。取其土色之光润；草木之茂盛，他时不为沟池道路，不为城郭所逼，及贵势所夺，则为美矣。地之美则神灵安，而子孙盛，如拥培其根，而枝叶必茂盛，理固然矣。又云：浅则为人所追，深则湿润速朽，故必择土厚水深之地为上圹。内宜以砖垒实，葬不可挖椁，高大空虚，久则易崩陷，详见《文公家礼》。

愚按安者得所也，葬者深藏也，深藏得所，故慎之也，诚重之也。此仁人孝子之不得不然，而不忍不然者也。至言风水荫庇助，自郭、杨二公，夫景纯、筠松何意也，独言风水也。风水何为也？以利诱之也，利在富则动，求富者而葬其亲。利在贵则动，求贵者而葬其亲。二公之意其得，盖归反筑礼而掩之义。宜孟氏所谓掩之，诚是也。何世之人，昏于求富有，迟之数年而不葬其亲者矣。溺于求贵，有迟之数十年而不葬其亲者矣。其至迟之一传，迟之再传，三传而不葬其亲者矣。嗟乎！亲也何辜，遗一朽之枯骨，暴露于荒烟蔓草之间，为贪求富贵风水，误之也。而人子能不痛心哉！风水且然，况克择乎！是克择之一道，愚犹不能已于言也。窃见世有执泥日课，而不通变者，即如一家之中有利于甲而不合于一；宜于庚而不美于辛丑。相生疑亦置不葬。夫时序运行安所得一，天造地设之日为安葬者悉合而违也。如必求其皆合，是将使造历而来，竟无一日可葬其亲也。是求克择之误，不与风水同符乎。彼世俗纷纷执此两端私意，自蔽而愚，则因其蔽而有慨焉。昔紫阳之言风水，惟得其要，他日不为城郭、道路，无风吹水劫之害，畏藏聚气而已。夫紫阳之旨，乃使仁人孝子安亲永固，为心申报本之诚意，天必佑之吉福。如人苟能诚敬慎重，安亲自获牛眠美地，即平稳之所亦当。速葬以承天休、天理，于此而存，即地理于此而得，吉莫大焉。至于克择日家，当以山龙化命为主，详查不犯紧要神煞。次合祭主避其冲忌，余者或媳或孙又隔一层，不必皆合。况六十甲子仅二十二、三宁，有尽合之理，倘犯冲忌，下建权避，贞吉无咎。如碍小可神煞，须求制化为妙，选配上贵命格，符合山龙化命，自然百福求随，世代富贵矣。哀之天理、地理，一本仁人孝子之心，如是而已矣！

丧事杂忌

亡人落枕六轮

小火凶　　火水吉

小金凶　　大金吉

小水吉　　大火吉

男命一十起大火顺行，女命一十起小火逆行，数至死年一位起正月，数至死月前一位起初一，数至死日前一位起子时，数死至时有亡人，死年月日时值何星，以辨吉凶。

亡人枕中记图

坤勾陈凶　　乾饿鬼凶

离玄武吉　　坎青龙吉

腾巽蛇凶　　艮禄库吉

男一十起坎顺行，女一十起离逆行，巽挨轮数至死年，年下起月，月下起日，日下起时，看亡人死年月日时吉凶。

上落枕，枕中二图，似不近理，凡人死生皆有时日，子孙富贵贱自有命分，岂容择日而死,冬月犹可,况霉夏之时,死而不举,必待吉日,以致败朽。嗟夫!何忍!岂可专一凭信,吁习俗之难变,姑存其说,然用与不用,在乎人之贤愚。

落枕空亡

猪犬羊人怕卯辰,龙蛇鼠畏午未侵。

牛鸡猴人嫌酉戌,虎马兔人子丑嗔。

时日最毒,年月次之,子孙令退。

行年六道

天道吉　地道凶　人道吉　佛道吉　畜道凶　鬼道凶

男一十起天道,自左而右。女一十起佛道,自右而左。零年逐位数至死年。

歌诀:

天道进田禄,人道即投生,佛道终善利,

地道地府行,畜道人不利,鬼道害人丁。

死日杀方定局

死日凶方	子	丑	寅	卯	辰	巳	午	未	申	酉	戌	亥
丧车	酉	戌	亥	丑	子	寅	卯	辰	巳	午	未	申
丧殃	卯	辰	巳	午	未	申	酉	戌	亥	子	丑	寅
星入丧家	中	卯十步	四十二步	卯	丧家	大门	户内	午地十七步	子	大门廿五步	巽方廿五步	大门廿五步
毕死鬼	申	酉	戌	亥	子	丑	寅	卯	辰	巳	午	未

论雌雄二杀的呼之说,其理甚谬,岂有因一人已死,而有是杀出邻家,又复杀人或又回丧家,再杀人畜也。如此则死亡相继,何有止息,以理断之,不足信,明矣!故不编入。

重复日　　月	正	二	三	四	五	六	七	八	九	十	十一	十二
重丧	甲	乙	己	丙	丁	己	庚	辛	己	壬	癸	己
复日	庚	辛	戊	壬	癸	戊	甲	乙	戊	丙	丁	戊

襄重复法，凡人死遇重复，用小白纸函一个，内用黄纸朱书四字于内，安棺上，制之吉。

正月、三月、六月、九月、十二月书：六庚天刑，二月书：六辛天庭，四月书：六壬天年，五月书：六癸天狱，七月书：六甲天福，八月书：六乙天德，十月书：六丙天成，十一月书：六丁太阴。

天地重复日

每月己亥、二日是，亦是襄之。

年命座年	子午年		丑未年		寅申年		卯酉年		辰戌年		巳亥年	
宅长位	子	午	丑	未	寅	申	卯	酉	辰	戌	巳	亥
宅母位	丑	未	寅	申	卯	酉	辰	戌	巳	亥	午	子
男女位	寅	申	卯	酉	辰	戌	巳	亥	午	子	未	丑
田宅位	卯	酉	辰	戌	巳	亥	午	子	未	丑	申	寅
钱财位	辰	戌	巳	亥	午	子	示	丑	申	寅	酉	卯
讼狱位	巳	亥	午	子	未	丑	申	寅	酉	卯	戌	辰

上煞丧家忌修方。

逐日大歆吉时

甲子日申酉时　　　　乙丑日寅卯时　　　　丙寅日申酉时

丁卯日寅卯午时　　　戊辰日巳申时　　　　己巳日巳申时

庚午日辰巳时　　　　辛未日巳午未巳时　　壬申日未申时

癸酉日辰申时　　　　甲戌日申酉时　　　　乙亥日酉亥时

丙子日卯辰时　　　　丁丑日寅卯时　　　　戊寅日辰巳时

己卯日巳申时　　　　庚辰日巳申时　　　　辛巳日巳未丑时

壬午日巳未时　　　　癸未日丑未时　　　　甲申日酉亥时

乙酉日申酉时　　丙戌日戌亥时　　丁亥日巳未时

戊子日寅申时　　己丑日丑未时　　庚寅日丑申时

辛卯日丑未时　　壬辰日申酉时　　癸巳日申酉时

甲午日巳申时　　乙未日申酉时　　丙申日寅卯时

丁酉日寅卯辰时　戊戌日巳申时　　己亥日巳申时

庚子日戌亥时　　辛丑日丑寅时　　壬寅日亥子时

癸卯日丑未时　　甲辰日寅申时　　乙巳日巳亥子时

丙午日寅卯时　　丁未日亥子时　　戊申日寅申时

己酉日巳申时　　庚戌日巳申时　　辛亥日巳未时

壬子日辰戌时　　癸丑日丑未时　　甲寅日寅申时

乙卯日申酉时　　丙辰日巳亥　　　丁巳日亥子时

戊午日巳申时　　己未日午申时　　庚申日辰巳时

辛酉日寅申时　　壬戌日丑寅　　　癸亥日巳申时

逐日入棺吉时

子日甲庚时　　丑日乙辛时　　寅日丁癸时　　卯日丙壬时

辰日丁甲时　　巳日乙庚时　　午日丁癸时　　未日乙辛时

申日甲癸时　　酉日丁壬时　　戌日庚壬时　　亥日乙辛时

入殓安葬的呼日

甲子日辛丑生人　　乙丑日辛巳生人　　丙寅日丙午生人

丁卯日甲子甲戌生人　戊辰日癸未癸酉生人　己巳日甲辰己未生人

庚午日乙亥生人　　辛未日己亥生人　　壬申日丁巳生人

癸酉日辛丑生人　　甲戌日戊子生人　　乙亥日乙未生人

丙子日丁丑生人　　丁丑日癸未生人　　戊寅日甲辰甲午生人

乙卯日丁亥己未生人　庚辰日戊辰戊午生人　辛巳日己未生人

壬午日壬寅生人　　癸未日甲申生人　　甲申日壬戌生人

乙酉日丙子生人　　丙戌日甲子生人　　丁亥日丁巳丁亥生人

戊子日己卯生人	己丑日丁未生人	庚寅日丙申生人
辛卯日辛未生人	壬辰日壬申生人	癸巳日甲午生人
甲午日丁酉庚子生人	乙未日丙子丙申生人	丙申日乙丑生人
丁酉日丁酉生人	戊戌日癸巳生人	己亥日辛未生人
庚子日乙未生人	辛丑日壬子生人	壬寅日甲辰生人
癸卯日丁巳丙辰生人	甲辰日庚辰生人	乙巳日丙午生人
丙午日丁巳丁亥生人	癸丑日丁亥甲子生人	甲寅日癸巳癸亥生人
乙卯日戊子丙辰生人	丙辰日甲辰甲申生人	丁巳日庚子生人
戊午日辛未生人	己未日丙戌生人	庚申日辛巳辛酉生人
辛酉日庚申生人	壬戌日辛酉辛丑生人	癸亥日丙寅生人

以上的呼之说,临事之时,令被呼之人少避之。

成服吉日

吉日:甲子、己巳、己酉、庚寅、癸巳、丁酉、丙午、辛亥、癸丑、戊午、庚申,宜鸣吠日、鸣吠对日。

忌重丧、建、破日,州县官符、雷霆大杀、白虎占中宫及辰日,不宜举哀成服。

鸣吠吉日:庚午、壬申、癸酉、壬午、甲申、乙酉、庚寅、丙申、丁酉、壬寅、己酉、辛酉、庚申。

鸣吠对日:丙寅、丁卯、丙子、庚子、辛卯、甲午、癸卯、壬子、甲寅、乙卯。

逐月成服吉日

正月:乙酉、庚寅、丙午、丁酉、癸巳、癸丑、戊午。

二月:甲子、庚寅、丙午、庚申、癸丑。

三月:甲子、乙酉、庚寅、庚申、丙午、癸丑。

四月:甲子、乙酉、丁酉、戊午、庚寅、庚申。

五月:乙酉、庚寅、庚申。

六月:甲子、乙酉、丁酉、庚寅、丙午、庚申。

七月：甲子、乙酉、丙午、丁酉、癸丑、戊午。

八月：甲子、庚寅、庚申、戊午。

九月：甲子、乙酉、丁酉、丙午、庚申。

十月：甲子、乙酉、庚寅、丁酉、庚午、戊戌。

十一月：甲子、乙酉、庚寅、丁酉、庚申。

十二月：甲子、丙午、丁酉、庚申、戊午。

上吉日，不犯重丧、重复日、阴阳错日。以上惟有癸巳、癸丑、戊午不是鸣吠日。

论成服，凡有丧之家，随殓成服不用此成服之日，但是无丧之家或在外亡，开丧则有择日成服之理。

除灵罢服吉日

吉日：壬申、丙子、甲申、辛卯、丙申、庚子、丙午、戊午、己酉、壬子、乙卯、己未、庚申。除日历法又取戊寅、戊申、癸丑、乙巳。忌重丧、建、破日。

五音接灵日：宫、羽（寅），角（巳），徵（申），商（亥）。忌立灵成服。书一云谬不忌，惟忌除服。

除灵周堂定局

	初一	初二	初三	初四	初五	初六	初七	初八	初九	初十	十一	十二	十三	十四	十五	十六
	十七	十八	十九	二十	廿一	廿二	廿三	廿四	廿五	廿六	廿七	廿八	廿九	三十		
大月	父	亡	男	亡	孙	亡	母	亡	女	亡	女夫	亡	客	亡	女	亡
小月	母	亡	孙	亡	男	亡	父	亡	女	亡	客	亡	女夫	亡	女	亡

上周堂其法：大月初一起父向男，小月初一起母向孙，俱顺行，而下值亡吉，值人凶。只论月分，不论节气。

逐月除灵罢服吉日

正月：乙卯、癸酉、丁酉、己卯、辛卯、癸卯、丙午。

二月：未申日，_{申本用除日受死。}

三月：乙卯、丁卯、辛卯、丁酉，_{申本除日犯重日。}

四月：甲子、庚子、甲午、戊午、壬午。

五月：戊戌、壬辰、壬申、丙申，_{申本除日三丧。}

六月：甲寅、癸酉、乙酉、丙申、丁酉、辛酉。

七月：己酉、丙子、丁酉、乙酉、辛酉、辛未、丁未。

八月：壬辰、丙辰、丙戌、甲寅日，_{除日三丧。}

九月：庚午、丙午、癸酉、辛卯、癸卯，_{除日犯重日。}

十月：庚子、戊午、庚午、甲午。

十一月：壬申、丙申、辛未、己未、丙辰及寅日。

十二月：辛卯、丁卯、癸卯、乙卯、甲午、甲寅、丙申。

上吉日，选不犯重丧、重复、阴阳错、破日。内丙子、庚子、乙未、己未、甲申、丙申、庚申、壬申、己酉，孙正除服吉日。

论除服日，乡俗不同，有举哀除服，或设清醮炼度、拜章建佛事，动法器尤忌大杀雷霆，白虎入中宫日。

论启攒起柩

用天牛不守冢日，如无起攒日，亦可通用。

一天官符山向，并忌地官符，忌山不忌向，其大月建、小儿杀，止忌修主宅舍。

一入座日，止忌行丧及忌立方，不忌安葬。

一土禁、土府、土符、土瘟，止忌破土，不忌安葬。

一葬日与祭主干克支冲，忌之。与祭主雷同无碍，与亡人雷同合鸣吠吉，谓之贵丘归孤根窍复命日是也。祭主甲子生人，忌庚午日是也。若庚午主人忌甲子日非也。以生命而克日辰又何忌哉。凡干克而支不冲，不必忌也。用日与祭主命雷同,比肩不忌。

论丧事用鼓乐,如其日大杀白虎、雷霆白虎或官符、隐伏、血刃占中宫,不宜中宫起动鼓乐,须从门外远处起手,后入厅堂,无害。

论辰不哭泣,按《周公七尺经》云:有丧在家不忌,无丧家忌之。

论土王用事,历书不用破土,今屡用无害,但不用戊己日。如戊己日土王不用事,吉。

一论周堂棺,在家忌之,如枢在外则不论,如先一日出,次日葬亦不忌。

太岁厌本命有二例,如是日太岁不在本山,用之无害。

论岁官交承安葬,大寒后五日并不忌年,就山家诸凶或就立春日用事,愚深以为不然,亦以交代之时,正如官司交代之际,去心匆匆,不及计较,不知官司交代,却有交盘、交印之说,邮亭驿传之说。若神易位至此时刻,即飞坐矣,岂待交印驿传乎。至于日时克则亥子之间,戌刻一刻之际,皆可吉也。如立春时,前则为日绝,后则为明年,此时气数已尽,福力不长,安能召吉哉!

论亡命葬,犯落地空亡,主冷退,日时最毒,年月次之。忌纳音克亡命之音。

凡择安葬,先忌穴刺亡人,其法乃山家变运克亡命纳音者是也。

次看寸土无光,其法乃亡命地支,对家取纳音克亡命者是也,如甲子金忌戊午火。

论清明前后修墓法,已葬坟或坟茔上未加土,或坟前未砌拜坛及破坏修整,宜于寒食节日至清明节,用人夫工匠,须要尽一日之内毕工,如第二日又不可轻动。

论寒食节日,《荆楚记》云:冬至一百零五日是。

论开穴、筑灰隔、填底铺砌,用工宜速则不泄气,如三日、五日、七日造成封闭,庶仅可也。若逾旬半月,则穴之吉气露泄尽矣,何时得元气熏蒸乎。盖地中生气,阴阳交构,真精雌雄配偶凝结久,开暴露则真气尽散矣。尸枢入内,何时得温暖乎。且千里来龙,真龙结穴,构精于一席之地,能有几阔之所。今闻闽人作生圹,一圹多则十数枢,少亦五六枢,开圹前则二三丈,一穴能有许多生气乎?开穴动经半月逾旬,生气能不嘘尽乎?且穴吉一二代共之,穴凶有二三代共之,而选择又皆其庸师,其兴替安,不可指日而待乎。

论偷丧法,诸历书所忌出丧凶方,神杀最多难尽避,如丘公暗刀杀、报怨撞命杀、流财、官符、剑锋年月、八座、三煞、丧门、崩腾等杀难以尽避。盖人家止有一门可出，况居城市迫塞去处，尤难回避，幸古来有偷丧一法，为停丧者设也。幸俗有不动声色，于吉日夜净时密密起，或于夜半以后拣四杀没时，或艮寅时量枢轻重，用人夫以叶砧铺地，相连贴脚，暮抬出外，愈远愈好。家人老幼权安寝不知所出，却从屋外远处架丧起行，前后屡用多获吉矣。

丧主避忌

凡主人谓祭主者，是人子送终而辛哭，而在朝器或有改葬及附葬、从葬者，又或有月将加主人生月，取岁月忌见魁罡，此法繁碎合摆去。又常阳经葬不得用主人刑杀岁，今主人天寿又不得用主人生月，主有分离事。又正相冲，同旬相冲令主人得病难治，惟用元辰月吉。

又法：阳岁以大吉加阴岁，以小吉加太岁。若家中有其次之人，年命在此魁罡之下者，不可送丧临圹，亦不可为主人。所谓主人有诸忌，合以其次代之，若不得已者，至时暂避亦可也。故曰：合宜从权变，圣人教人以大法也。

凡主人行年本命，有忌送丧临圹，又不宜为主人，可以将岁月日时但求有吉德，凶自散亡。书曰：一德扶持，众凶皆散，若有忌安能为其咎也。

论戊己土能生万物者也。立春后五戊为春社，立秋后五戊为秋社。所谓社者，五土之神，祭之报成也。凡修造动土、填基破土、埋葬开山、开穴并切忌戊、己二日，用之大凶。且如燕作巢，亦避戊己日，鹊作巢，口背太岁。禽鸟尚知避忌，何况人乎！又有蜂逢戊、己日不出。

论年剑锋杀，忌立回行丧。

寅年庚方卯年辛，辰年乾坎巳年壬。午年癸主未年艮，
申年酉上酉年申。戌年甲乙亥年巳，子年丙方丑年艮。

逐年皇帝入座日

子年癸酉日，丑年甲戌日。寅年丁亥日，卯年甲子日。
辰年乙丑日，巳年甲寅日。午年丁卯日，未年申辰日。
申年己巳日，酉年甲午日。戌年丁未日，亥年甲申日。

四季入座日

春乙卯日,夏丙午日,秋庚申日,冬辛酉日。每月逢收日大忌。

行葬立方相法总论

择一人长大者,为之头顶黄色道冠,脸带四目面具,身着玄衣朱裳,左手执盾,右手扬戈,颇张威势,先丧举而行之,至葬所则以戈刺金井四隅,及葬所周围之内,四神恶杀自然退避,然后葬举直至乃正获吉矣。

五音安葬忌日

宫音忌用甲乙日,商音忌用丙丁日,角音忌用辛日,徵音忌用壬癸日,羽音忌用戊己日。

四季忌用日

春未日,夏戌日,秋丑日,冬辰日。

岁冲杀诗
(论安葬男女)

葬男须求坐山取,坐山克命名为鬼。

葬女论向不求山,太岁克命灾祸起。

假如葬女,则将亡命五虎遁至向属某音,又将太岁五虎遁至其向纳音属某,生克制化皆同前推之,最怕合刀杀坐向。若合得禄马贵人、财印坐向为吉,与前岁害天同,今姑录在此。

铁券仪式
(出斩草仪文)

一券式以铁为之,或梓木为之,长一尺,门七寸,以朱书其文,顺写一行,倒写一行,须令满板不可空缺。要写单行,不可双行。二券之阴书合同二字,将合同一右券,于所定坟心发土埋之。后开圹之日,取弃于深木之中,外存下一全铁券,后安葬之时,则将埋于墓中之枢前。

铁券文式

维

大清某年某月某日某乡某社孝信某人,以某亲生子某年月日时故于某年月日时,停枢未葬,今卜某乡方某山之原筮龟世吉,易古允藏,谨凭白鹤仙师置金银财帛九万九千九百九十九贯文兼五彩礼,虔诚致敬于开皇后元君位下,买到本山东至青龙,西至白虎,南至朱雀,北至玄武,上至青天,下至黄泉,中至亡人吉穴内方。勾陈分掌四域,上丞墓伯谨守封界道路将军,即行敕付河泊。今以牲牢酒礼,共盟信誓,财地两相交付,谨择于某年月日时,天地开动吉日时良,斩草立穴,破土安茔,用工修建。工程毕后,另择天地和宁,玉犬金鸡鸣吠歌吼吉辰,奉枢安葬,山川钟灵,神祇保佑,永赐洪庥。若违斯约,地府主吏自当厥祸神,共掌握内外存亡,永叶贞吉,急急奉

太上五帝律令 敕

天子斩竹,诸候斩苇,庶人斩草。按黄帝《葬经》云:天子斩竹,谓凤凰食其竹,竹上有咎,咎下有鬼,用剑斩之,要斩十二节,应十二月。阳月节上,阴月节下。斩其竹,埋其死门之外一尺二寸。庶人斩草,用本音官鬼日斩草,草上有鬼,草下有魂,堂下有门,门之外有穴,用刀斩之三四节,阳辰节上,阴月节下,斩其草,埋其鬼门之外,埋深九寸九分。

五音大葬日

壬申日,宫、羽、商、徵,吉;角音绝凶。合四十二家书,地虎不食,鸣吠歌吼吉,诸历并通,的呼丁巳生人,月呼十二月并吉。

癸酉日,宫、羽、商、徵,吉;角音凶。合三十八家书,地虎不食,鸣吠歌吼吉,的呼辛巳、辛丑生人,月呼十二月内并用。

壬午日,商、角、徵,吉;宫、羽,白虎凶。合四十二家书,地虎不食,鸣吠歌吼吉,的呼壬寅生人,月呼十一月、十二月凶。

甲申日,宫、羽、商,吉;角绝凶。徵按灵,合五十四家书,地虎不食,鸣吠歌吼吉,呼壬辰生人,月呼十二月并吉。

乙酉日,宫、羽、商、徵,吉;角平平。合四十二家书

祭主本命忌避

日为紧,年月次之,男为紧,孙次之。

一与本命干克支冲为正冲宜忌之,不拘同旬不同旬皆忌。

一与本命干同而支冲者不忌,旧本为正冲错。

一与本命干支而支冲者不忌。

一与本命干支当同,比肩、比助身强吉。盖冲克刑生祸雷同,则无相攻击,妥贴无患。

祭主本命	甲子	乙丑	丙寅	丁卯	戊辰	己巳	庚午	辛未	壬申	癸酉
正冲 干克支冲忌	庚午	辛未	壬申	癸酉	甲戌	乙亥	丙子	丁丑	戊寅	己卯
傍冲 命克日不忌	戊午	己未	庚申	辛酉	壬戌	癸亥	甲子	乙丑	丙寅	丁卯
单冲 干同支冲不忌	甲午	乙未	丙申	丁酉	戊戌	己亥	庚子	辛丑	壬寅	癸卯

祭主本命	甲戌	乙亥	丙子	丁丑	戊寅	己卯	庚辰	辛巳	壬午	癸未
正冲 干克支冲忌	庚辰	辛巳	壬午	癸未	甲申	乙酉	丙戌	丁亥	戊子	己丑
傍冲 命克日不忌	戊辰	己巳	庚午	辛未	壬申	癸酉	甲戌	乙亥	丙子	丁丑
单冲 干同支冲不忌	甲辰	乙巳	丙午	丁未	戊申	己酉	庚戌	辛亥	壬子	癸丑

祭主本命	甲申	乙酉	丙戌	丁亥	戊子	己丑	庚寅	辛卯	壬辰	癸巳
正冲 干克支冲忌	庚寅	辛卯	壬辰	癸巳	甲午	乙未	丙申	丁酉	戊戌	己亥
傍冲 命克日不忌	戊寅	己卯	庚辰	辛巳	壬午	癸未	甲申	乙酉	丙戌	丁亥
单冲 干同支冲不忌	甲寅	乙卯	丙辰	丁巳	戊午	己未	庚申	辛酉	壬戌	癸亥

祭主本命	甲午	乙未	丙申	丁酉	戊戌	己亥	庚子	辛丑	壬寅	癸卯
正冲 干克支冲忌	庚子	辛丑	壬寅	癸卯	甲辰	乙巳	丙午	丁未	戊申	己酉
傍冲 命克日不忌	戊子	己丑	庚寅	辛卯	壬辰	癸巳	甲午	乙未	丙申	丁酉
单冲 干同支冲不忌	甲子	乙丑	丙寅	丁卯	戊辰	己巳	庚午	辛未	壬申	癸酉

祭主本命	甲辰	乙巳	丙午	丁未	戊申	己酉	庚戌	辛亥	壬子	癸丑
正冲干克支冲忌	庚戌	辛亥	壬子	癸丑	甲寅	乙卯	丙辰	丁巳	戊午	己未
傍冲命克日不忌	戊戌	己亥	庚子	辛丑	壬寅	癸卯	甲辰	乙巳	丙午	丁未
单冲干同支冲不忌	甲戌	乙亥	丙子	丁丑	戊寅	己卯	庚辰	辛巳	壬午	癸未

祭主本命	甲寅	乙卯	丙辰	丁巳	戊午	己未	庚申	辛酉	壬戌	癸亥
正冲干克支冲忌	庚申	辛酉	壬戌	癸亥	甲子	己丑	丙寅	丁卯	戊辰	己巳
傍冲命克日不忌	戊申	己酉	庚戌	辛亥	壬子	癸丑	甲寅	乙卯	丙辰	丁巳
单冲干同支冲不忌	甲申	乙酉	丙戌	丁亥	戊子	己丑	庚寅	辛卯	壬辰	癸巳

太岁压本命例　　九宫

乾　兑　艮　离

中　　一卦管三山

巽　震　坤　坎

起例诗诀：

　　葬日中宫寻岁君，顺寻太岁泊何宫。另将甲子中宫发，

　　祭主本命忌相逢。太岁别宫亦不忌，禄为贵人番大利。

　　假如辛酉年乙卯日，葬以乙卯入中宫，顺数至二坤宫得辛酉，是本年太岁。如其家祭主本命，有庚午、己卯、戊子、丁酉、丙午、乙卯生人，皆同在坤宫，为太岁押本命是也，余仿此。如是未坤申山，灾来尤紧。

太岁压本命定局

（今人用此例）

甲子岁	癸酉	壬午	辛卯	庚子	己酉	戊午	甲午岁	癸卯	壬子	辛酉	庚午	己卯	戊子
乙丑岁	甲戌	癸未	壬辰	辛丑	庚戌	己未	乙未岁	甲辰	癸丑	壬戌	辛未	庚辰	己丑
丙寅岁	乙亥	甲申	癸巳	壬寅	辛亥	庚申	丙申岁	乙巳	甲寅	癸亥	壬申	辛巳	庚寅
丁卯岁	丙子	乙酉	甲午	癸卯	甲子	辛酉	丁酉岁	丙午	乙卯	甲子	癸酉	壬午	辛卯

戊辰岁	丁丑	丙戌	乙未	甲辰	乙丑	壬戌	戊戌岁	丁未	丙辰	乙丑	甲戌	癸未	壬辰
己巳岁	戊寅	丁亥	丙申	乙巳	丙寅	癸亥	己亥岁	戊申	丁巳	丙寅	乙亥	甲申	癸巳
庚午岁	己卯	戊子	丁酉	丙午	乙卯	甲子	庚子岁	己酉	戊午	丁卯	丙午	乙酉	甲午
辛未岁	庚辰	己丑	戊戌	丁未	丙辰	乙丑	辛丑岁	庚戌	己未	戊辰	丁丑	丙戌	乙未
壬申岁	辛巳	庚寅	己亥	戊申	丁巳	丙寅	壬寅岁	辛亥	庚申	己巳	戊寅	丁亥	丙申
癸酉岁	壬午	辛卯	庚子	己酉	戊午	丁卯	癸卯岁	壬子	辛酉	庚午	己卯	戊子	丁酉
甲戌岁	癸未	壬辰	辛丑	庚戌	己未	戊辰	甲辰岁	癸丑	壬戌	辛未	庚辰	己丑	戊戌
乙亥岁	甲申	癸巳	壬寅	辛亥	庚申	己巳	乙巳岁	甲寅	癸亥	壬申	辛巳	庚寅	己亥
丙子岁	乙酉	甲午	癸卯	壬子	辛酉	庚午	丙午岁	乙卯	甲子	癸酉	壬午	辛卯	庚子
丁丑岁	丙戌	乙未	甲辰	癸丑	壬戌	辛未	丁未岁	丙辰	乙丑	甲戌	癸未	壬辰	辛丑
戊寅岁	丁亥	丙申	乙巳	甲寅	癸亥	壬申	戊申岁	丁巳	丙寅	乙亥	甲申	癸巳	壬寅
己卯岁	戊子	丁酉	丙午	乙卯	甲子	癸酉	己酉岁	戊午	丁卯	丙子	乙酉	甲午	癸卯
庚辰岁	己丑	戊戌	丁未	丙辰	乙丑	甲戌	庚戌岁	己未	戊辰	丁丑	丙戌	乙未	甲辰
辛巳岁	庚寅	己亥	戊申	丁巳	丙寅	乙亥	辛亥岁	庚申	己巳	戊寅	丁亥	丙申	乙巳
壬午岁	辛卯	庚子	己酉	戊午	丁卯	丙子	壬子岁	辛酉	庚午	己卯	戊子	丁酉	丙午
癸未岁	壬辰	辛丑	庚戌	己未	戊辰	丁丑	癸丑岁	壬戌	辛未	庚辰	己丑	戊戌	丁未
甲申岁	癸巳	壬寅	辛亥	庚申	己巳	戊寅	甲寅岁	癸亥	壬申	辛巳	庚寅	己亥	戊申
乙酉岁	甲午	癸卯	壬子	辛酉	庚午	己卯	乙卯岁	甲子	癸酉	壬午	辛卯	庚子	己酉
丙戌岁	乙未	甲辰	癸丑	壬戌	辛未	庚辰	丙辰岁	乙丑	甲戌	癸未	壬辰	辛丑	庚戌
丁亥岁	丙申	乙巳	甲寅	癸亥	壬申	辛巳	丁巳岁	丙寅	乙亥	甲申	癸巳	壬寅	辛亥
戊子岁	丁酉	丙午	乙卯	甲子	癸酉	壬午	戊午岁	丁卯	丙子	乙酉	甲午	癸卯	壬子
己丑岁	戊戌	丁未	丙辰	乙丑	甲戌	癸未	己未岁	戊辰	丁丑	丙戌	乙未	甲辰	癸丑
庚寅岁	己亥	戊申	丁巳	丙寅	乙亥	甲申	庚申岁	己巳	戊寅	丁亥	丙申	乙巳	甲寅
辛卯岁	庚子	己酉	戊午	丁卯	丙子	乙酉	辛酉岁	庚午	己卯	戊子	丁酉	丙午	乙卯
壬辰岁	辛丑	庚戌	己未	戊辰	丁丑	丙戌	壬戌岁	辛未	庚辰	己丑	戊戌	丁未	丙辰
癸巳岁	壬寅	辛亥	庚申	己巳	戊寅	丁亥	癸亥岁	壬申	辛巳	庚寅	己亥	戊申	丁巳

以上押定太岁,押祭主一家,祭主不压最好。若人多止要长子、长媳、长孙命不押于太岁,葬之亦吉。若押长子,灾祸立至。若只一子,宜避之,决不可用太岁压本命,试之屡验。但人知者,避之为吉。

化命避凶

按亡命空亡一十八条,多不准验,惟入地、冷地、落圹空亡,寸土无光略近理。杨公云:人生则有命,人死安有命,所葬年月,即亡人再生之命也。但要山头为紧,亡命在略也。

入地空亡

甲己亡命妨庚午, 乙庚亡命怕庚辰。丙辛庚寅亡命忌,

丁壬庚戌日时嗔。戊癸庚申俱莫犯, 亡人入空见灾迍。

其法只论日辰,不论年月时。

冷地空亡
（一名消索空亡）

甲己亡命妨子午, 乙庚却忌虎猴乡。丙辛庚寅亡命忌,

丁壬丑未日时嗔。戊癸庚申俱莫犯, 亡人入空见灾迍。

假如甲己亡命,惟忌子午日,时年月不忌。若合禄马贵人、太阳、生气、火星到宫,并选合生旺有气年月,及通天窍年月,试犯亦吉,何冷地之有?

落圹空亡

又名贴身空亡,死犯名曰落枕空,葬犯名曰扫地空亡。

猪犬羊命忌卯辰, 龙蛇鼠畏午未嗔。

猴鸡牛怕酉戌征, 虎马兔嫌子丑位。

一如亥戌未亡命,忌卯辰年月日时,余仿此。

昔廖公与南建州将乐县崔氏丁祖茔,坤山艮向,丁亡命用壬辰年、戊申月、庚申日、庚辰时,乃年犯时犯二纪年,出五府尚书之职。只要合得禄马贵

人,并山向大利,生旺年月反吉福,如不合此,取用切宜慎之。每合此法,屡犯有吉,或纳音五行四柱有不克亡命之纳音者,如年月生旺纳音,克亡命之纳音主凶。

寸土无光

一云斩六杀,分金忌。

亡命若是地支冲,纳音来克祸重重,亡人受病子孙穷。

四位空亡立成定局

	入地空亡	冷地空亡	落圹空亡 又名扫地空亡	寸土无光
甲子金化命	庚午	戊子戊午火	戊午己未火	戊午火日时
甲戌火化命	庚午	丙子丙午水	乙卯壬辰水	壬辰水日时
甲申水化命	庚午	庚子庚午土	己酉丙戌土	戊寅土日时
甲午金化命	庚午	戊子戊午火	戊子己丑火	戊子火日时
甲辰火化命	庚午	丙子丙午水	丙午丁未水	壬戌水日时
甲寅水化命	庚午	庚午庚午上	庚子辛丑土	戊甲土日时
乙丑金化命	庚辰	丙寅丙申火	丁酉甲戌火	己未火日时
乙亥火化命	庚辰	甲寅甲申土	乙卯壬辰水	癸巳水日时
乙酉水化命	庚辰	戊寅戊申土	己酉丙戌土	己卯土日时
乙未金化命	庚辰	丙寅丙申火	丁卯甲辰火	己丑火日时
乙巳火化命	庚辰	甲寅甲申水	丙午丁未水	癸亥水日时
乙卯水化命	庚辰	戊寅戊申土	庚子辛丑土	己酉土日时
丙寅火化命	庚寅	乙卯乙酉水	丙子丁丑水	甲申水日时
丙子水化命	庚寅	乙卯己酉土	庚午辛未土	庚午土日时

（续表）

	入地空亡	冷地空亡	落圹空亡又名扫地空亡	寸土无光
丙戌土化命	庚寅	辛卯辛酉木	辛卯戊辰木	戊辰木日时
丙申火化命	庚寅	乙卯乙酉水	乙酉壬戌水	甲寅木日时
丙午水化命	庚寅	乙卯己酉土	庚子卒丑土	庚子土日时
丙辰水土命	庚寅	辛卯辛酉木	壬午癸未木	戊戌木日时
丁卯火化命	庚戌	丁丑丁未水	丙子丁丑水	乙酉水日时
丁丑水化命	庚戌	辛丑辛未土	己酉丙戌土	辛未土日时
丁亥土化命	庚戌	癸丑癸未水	辛卯戊辰木	己巳木日时
丁酉火化命	庚戌	丁丑丁木水	乙酉壬戌水	乙卯水日时
丁未水化命	庚戌	辛丑辛未木	己卯丙辰土	辛丑土日时
丁巳土化命	庚戌	癸丑癸未木	壬午癸未木	己亥木日时
戊辰木化命	庚申	庚辰庚戌金	甲午乙未金	庚戌金日时
戊寅土化命	庚申	戊辰戊戌木	壬子癸丑木	庚申木日时
戊子火化命	庚申	庚辰庚戌水	丙午丁未水	丙午水日时
戊戌水化命	庚申	庚辰庚戌金	癸卯庚辰金	庚辰金日时
戊申土化命	庚申	庚辰戊戌水	壬子癸丑木	庚寅木日时
戊午火化命	庚申	壬辰壬戌水	丙子丙丑水	丙子水日时
己巳木化命	庚午	甲子甲午金	甲午乙未金	辛亥金日时
己卯土化命	庚午	壬子壬午水	壬子癸丑木	辛酉木日时
己丑火化命	庚午	丙子丙午水	乙酉壬戌水	丁未水日时
己亥水化命	庚午	甲子甲午金	癸卯庚辰金	辛巳金日时
己酉土化命	庚午	壬子壬午水	辛酉戊戌水	辛卯木日时
己未火化命	庚午	丙子丙午水	乙卯壬辰水	丁丑水日时

（续表）

	入地空亡	冷地空亡	落圹空亡 又名扫地空亡	寸土无光
庚午土化命	庚辰	庚寅庚申水	壬子癸丑木	壬子木日时
庚辰金化命	庚辰	丙寅丙申火	戊午己未火	甲戌火日时
庚寅木化命	庚辰	壬寅壬申金	甲子乙丑金	壬申金日时
庚子土化命	庚辰	庚寅庚申水	壬午癸未水	壬午水日时
庚戌金化命	庚辰	丙寅丙申火	丁卯甲辰火	甲辰火日时
庚申木化命	庚辰	壬寅壬申金	癸酉庚戌金	壬寅金日时
辛未土化命	庚寅	辛卯辛酉水	辛卯戊辰水	癸丑木日时
辛巳金化命	庚寅	丁卯丁酉火	戊午己未火	乙亥火日时
辛卯木化命	庚寅	癸卯癸酉金	甲子乙丑金	癸酉金日时
辛丑土化命	庚寅	辛卯辛酉木	辛酉戊戌未	癸未木日时
辛亥金化命	庚寅	丁卯丁酉金	丁卯甲辰火	乙巳火日时
辛酉木化命	庚寅	癸卯癸酉金	癸酉庚戌金	癸卯金日时
壬申金化命	庚戌	己丑己未火	丁酉申戌火	丙寅火日时
壬午木化命	庚戌	乙丑乙未金	甲子乙丑金	甲子金日时
壬辰水化命	庚戌	辛丑辛未土	庚子辛未土	戊申土日时
壬寅金化命	庚戌	己丑己未火	戊子己丑火	丙申火日时
壬子木化命	庚戌	乙丑乙未金	甲午乙未金	甲午金日时
壬戌水化命	庚戌	辛丑辛未土	己卯丙辰土	丙辰土日时
癸酉金化命	庚申	甲辰甲戌火	丁酉甲戌火	丁卯火日时
癸未木化命	庚申	庚辰庚戌金	癸卯庚辰金	乙丑金日时
癸巳水化命	庚申	丙辰丙戌土	庚午辛未土	丁亥土日时
癸卯金化命	庚申	甲辰甲戌火	戊子己丑火	丁酉火日时

（续表）

	入地空亡	冷地空亡	落圹空亡 又名扫地空亡	寸土无光
癸巳木化命	庚申	庚辰庚戌金	癸酉庚戌金	乙未金日时
癸亥水化命	庚申	丙辰丙戌土	己卯丙辰土	丁巳土日时

岁害杀诗

　　亡命五虎遁山音，遁记山音属甚神。再把岁君遁五虎，
岁音克命祸难伸。相生我吉名为印，我克他兮财格真。
他克我兮为鬼杀，比和稳当不相嗔。

　　假如戊寅亡命，葬酉山卯向，却将亡命五虎遁寻其山，辛酉纳音属木。用甲己年，又将本命五虎遁得其山，是癸酉纳音属金，乃金克辛酉木音，故曰：岁害杀，犯之主财物退散、人丁灾祸，其余例仿此。只论支辰山头，不论干。

倒冲杀诗

　　金命葬父有元由，年月日时木局求。巳酉丑申金局忌，
倒冲相犯主生愁。金命葬父事何知，年月须求金局推。
亥卯未寅为比例，犯之必定见灾危。水土葬父人何晓，
寅午戌巳年月讨。申子辰亥水为局，有人犯者命难逃。
火命生人葬父身，申子辰亥好安亲。寅午戌巳君须记，
犯之必定损人丁。

　　假如金命人，葬父用亥卯未寅木局，年月日时忌巳酉丑申金局，大凶，乃亥冲巳，卯冲酉，未冲丑，寅冲申之类，余仿此。不如正冲合局，则亦不忌。

穴刺杀诗（出分金论）

　　亡命属金须忌火，火命尤忌水相关。木命逢金君须忌，
水命逢土不自安。土遇木官尤可畏，犯之灾祸及难当。
逢生生处消堪用，受克分金灾必临。

　　假如甲子亡命属金，葬忌火字分金，乃火克亡命，主凶，余仿此。

刺血杀诗

假如亡命原属水，坐山变运忌属土。

此是亡命刺血杀，举此一隅皆可数。

假如甲子亡命，纳音属金，用癸卯年作艮山，将太岁五虎遁出，变山运己未火，为之墓克亡命，凶。以洪范变论。

刺害杀诗

金命亡人忌火山，金山木命祸相关。水命土出君忌取，

水山火命主艰难。土命木山为大祸，最凶紧记莫为闲。

教君刺害相休犯，犯着之时祸百端。

假如甲子、乙丑亡命，纳音属金，葬午山子向，山元本属火，乃火克亡命纳音之金，其余仿此。以正五行论山所属。

造葬最忌入山黄泉曜星杀

乾山壬午不堪当，乙卯坤山切要防。更有辛酉巽山忌，

丙寅艮山仔细详。坎山戊辰君莫犯，己亥离山定见殃。

庚兑辛山忌丁巳，庚申克却震山场。

假如乾山属金，以乾宫浑天甲子，遁至壬午火克金也，其余仿此。

灭门大祸日

忌安葬、起造。即魁罡勾绞日，凶。正、七月巳、亥日，二、八月子、午日，三、九月丑、未日，四、十月寅、申日，五、十一月卯、酉日，六、十二月辰、戌日，忌。

灭门凶时

正巳七亥莫逢时，二辰八戌定其踪。三卯九酉时休犯，

四寅十申祸重重。五丑十一月未忌，六子十二午时穷。

此是灭门真大杀，百日之内定主凶。

缠身官符（亡命忌）

申子辰亥上不动尘，寅午戌蛇头动纸笔。

巳酉丑逢申便转手，亥卯未逢寅切须忌。

造以作主本命论，葬以亡命为主。如亡命甲子辰年属水，水长生申，遇临官到亥即是缠身官符，只忌日时，年月次之。

行丧停丧杂忌

行丧葬日，如犯年日入座，宜向日中青龙华盖方坐立吉也，今具于此。

日	子	丑	寅	卯	辰	巳	午	未	申	酉	戌	亥
青龙吉	戌	亥	子	丑	寅	卯	辰	巳	午	未	申	酉
华盖方	辰	巳	午	未	申	酉	戌	亥	子	丑	寅	卯

行丧凶方年	子	丑	寅	卯	辰	巳	午	未	申	酉	戌	亥
剑锋	丁	坤	庚	辛	乾	壬	癸	艮	甲	乙	巽	丙
入座看日同	酉	戌	亥	子	丑	寅	卯	辰	巳	午	未	申
崩腾	坤	乾	辛	乙	丙	壬	庚	甲	癸	丁	己	酉
丧门	寅	卯	辰	巳	午	未	申	酉	戌	亥	子	丑

凶方 月	正	二	三	四	五	六	七	八	九	十	十一	十二
撞命杀方	丙	甲	庚	丙	甲	壬	庚	丙	甲	壬	庚	丙
撞命杀方	甲	壬	庚	丙	甲	壬	庚	丙	甲	壬	庚	丙
月命座方	亥	子	丑	寅	卯	辰	巳	午	未	申	酉	戌

丘公暗刃杀占门，出丧忌挨撞。

甲己年九月，乙庚年十一月，丙辛年正月，丁壬年三月，戊癸年五月。

停丧凶忌方

年	子	丑	寅	卯	辰	巳	午	未	申	酉	戌	亥
童丧杀方	艮	午	乾	坎	卯子	酉乾	艮	午	戌	辰戌	午乙	坤
天官符方	亥	申	巳	寅	亥	申	巳	寅	亥	申	巳	寅
地官符方	辰	巳	午	未	申	酉	戌	亥	子	丑	寅	卯
的煞方	未	辰	丑	戌	未	辰	丑	戌	未	辰	丑	戌
太岁方	子	丑	寅	卯	辰	巳	午	未	申	酉	戌	亥
丧门方	寅	卯	辰	巳	午	未	申	酉	戌	亥	子	丑
三杀方 年月日同	南	东	北	西	南	东	北	西	南	东	北	西

凡停丧未葬者,因年月不利,山头有碍,不得不停,则四利方道寻太阳、太阴、龙德、福德贵人、三奇所临之位,安之吉。

新增日丧方向山家年月日时
（安葬忌犯天坑方例）

年天坑方	巳酉丑年乾	申子辰年巽	亥卯未年坤	寅午戌年艮
月天坑方	正五九月艮	二六十月巽	三七十一乾	四八十二坤
日天坑方	寅卯辰日南丙	巳酉丑日庚辛	余日无犯	
时天坑方	巳酉丑时乾	寅午戌时艮	亥卯未时坤	申子辰时巽

上年月日时,天坑方忌下山家坐向方道,最忌出丧,大不利。如方向犯之,定主死人口,且不利附近人家,亦主有死葬之事,极验。

破土斩草安葬诸忌

年凶方	子	丑	寅	卯	辰	巳	午	未	申	酉	戌	亥
岁禁方	南	东	北	西	东	北	西	南	东	北	西	南
太岁方	子	丑	寅	卯	辰	巳	午	未	申	酉	戌	亥

(续表)

三煞方	巳	寅	亥	申	巳	寅	亥	申	巳	寅	亥	申
	午	卯	子	酉	午	卯	子	酉	午	卯	子	酉
	未	辰	丑	戌	未	辰	丑	戌	未	辰	丑	戌
命座方	酉	戌	亥	子	丑	寅	卯	辰	巳	午	未	申

月方凶	正	二	三	四	五	六	七	八	九	十	十一	十二
月命座	亥	子	丑	寅	卯	辰	巳	午	未	申	酉	戌

　　以上年命座、月命座,名葬主、葬师命座方,只取金井当中以论方道,如落圹之时,葬主、葬师忌立于此方,犯之主横死。

日凶　　月	正	二	三	四	五	六	七	八	九	十	十一	十二
白虎黑道	午	申	戌	子	寅	辰	午	申	戌	子	寅	辰
玄武黑道	酉	亥	丑	卯	巳	未	酉	亥	丑	卯	巳	未
地中白虎	巳	辰	卯	寅	丑	子	亥	戌	酉	申	未	午
白虎破杀破日同	申	酉	戌	亥	子	丑	寅	卯	辰	巳	午	未
月建转杀	卯	卯	卯	午	午	午	酉	酉	酉	子	子	子
人皇人建	寅	卯	辰	巳	午	未	申	酉	戌	亥	子	丑
入座地破收日同	亥	子	丑	寅	卯	辰	巳	午	未	申	酉	戌
重丧襛之吉	甲	乙	己	丙	丁	己	庚	辛	己	壬	癸	己
重复	甲	乙	戊	丙	丁	戊	庚	辛	戊	壬	癸	戊
天贼吉多不忌	辰	酉	寅	未	子	巳	戌	卯	申	丑	午	亥
天罡	巳	子	未	寅	酉	辰	亥	午	丑	申	卯	戌
河魁	亥	午	丑	申	卯	戌	寅	子	未	巳	酉	辰
阴错	庚戌	辛酉	庚申	丁未	丙午	丁巳	甲辰	乙卯	甲寅	癸丑	壬子	癸亥
阳错	甲寅	乙卯	甲辰	丁巳	丙午	丁未	庚申	辛酉	庚戌	癸亥	壬子	癸丑

日凶　　　月	正	二	三	四	五	六	七	八	九	十	十一	十二
土禁忌开金井	亥	亥	亥	寅	寅	寅	巳	巳	巳	申	申	申
四时大墓	春乙未			夏丙戌			秋辛丑			冬壬辰		

葬日周堂

孙　　亡人　　女夫

男　　　　　　母

妇　　客　　　父

大月初一从父向男顺行,小月初一从母向女夫逆行,一日一位,值亡人吉。如值人,则其人在出殡棺之时,出外少避。惟停丧在外,则不论此。全无所据,屡用无害,不足信矣。

四魂入墓

申重丧　　酉迁移　　戌入墓　　亥重丧

未入墓　　　　　　　　　　子迁移

午迁移

巳重丧　　辰入墓　　卯迁移　　寅重丧

亡男寅上起一十顺行,亡女申上起一十逆行。年下起月,月下起日,日下起时,遇入墓吉。

假如亡男三十五岁死,二月初二申时葬,从寅上起一十顺飞卯上,二十辰,三十巳,三十一至三十五酉,为迁移。戌上起正月,亥上二月为重丧,初一起子,初二在丑,为入墓。寅上子时至申时,在戌上为入墓,得年月日时四魂入墓吉。此亦不准验。

化命召吉

真　禄	甲命丙寅	乙命癸卯	丙命癸巳	丁命丙午	戊命丁巳
	己命庚午	庚命甲申	辛命丁酉	壬命辛亥	癸命甲子

（续表）

阳贵人	甲命辛未	乙命甲申	丙命丁酉	丁命辛亥	戊命乙丑
	己命丙子	庚命己丑	辛命庚寅	壬命癸卯	癸命丁巳
阴贵人	甲命丁丑	乙命戊子	丙命己亥	丁命己酉	戊命己未
	己命壬申	庚命癸未	辛命甲午	壬命乙巳	癸命乙卯

真马	甲寅、甲午、甲戌三命马壬申	甲申、甲子、甲辰三命马丙寅
	乙亥、乙卯、乙未三命马辛巳	乙巳、乙酉、乙丑三命马丁亥
	丙寅、丙午、丙戌三命马丙申	丙申、丙子、丙辰三命马丙寅
	丁亥、丁卯、丁未三命马乙巳	丁巳、丁酉、丁丑三命马辛亥
	戊寅、戊午、戊戌三命马庚申	戊申、戊子、戊辰三命马甲寅
	己亥、己卯、己未三命马己巳	己巳、己酉、己丑三命马乙亥
	庚寅、庚午、庚戌三命马甲申	庚申、庚子、庚辰三命马戊寅
	辛亥、辛卯、辛未三命马癸巳	辛巳、辛酉、辛丑三命马己亥
	壬寅、壬午、壬戌三命马戊申	壬申、壬子、壬辰三命马壬寅
	癸亥、癸卯、癸未三命马丁巳	癸巳、癸酉、癸丑三命马癸亥

例以所葬年月日时入中宫，逆寻本命真禄、真马、真贵人到山向中宫，能催官贵。例以生命见前十三卷中。

斩草破土

（谓开墓葬、掘金井、下砖石等事）

吉日：甲子、丙寅、丁卯、丙子、庚寅、辛卯、癸卯、壬子、甲寅、乙卯，十日鸣吠对上吉。

外有乙丑、癸丑、壬寅、乙卯、壬辰、戊辰、壬午、丙午、庚午、乙未、甲申、壬申、丙申癸酉、丁酉、丙戌，十六日俱可通用。除亥巳日犯天地重复日，不可用。

忌:天瘟、土瘟、土符、土府、人皇人建、四将、大墓、重丧、复日、土禁、土忌、土王用事后、戊己日、初一、初八、十五日忌,用鸡斩草。

下砖石吉日:庚申、壬申、癸酉、壬午、乙酉、辛酉、丙辰、壬辰、丙申、己酉、丁酉、甲辰、己未、丙午、甲寅。

逐月斩草破土吉日

正月:丁卯、壬午、乙卯。

二月:庚午、壬午、甲午、丙午。

三月:壬申、甲申。

四月:庚子、甲子、乙丑、癸丑、庚辰、甲辰、辛卯、丁卯、癸卯。

五月:乙丑、壬寅、甲寅、丙寅、庚寅。

六月:丁卯、甲申、壬申、壬卯、丙申、癸卯、乙卯。

七月:五卯、壬午、丙申、壬辰、五酉。

八月:壬辰、甲辰、癸丑。

九月:庚午、壬午、丙午、丁卯、乙卯、五寅、五酉。

十月:甲午、丁卯、癸卯、庚午、辛未、辛卯、己卯、乙卯。

十一月:甲申、壬申、丙寅、戊申、丙申、戊辰、庚寅、甲寅。

十二月:甲申、壬申、庚申、壬申、壬寅、丙寅、庚寅、甲寅、午日、卯日。

上吉日,不犯建破、魁罡、勾绞、重复、重日、入座、月建转杀、地中白虎、冰消瓦陷、阴阳错、收日。如吉日有犯白虎玄武、白虎破杀、天罡、河魁、阴阳错、荒芜,吉多则亦不忌,不必以小疵而错过吉日也。

奉柩安葬

吉日:今考六甲图中,只有壬申、癸酉、壬午、甲申、乙酉、丙申、丁酉、壬寅、丙午、己酉、庚申、辛酉,十二日系十全大吉。庚午、庚寅二日,《地理新书》《万年历》俱注以为大吉。壬辰、甲辰、乙巳、丙辰、己未、甲寅六日,《百忌》《总圣》以吉可用。戊寅日,六甲图中亦以为吉,是前十二日乃十全大吉日,九日乃次吉日也。

予考先贤选用葬日,多不合鸣吠,检得日时与山家合符,屡见致富,亦不必拘泥也。今悉骗入各月,以便采用。

宜取年月日时,造命与山家符合阴阳不杂,三合补山贵人禄马为上。

忌阴阳杂驳、克山无制化、阴府生旺、飞天官符、阴阳消灭、太阳密日、白虎破杀、重丧、复日天地重复、魁罡、勾绞、三丧、阴阳错日。

考定逐月安葬吉日

正月:己酉、辛酉、癸酉、丙午、壬午、乙酉、丁酉、乙卯、辛卯、丁卯、癸卯。卯日犯转杀,吉多不忌。

二月:丙寅、甲寅、庚寅、壬寅、丁未、己未、癸未、甲申、丙申、庚申、壬申、辛未。

三月:甲午、丙子、庚子、壬子、丙午、庚午、壬午、甲申、丙申、庚申、壬申、乙酉、丁酉、辛酉、癸酉。卯日次。

四月:乙丑、丁丑、己丑、癸丑、乙酉、丁酉、己酉、辛酉、癸酉、甲午、戊午、庚午,子日次,午日犯转杀。

五月:甲寅、戊寅、庚寅、壬寅、丙寅、丙申、庚申、壬申、甲申、乙丑,丑日犯白虎次。

六月:甲寅、庚寅、壬寅、辛卯、甲申、丙申、庚申、壬申、乙酉、丁酉、辛酉、癸酉、丙寅癸、丁卯、乙卯。

七月:丙子、壬子、壬辰、丙申、戊申、壬申、乙酉、丁酉、辛酉、己酉、癸酉、卯日,酉日次。

八月:丁丑、癸丑、戊寅、丙寅、庚寅、甲寅、壬寅、丙辰、壬辰、甲申、丙申、庚申、壬申、丁酉、己酉、癸酉,酉日转杀不忌。

九月:丙寅、庚寅、壬寅、丙午、庚午、壬午、甲午、己酉、丁酉、辛酉,酉卯日次,寅日三合不得以受死废之。

十月:丁卯、甲辰、甲午、戊午、庚午、乙未、丁未、己未、辛未、癸未、乙卯、己卯、辛卯、癸卯、庚子。

十一月:丙寅、甲寅、戊寅、庚寅、壬寅、甲辰、戊辰、丙辰、壬辰、甲申、丙申、戊申、庚申、壬申,壬子日可用。

十二月:甲寅、丙寅、庚寅、壬寅、甲申、丙申、庚申、壬申、甲午、丙午、庚午、壬午、乙酉、丁酉、辛酉、癸酉,卯次吉。

以上安葬吉日,内有犯小可神煞,先贤屡用无害,但要无山头符合者吉。

愚于"十二卷"内,集有二十四龙逐月日时,其山头有碍凶煞者,删去不载,精选吉日立成定局,可将此卷与"十二卷"互相参考,安葬吉日,了然心目,无差误矣。《通书》云:彭祖《百忌》载开日可求仕,安葬不祥。历法每日,开日虽直鸣则不载安葬。今十月俱载酉日,则《通书》自反而与彭祖相拘也,今十月删去酉日。

启攒迁葬

一行禅师六甲天窍之图

	青龙	朱雀	明堂	大杀	白虎	金匮	勾陈	天刑	玉堂	玄武	大杀	大明
甲申冢壬子癸丑四向	申	酉	戌	亥	子	丑	寅	卯	辰	巳	午	未
甲戌冢艮寅甲卯四向	戌	亥	子	丑	寅	卯	辰	巳	午	未	申	酉
甲子冢乙辰巽巳四向	子	丑	寅	卯	辰	巳	午	未	申	酉	戌	亥
甲寅冢丙午丁未四向	寅	卯	辰	巳	午	未	申	酉	戌	亥	子	丑
甲辰冢坤申庚酉四向	辰	巳	午	未	申	酉	戌	亥	子	丑	寅	卯
甲午冢辛戌乾亥四向	午	未	申	酉	戌	亥	子	丑	寅	卯	辰	巳

改墓宿杀

木墓　　　　火墓　　　　金墓　　　　水墓
春未神　　　夏戌神　　　秋丑神　　　冬辰神
　　南午　　　　西酉　　　　北子　　　　东卯

月	正	二	三	四	五	六	七	八	九	十	十一	十二
墓龙在冢 二四八十月吉 十一十二次吉	在 尸 杀 长	冢 酉 开 吉	动 冢 贫 穷	子 地 改 吉	冢 心 杀 长	在 冢 杀 七	卯 侧 杀 人	冢 地 开 人	去 中 大 吉	亥 冢 开 凶	冢 地 开 吉	冢 西 开 吉

五音傍通立成

	宫土	商金	角木	徵火	羽水	
大墓	戊辰	辛丑	乙未	丙戌	壬辰	此年不可葬,凶。
小墓	戊戌	辛未	乙丑	丙辰	壬戌	此年不可葬,凶。
大通	子午	酉卯	卯酉	午子	子午	此年蒿里、黄泉。
小通	寅申	巳亥	亥巳	寅申	申寅	此年合光明、沐浴。
次吉	卯酉	午子	子午	卯酉	酉卯	此年合重神、入墓。
天覆	巳午	辰戌	亥子	寅卯	申酉	此年葬,亡者安宁。
地载	申酉	亥子	巳午	丑未	寅卯	此年葬,亡者安宁。
大墓受杀	乙丑 己巳 癸酉	甲午 戊戌 壬寅	丙申 庚子 甲辰	丁亥 辛卯 乙未	乙酉 己丑 癸亥	此年不开夫墓。
小墓受杀	乙未 己亥 癸卯	甲子 戊辰 壬申	丙寅 庚午 甲戌	丁巳 辛酉 乙丑	乙卯 己未 癸亥	此年不开妇墓。
龙入圹	申	巳	亥	寅	申	此年亡人有父凶。
虎入圹	寅	亥	巳	申	寅	此年亡人有母凶。

（续表）

五龙胎忌	乙亥 乙未 乙卯	丙寅 丙午 丙戌	辛巳 辛酉 辛丑	壬申 壬辰 壬子	戊辰 戊戌 己丑 己未	此年干支被克，葬凶。
大墓	三月	十二	六月	九月	二月	此月不可葬，凶。
小墓	九月	六月	十二	三月	九月	此月不可葬，凶。
大通	五十	二月	二八	十一	五十一	此月合蒿里、黄泉。
小通	正十一	四十	四十	正七	正七	此月合光明、沐浴。
次吉	二八	五十一	五十一	二八	二八	此月合重神、入墓。
天覆	四五	三九	十十一	五十一	七八	此月葬，亡者安宁。
地载	七八	十十一	四五	六十一	正十二	此月葬，亡者安宁。
大墓受杀	四月 八月 十二月	正月 五月 九月	四月 八月 三月	二月 六月 十月	四月 八月 十二月	此月不开夫墓。
小墓受杀	二月 六月 十月	三月 七月 十月	正月 五月 九月	四月 八月 十二月	二月 六月 十二月	此月不开妇墓。
龙入圹	七月	四月	十月	正月	七月	此月亡人有父凶。
虎入圹	正月	十月	四月	七月	正月	此月亡人有母凶。
五龙胎忌	二月 六月 十月	正月 五月 九月	四月 八月 十二月	三月 七月 十一月	三月 六月 九月 十二	此月干支被克，葬凶。

以上吉凶年月，出《茔元总录》，今北方人用之。

天牛不守冢日

天牛不守冢日：庚午、辛未、壬申、癸酉、戊寅、己卯、壬午、癸未、甲申、乙酉、甲午、乙未、丙申、丁酉、壬寅、癸卯、丙午、丁未、戊申、己酉、庚申、辛酉，二十二日。丙日一移开改，古今云：修墓并吉。上吉日，不犯月建、土府、土符、土瘟乃可。

启攒棺厝鸣吠对日

丙寅、丁卯、丙子、辛丑、甲午、庚子、癸卯、壬子、甲寅、乙卯，以上十日改墓、修墓可以通用，不得以天牛守冢忌之。

《枯骨经》迁丧起冢选出吉凶月分

正月墓龙在尸，杀宅长。二月冢西，一步开吉。
三月在冢，动之三代穷。四月子方，三步改吉。
五月在冢，动之杀宅长。六月在冢，动之杀三人。
七月在冢，动之杀婢奴。八月冢，东三步开吉。
九月在冢，动之杀三人。十月冢，北三步开吉。
十一月亥方，三步开吉。十二月酉方，三步开吉。

会同改墓吉日

甲子、丙寅、己卯、甲申、乙酉、戊寅、丙申、辛酉、癸酉。

五音改墓吉月

宫、羽音正、七、十一月。商音六、九、十、十一月。角音正、三、四、五、九、十、十一月。徵音四、六、七、八、十二月。

五音改墓吉日

宫音辛丑、己酉。商、角音戊戌。徵、羽音辛丑、己酉、辛卯日。

五音祖坟逐月方道杀
（多不验）

正月	乙杀一人	辛杀一人	二月	丙杀一人	庚杀一人
三月	丁杀一人	庚杀二人	四月	丁杀一人	癸杀二人
五月	癸杀八人	壬杀二人	六月	癸杀七人	乙杀八人
七月	庚杀二人	丙杀二人	八月	庚杀二人	丙杀五人
九月	庚杀七人	乙杀五人	十月	壬杀二人	乙杀五人
十一月	壬杀一人	乙杀五人	十二月	乙杀一人	壬杀一人

论改墓起攒,以棺木为中宫,最忌宫神杀,如飞宫州县官符在中宫,切忌动土、启攒。或云:改去不为妨吉,殊不知葬者以棺木为中宫,若动土启攒,立见灾殃。要中宫不犯杀劫,看六甲通天窍日吉,墓龙不守冢月,天牛不守冢日,开改日吉。若误用守冢日,主杀人,凶。并忌重丧、土瘟等凶日。

（新镌历法便览象吉备要通书卷之二十九终）